程序员典藏

微信小程序开发

从入门到项目实践

陈长生◎编著

清华大学出版社
北京

内容简介

本书采取“基础知识→核心应用→高级应用→项目实践”的结构和“由浅入深，由深到精”的学习模式进行讲解。全书共 13 章。首先讲解微信小程序的发展历程、小程序账号注册以及项目的创建；然后通过对原生组件、视图容器组件、表单组件等小程序组件的讲解，使读者对小程序组件的使用方法等有一个初步的认识；接下来进行小程序 API 的讲解，通过对网络 API、文件 API、数据缓存 API、媒体 API 等内容的介绍，使读者更加深入地了解小程序，并借助这些 API 方便快速地实现小程序的功能；最后通过实战项目，将小程序的基础知识串联起来，使读者在项目实践过程中体会小程序组件与 API 应用中的注意事项，并通过真实的案例帮助读者巩固基础，提高小程序组件与 API 使用的熟练度，快速积累开发经验。另外，本书提供上机实训指导手册、教学 PPT 课件和海量资源。

本书的目的是多角度、全方位竭力帮助读者快速掌握微信小程序的开发技能，构建从高校到社会的就职桥梁，让有志于从事软件开发行业的读者轻松步入职场。

本书适合学习微信小程序开发的初、中级程序员和希望精通小程序开发技术的程序员阅读，还可供大中专院校和社会培训机构的师生阅读。

图书在版编目（CIP）数据

微信小程序开发从入门到项目实践 / 陈长生编著. —北京：清华大学出版社，2022.4 (2023. 11重印)
（程序员典藏）

ISBN 978-7-302-60326-9

Ⅰ. ①微… Ⅱ. ①陈… Ⅲ. ①移动终端－应用程序－程序设计 Ⅳ. ①TN929.53

中国版本图书馆 CIP 数据核字（2022）第 043503 号

责任编辑： 张　敏
封面设计： 杨玉兰
责任校对： 胡伟民
责任印制： 杨　艳

出版发行： 清华大学出版社
网　　址： http: //www.tup.com.cn, http: //www.wqbook.com
地　　址： 北京清华大学学研大厦 A 座　　**邮　　编：** 100084
社 总 机： 010-83470000　　**邮　　购：** 010-62786544
投稿与读者服务： 010-62776969, c-service@tup.tsinghua.edu.cn
质 量 反 馈： 010-62772015, zhiliang@tup.tsinghua.edu.cn
课 件 下 载： http://www.tup.com.cn,010-83470236
印 装 者： 三河市君旺印务有限公司
经　　销： 全国新华书店
开　　本： 203mm×260mm　　**印　　张：** 20　　**字　　数：** 595 千字
版　　次： 2022 年 6 月第 1 版　　**印　　次：** 2023 年 11月第 2 次印刷
定　　价： 99.00 元

产品编号： 092811-01

本书说明

本书是专门为微信小程序初学者量身打造的编程基础学习与项目实践用书。通过案例引导读者深入学习技能和项目实践。为满足小程序开发者在微信小程序基础入门、扩展学习、编程技能、项目实践 4 个方面的职业技能需求，采用“基础知识→核心应用→高级应用→项目实践”的结构和“由浅入深，由深到精”的学习模式进行讲解。

微信小程序开发的最佳学习模式

本书以微信小程序最佳的学习模式来分配内容结构，第 1～3 篇可使读者掌握微信小程序的基础知识和应用技能；第 4 篇可使读者积累多个实践项目的经验。读者如果遇到问题，可以通过在线技术支持让有经验的程序员答疑解惑。

本书内容

全书分为 4 篇 13 章。

第 1 篇（第 1、2 章）为基础知识，主要讲解了小程序的发展历程、小程序的特点、应用范围与应用场景、小程序的注册与创建。读者在学习完本篇后将会对小程序的发展以及优缺点等内容有全面的认识，从而确定某项目是否适合使用小程序进行开发。

第 2 篇（第 3、4 章）为核心应用，主要是对小程序的生命周期函数以及组件进行讲解。通过本篇的学习，读者将对小程序的生命周期有更深入的了解，并且还能够掌握原生组件、视图容器组件、表单组件等小程序组件的使用方法。

第 3 篇（第 5～10 章）为高级应用，主要讲解小程序中的 API。学习完本篇内容，读者可以调用不同的 API 来实现小程序相应的功能。例如，通过网络 API 可以实现小程序网络请求的发送与接收；通过文件 API 可以实现小程序的文件上传和下载；通过媒体 API 可以实现音视频文件的播放以及地图的显示等功能。

第 4 篇（第 11～13 章）为项目实践，主要讲解小程序项目的开发，通过“贪吃蛇”小游戏、“你画我猜”小程序、“在线音乐播放器”小程序三个项目，使读者了解小程序项目从需求到完成项目开发的整个流程，以及小程序知识点的应用，为日后进行小程序开发工作积累经验。

本书不仅融入了编者丰富的工作经验和多年的使用心得，还提供了大量来自工作现场的实例，具有较强的实战性和可操作性，读者系统学习后可以掌握小程序开发的基础知识，然后通过对项目案例的练习，可以巩固基础知识，并且积累项目开发经验和团队合作技能，在未来的职场中获取一个较高的起点，为进行小程序开发奠定坚实的基础。

本书特色

1. 结构科学，易于自学

本书在内容组织和范例设计中充分考虑了初学者的特点，由浅入深，循序渐进，无论读者是否接触过小程序开发，都能从本书中找到最佳的起点。

2. 超多、实用、专业的范例和实践项目

本书结合实际工作中的应用范例逐一讲解微信小程序开发中的各种知识和技术，在项目实践篇中更以 3 个项目案例来总结本书前面章节介绍的知识和技能，让读者在实践中掌握知识，轻松拥有小程序开发经验。

3. 随时检测自己的学习成果

本书每章首页均提供了“本章概述”和“知识导读”，以指导读者重点学习及学后检查；章后的“就业面试技巧与解析”根据当前最新求职面试（笔试）题精选而成，读者可以随时检测自己的学习成果，做到融会贯通。

4. 专业创作团队和技术支持

读者在学习过程中遇到任何问题，均可加入图书读者（技术支持）QQ 群（661907764 或 799383689）进行提问，编者和资深程序员将为您在线答疑。

本书附赠超值王牌资源库

本书附赠了极为丰富超值的王牌资源库，具体内容如下：

（1）王牌资源 1：随赠本书“配套学习与教学”资源库，提升读者的学习效率。

- 本书 3 个大型项目案例以及 200 多个实例源代码。
- 本书配套上机实训指导手册及本书教学 PPT 课件。

（2）王牌资源 2：随赠“职业成长”资源库，突破读者职业规划与发展瓶颈。

- 求职资源库：100 套求职简历模板库、600 套毕业答辩与 80 套学术开题报告 PPT 模板库。
- 面试资源库：程序员面试技巧、200 道求职常见面试（笔试）真题与解析。
- 职业资源库：100 套岗位竞聘模板、程序员职业规划手册、开发经验及技巧集、软件工程师技能手册。

（3）王牌资源 3：随赠“软件开发宝典”资源库，拓展读者学习本书的深度和广度。

- 案例资源库：80 套经典案例库。
- 软件开发文档模板库：10 套八大行业项目开发文档模板库。
- 编程水平测试系统：计算机水平测试、编程水平测试、编程逻辑能力测试、编程英语水平测试。
- 电子书资源库：微信小程序开发查询手册、CSS3 查询手册、H5 查询手册、JS 查询手册、Vue 查询手册。

资源获取及使用

注意：由于本书不配送光盘，书中所用及上述资源均需借助网络下载才能使用。

1. 资源获取

采用以下任意途径，均可获取本书附赠的超值王牌资源库。

（1）加入本书微信公众号聚慕课 jumooc，可下载资源或者咨询关于本书的任何问题。

（2）加入本书读者服务（技术支持）QQ 群（661907764 或 799383689），可获取网络下载地址和密码。

2. 使用资源

读者可通过计算机端、微信端以及平板端学习本书的相关资源。

本书适合哪些读者阅读

本书非常适合以下人员阅读。

- 没有任何小程序开发基础的初学者。
- 有一定的小程序开发基础，想精通编程的人员。
- 有一定的小程序开发基础，没有项目实践经验的人员。
- 正在进行软件专业相关毕业设计的学生。
- 大中专院校及培训学校的师生。

在本书的编写过程中，我们虽已尽己所能将最好的讲解呈现给读者，但难免有疏漏和不妥之处，敬请读者不吝指正。

编　者

第1篇 基础知识

第2篇 核心应用

第 3 篇　高级应用

第4篇　项目实践

第 1 篇

基础知识

本篇是微信小程序开发的基础知识。首先介绍小程序的发展历程，然后讲述了小程序的优势与劣势以及应用范围，最后对小程序账号注册和项目的创建进行讲解，带领读者快速步入微信小程序的世界。

读者在学习完本篇后将会了解到小程序的发展史、小程序特性等基本内容，并且能够掌握小程序账号注册以及项目创建的方法，为后面更深入地学习小程序开发打下坚实的基础。

第1章
了解小程序

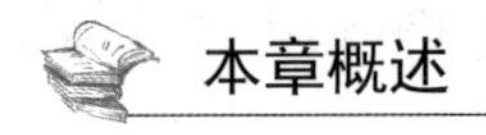

本章概述

本章从微信小程序的定义、发展历程、应用场景及意义等不同角度进行了介绍与分析，告知了读者小程序的优缺点，帮助读者对小程序有一个全面的认知与了解，使读者可以根据应用的需求与应用场景来确定项目是否适合使用小程序进行开发，从而避免读者在实际进行小程序开发时出现小程序功能不能满足项目需求的情况，让读者能够方便有效使用小程序进行项目开发。

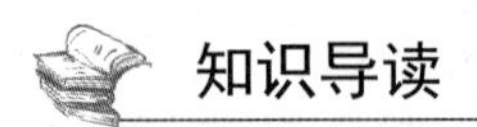

知识导读

本章要点（已掌握的在方框中打钩）

- ☐ 了解微信小程序
- ☐ 微信小程序账号的注册
- ☐ 微信开发者工具的下载与安装

1.1　小程序简介

微信小程序是一种新兴的应用程序，它与传统的App相比有很大区别，它是一种跨平台的应用程序，不区分Android版本与iOS版本，具有更好的移植性和更快的开发效率。

目前手机上的App琳琅满目，同类型的应用也比比皆是。在日常生活中，一些应用软件在最初下载时使用频率会高一点，随着时间的推移，这些软件的使用频率会逐渐降低，有时几周都不会使用。这些使用频率较低的应用软件一直占用用户手机的存储空间，造成了手机内存浪费。一些用户为了避免这种内存浪费的情况发生，对于使用频率较低的软件会在需要使用时进行下载，使用完毕后就删除，这种方式减少了手机内存的浪费，但是在应用下载过程中会消耗时间与流量。那么是否有一种更好的方式来解决这种现象呢？答案是：使用小程序。小程序具有无须安装、即开即用、不会额外占用用户手机内存的特点，它可以完美解决我们日常生活中低频率软件的内存占用问题。

1.1.1　什么是小程序

微信小程序，简称为小程序，英文名为Wechat Mini Program。它是一种依赖微信环境的跨平台应用程序，用户无须下载安装相应的小程序，点开即可使用，使用完毕退出即可，无须卸载，也不会额外占用手机内存。并且同一版本的小程序，在 Android 与 iOS 上都能良好运行，可以降低开发成本，提高开发效率。

1.1.2 小程序的发展历程

微信小程序最初并不完善，也没有对外开放，它仅是微信团队内部进行一些业务处理的 JS API，一些外部开发者发现这些相关的 API 后，按照相应的规则使用这些接口，随着时间的推移与外部开发者数量的增多，这些 API 形成了一种业内默认的规则与标准。2015 年初，微信团队对拍摄、录音、语音识别、二维码、地图、支付、分享、卡券等几十个 API 进行整理，发布了一整套的网页开发工具包，也被称为 JS-SDK，供所有开发者使用，使一些外部开发者也能够方便使用微信的原生功能，这就是小程序的雏形。

2016 年 1 月 11 日，“微信之父”张小龙对微信功能进行分析，提出了“一切以用户价值为依据”“让创造体现价值”“让用户用完即走”“让商业化存在于无形之中”的四大价值观。也指出了越来越多产品采用公众号方式实现面临的问题，虽然公众号具有开发方便、获取用户和传播成本低等特点，但是公众号拆分出的服务号并不能很好地解决服务所面临的问题，因此需要探索一种全新形态的应用，也就是微信小程序。

2016 年 9 月 21 日，微信小程序开始内测，在微信生态中，微信小程序“用完即走”的模式引发广泛关注，吸引了大批开发者参与测试。

2017 年 1 月 9 日，微信小程序测试结束，首批微信小程序正式上线运营，用户可以通过微信小程序体验相应的服务。

2017 年 12 月 28 日，微信更新的 6.6.1 版本中开放了小游戏程序，作为其中代表的“跳一跳”小程序，以游戏的方式引起了众多关注，收到了许多用户的好评，由此确定小游戏是小程序的另一种发展形态。

随着小程序版本的更新与优化，先后增加了小程序投诉、收藏与分享、广告、功能服务搜索、后台数据分析与管理等功能，使得第三方很容易开发出一款功能完善的小程序。时至今日，小程序因为使用简便、开发成本低等特点，已经成为商家应用的首选，各种各样的小程序为人们的衣食住行提供服务。

1.1.3 小程序的特征与应用场景

以下是“微信之父”张小龙对微信小程序的定义：“无须下载、安装触手可及，用完即走。”小程序依赖于微信生态，因此除了上面的一些特点以外，还天然具备一些其他优势。例如，引流、唯一性、入口众多、便于推广等。

（1）引流——微信小程序上线后可以免费开通附近的小程序，微信用户使用附近小程序功能查找小程序时，会将附近 5 千米内的小程序按照距离排名。

（2）唯一性——微信小程序的名称与域名相似，具有唯一性，一个小程序名称创建后，其他小程序不能使用相同的名称，微信用户可以通过搜索小程序名称进入小程序。

（3）入口众多——微信小程序入口目前有 60 多种，其中常用的入口有以下几种：微信聊天界面下拉、附近的小程序、微信用户分享、小程序码、公众号关联、客服消息等。

（4）便于推广——微信小程序在线上可以通过用户分享、广告、结合公众号等方式进行推广。在线下可以借助二维码或者小程序码的方式进行推广，从而实现线上、线下同步推广。

微信小程序具有的这些特征，使得越来越多的商户和产品加入到小程序的队伍中，小程序同传统的 App 相比既有优势也有劣势，它们之间具体的差异如表 1-1 所示。

表 1-1　小程序与 App 的区别

对　比　项	小　程　序	App
安装方式	无须下载安装	需要下载安装
应用占用空间	极小，基本可以忽略不计	一般占用空间较大
开发方式	只需开发一个版本	需要开发 Android 与 iOS 两个版本
开发成本	低	高
推广	借助微信流量，推广方便，成本低	原生流量，推广困难，成本高
应用功能	简单	丰富
用户体验	一般	较好

小程序目前虽然已经拥有丰富的产品应用，具备海量的用户基数。但是小程序简单方便的设计理念和体量限制，使得小程序不能像 App 一样具有完善丰富的功能，而且 App 在某些方面能够为用户提供更好的使用体验。因此小程序不能完全替代 App，它们之间不仅仅是竞争关系，还具有补充关系。对于功能简单、快进快出场景下的低频应用，采用小程序的方式是非常明智的，不仅可以降低开发难度、节省开发成本、提高开发效率，也可以减轻用户的使用负担，用户无须进行安装与下载操作，只需使用小程序提供的核心功能即可。对于一些高频、功能复杂的应用，使用小程序可能无法实现应用中的复杂功能，给用户带来一个较差的使用体验，面对这种情况，应用的核心功能应通过 App 方式实现，小程序用来作为一个引流入口，将微信的用户流量引入到 App 中。

小程序与 App 在不同的场景有不同的表现，目前小程序与 App 主流的应用场景如图 1-1 所示。

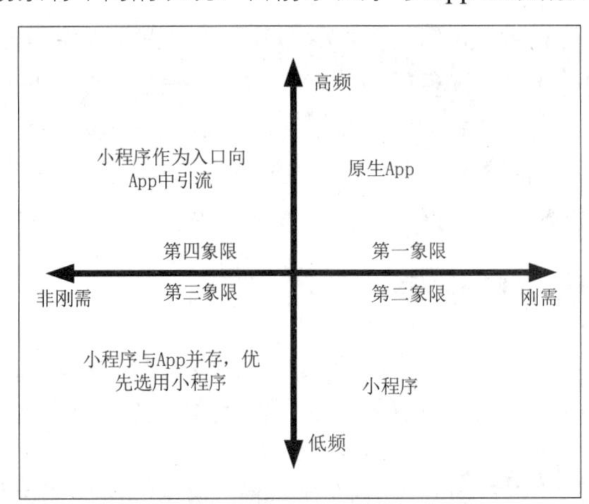

图 1-1　小程序与 App 的应用场景

在图 1-1 中第一象限：用户刚需且高频使用的应用，这个象限中基本都是行业内的巨头，需要使用 App 来为用户提供丰富的功能和高品质的用户体验。例如，购物类（淘宝、京东等）、出行类（百度地图、高德地图等）、支付类（支付宝、微信支付、各大银行支付）、社交类（微信、QQ 等）。

第二象限：用户刚需但是低频使用的应用，这个象限中包含大量的服务类产品，例如旅游、票务、教育、医疗等。对这些应用，用户可能使用过一次就不再使用，或者间隔很长时间才会使用一次。这类应用使用 App 方式实现，不仅开发复杂，成本较高，用户的自然增长也较慢，需要花费大量的人力、物力进行推广宣传。使用小程序的方式实现，开发简便，成本低，可以借助微信的用户流量进行推广宣传，非常适合创业公司或者小规模公司产品的试错，提升产品竞争力，提高产品成功率。

第三象限：用户非刚需且低频使用的应用，这个象限中大多是一些小众产品，一般是出于情怀的个人兴趣产品和工具产品，用户普遍较少，收益较低，基本不作为商业产品。这一类型的产品对于具有产品设计与开发能力的企业或公司可以考虑 App 开发。但是对于不具备产品设计与开发能力的公司应当优先考虑小程序开发。

第四象限：用户非刚需但会高频使用的应用，这个象限中大多是一些休闲娱乐类的应用，这些应用通常功能比较复杂，但不是用户刚需的，使用这些应用的用户使用频率会比较高。其中的代表应用：抖音、快手、修图软件、休闲游戏等。小程序不能完美实现这些应用功能，但是可以作为一个引流入口，将一些微信用户引流到各自的平台中，增加 App 的用户量。

1.1.4 小程序的发展前景

自从微信小程序正式发布以后，互联网巨头 BAT 中的其余两家阿里巴巴和百度也先后发布各自版本的小程序，进行小程序的布局与规划。随着小程序的发展，企业的需求量也在不断增加，越来越多企业投入到小程序开发与建设的浪潮中，微信庞大的用户基数也为后期小程序的推广提供了便利。2020 年，微信小程序数量已经突破 380 万，日均活跃用户超过 4 亿，覆盖超过 200 个细分行业。并且腾讯一直在和高校教育机构合作，大力推广微信小程序进入大学课堂，越来越多的学生开始学习微信小程序的相关知识，参与到小程序的开发。

1.2 小程序开发的准备工作

进行项目开发前需要做一些准备工作，例如 Java、Python 等编程语言，需要先进行开发环境的设置。微信小程序的运行依赖于微信，虽然不用进行开发环境的设置，但是需要进行小程序的注册、设置、信息完善等工作。

1.2.1 小程序的注册

注册一个微信小程序需要经过以下几个步骤：

（1）开发者在微信公众平台，单击“立即注册”按钮，进行小程序账号的注册，具体操作如图 1-2 所示。

图 1-2 微信公众平台界面

（2）选择账号类型，微信公众平台提供了四种类型的账号，分别是订阅号、服务号、小程序和企业微信。这四种账号的类型及功能如表 1-2 所示。

表 1-2　微信公众平台账号的四种类型及其功能

账 号 类 型	功 能 介 绍
订阅号	偏向于向用户传递信息（类似于报纸和杂志），认证前后每天只能群发 1 条信息（适用于个人和组织）。如果仅是简单发送消息进行宣传，可以选择订阅号
服务号	与订阅号相似但是更偏向于服务交互（类似银行、114、提供服务查询），认证前后每月只能群发 4 条消息（不适合个人使用）。需要提供更多功能，例如，微信支付可以选择服务号
小程序	一种新的开发能力，开发者可以快速开发一个小程序，具有无须安装、触手可及、用完即走的特点。小程序可以在微信中便捷获取与传播，也具有较好的使用体验
企业微信	企业微信原名企业号，是一个面向企业级市场的产品，是一个独立 App 的、好用的基础办公沟通工具，拥有最基础和最实用的功能服务，专门提供给企业使用的 IM 产品（适用于企业、政府、事业单位或其他组织）。用来管理内部企业员工、团队，对内使用可以选择企业微信

我们需要注册一个小程序账号，因此账号类型选择“小程序”，具体操作如图 1-3 所示。

（3）接下来正式进入小程序账号的注册界面，小程序账号的注册流程分为三步，分别是账号信息、邮箱激活、信息登记。账号信息界面需要填写邮箱、账号密码、验证码等信息。其中邮箱需要满足一些条件。

①邮箱没有申请过其他小程序。

②邮箱未被公众平台和微信开放平台注册。

③邮箱未绑定个人微信号。

账号信息界面具体内容如图 1-4 所示。

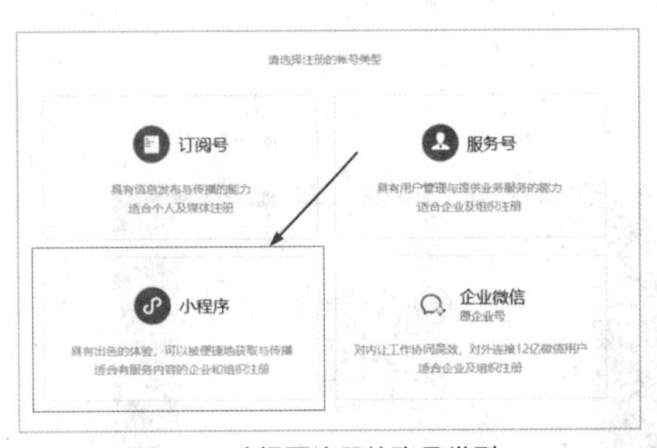

图 1-3　选择要注册的账号类型

图 1-4　账号信息界面

按照要求填写信息后，单击“注册”按钮，跳转到邮箱激活界面，进行小程序账号注册的第二步邮箱激活操作，具体界面如图 1-5 所示。

此时，我们填写的邮箱会收到一封来自微信团队发送的邮件，单击“登录邮箱”按钮，跳转到邮箱界面，查看邮件，邮件中包含一个激活链接，单击这个链接可以完成邮箱的激活操作，具体操作如图 1-6 所示。

图 1-5 邮箱激活界面

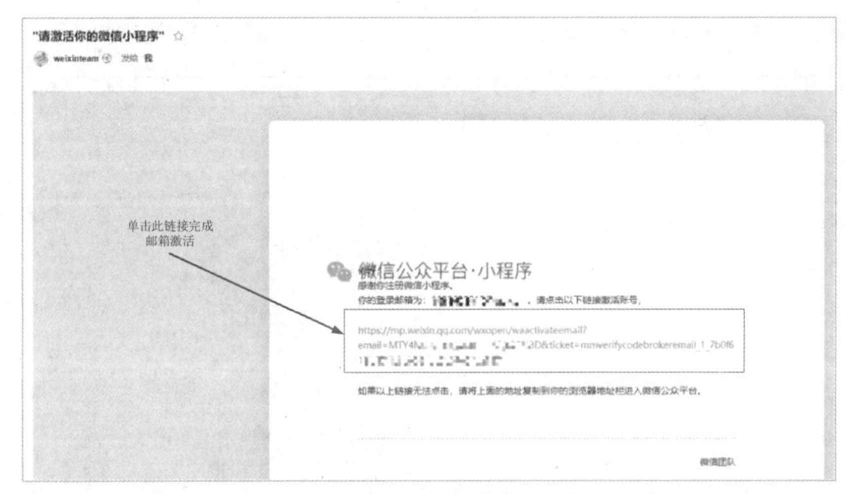

图 1-6 邮件信息

接下来进行小程序账号注册的最后一步，也是最重要的一步，进行小程序的信息登记。在小程序信息登记界面需要对小程序所在的地区与主体信息进行填写，这些信息填写完成后，后期进行变更需要审核，操作也比较麻烦，一定要认真填写。微信小程序的主体分为 5 类，分别是个人、企业、政府、媒体和其他组织，这几个主体类型之间的区别如表 1-3 所示。

表 1-3 微信小程序主体类型

主体类型	说明	账号功能	注册要求
个人	18 周岁以上，具有国内身份信息的微信实名用户	暂不具备微信支付功能及高级接口能力，不支持微信认证，开发者上限 10 人	管理员身份证号、管理员本人微信进行身份验证（免费）
企业	个人独资企业、个体工商户、个体经营、分支机构、合伙企业等	支持微信认证，可以使用微信支付功能和高级接口能力，开发者上限认证前 10 人，认证后 20 人	企业名称、营业执照注册号、管理员身份证号、微信认证（300 元认证费）、管理员本人微信进行身份验证
政府	事业单位（事业单位分支、派出机构、部队医院等）、政府机关（政协组织、人民解放军、武警部队、其他机关等）	支持微信认证，可以使用微信支付功能和高级接口能力，开发者上限认证前 10 人，认证后 20 人	政府全称、管理员身份证号、微信认证、管理员本人微信进行身份验证

续表

主体类型	说　明	账号功能	注册要求
媒体	事业单位媒体、其他媒体、电视广播、报刊、杂志、网络媒体等	支持微信认证，可以使用微信支付功能和高级接口能力，开发者上限认证前 10 人，认证后 20 人	组织名称、组织机构代码、组织机构代码证件照、管理员身份证号、微信认证、管理员本人微信进行身份验证
其他组织	免费类型（基金会、政府机构驻华代表处）、社会团体（社会团体分支、群众团体等）、民办非企业、学校、医院、其他组织（宗教活动场所、村民委员会、居民委员会等）	支持微信认证，可以使用微信支付功能和高级接口能力，开发者上限认证前 10 人，认证后 20 人	组织名称、组织机构代码、组织机构代码证件照、管理员身份证号、微信认证（300 元认证费）

我们这里注册的小程序账号仅用来学习和个人使用，因此主体类型选择个人，按照要求填写相关信息，具体操作如图 1-7 所示。

图 1-7　信息登记界面

单击“继续”按钮，会弹出一个弹窗来让开发者确定小程序账号的主体，一旦确定，小程序账号的主体信息就不能再随便修改。具体操作如图 1-8 所示。

图 1-8 小程序账号主体确定界面

单击“确定”按钮后，小程序账号就创建成功了，如图 1-9 所示。

图 1-9 小程序账号创建成功界面

1.2.2 完善小程序信息

小程序账号创建完成后，可以通过单击图 1-9 所示的“前往小程序”按钮，或者访问微信公众平台界面使用账号密码或使用管理员微信扫描二维码的方式进行登录，进入小程序账号后台管理界面，可以在这个界面进行小程序基本信息的完善、小程序管理、版本发布等。小程序账号后台管理界面的内容如图 1-10 所示。

图 1-10　小程序账号后台管理界面

在这个界面中我们要完善小程序的基本信息，单击“填写”按钮会跳转到小程序信息填写页面，填写的内容包括小程序名称、小程序简称、小程序头像、小程序介绍、服务类目。这些信息的作用与要求如表 1-4 所示。

表 1-4　小程序信息作用与要求

内　容	说　明	填 写 要 求	修 改 要 求
小程序名称	用户用来搜索小程序的名称，具有唯一性	名称长度为 4～30 个字符（1 个中文字为 2 个字符），必填	发布前有 2 次修改机会，发布后个人主体的小程序每年有 2 次修改机会，非个人主体的小程序需要先进行微信认证（认证费 300 元）才能修改
小程序简称	从小程序名称中按顺序截取的字段，可以在客户端任务栏向用户展示，可重名	简称长度为 4～10 个字符，选填	发布前有 2 次修改机会，发布后每年有 2 次修改机会，小程序修改名称期间无法修改简称，删除简称也会消耗 1 次修改机会
小程序头像	用户使用小程序时展示给用户的头像	头像不允许涉及政治敏感与色情，图片格式为 png、bmp、jpeg、jpg、gif，图片大小小于 2MB，建议图片尺寸为 144px*144px	每月可以修改 5 次
小程序介绍	向用户介绍小程序的主要功能与服务类型	长度为 4～120 个字符，并且介绍内容中不得含有国家相关法律法规禁止内容	每月可以修改 5 次
服务类目	根据小程序功能选择相关类目	服务类目有两级，每一级都必须填写，一个小程序最少要填写 1 个服务类目，最多填写 5 个服务类目，特殊行业需要额外提供资质证明	每月可以修改 1 次

小程序信息填写界面如图 1-11 所示。

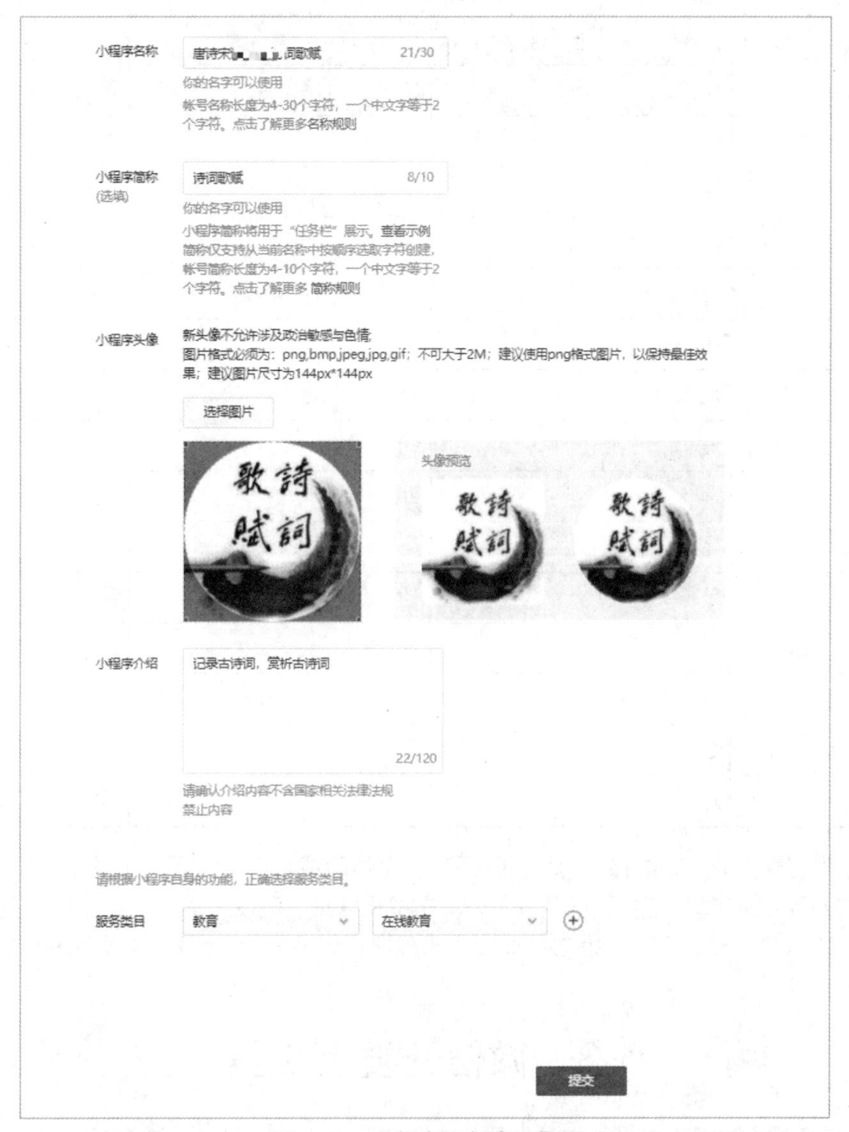

图 1-11　小程序信息填写界面

1.2.3　设置小程序成员

完成小程序的基本信息设置后，就可以对小程序成员进行管理。小程序成员分为三类，分别是管理员、项目成员、体验成员。

（1）管理员——小程序注册使用的微信账号，是整个小程序权限最高的成员。

（2）项目成员——进行小程序开发、运营的人员，根据职责和权限可以细分为开发者、运营者、数据分析者。项目成员只能由管理员添加、删除。

（3）体验成员——进行小程序体验版体验、测试的人员，可以由管理员或者项目成员进行添加、删除。

项目成员中开发者、运营者、数据分析者的权限如表 1-5 所示。

表 1-5　不同类型项目成员具有的权限

权　　限	开　发　者	运　营　者	数据分析者
登录小程序管理后台	是	是	是
版本发布	是	否	否
数据分析	否	否	是
开发能力	否	是	否
修改小程序介绍	是	否	否
暂停/恢复服务	是	否	否
设置可被搜索	是	否	否
解除关联移动应用	是	否	否
解除关联公众号	是	否	否
管理体验者	是	是	是
体验者权限	是	是	是
微信支付	是	否	否
小程序插件管理	是	否	否
游戏运营管理	是	否	否
推广	是	否	否

主体为个人的小程序可以设置 15 个项目成员和 15 个体验成员；未认证、未发布的非个人小程序可以设置 30 个项目成员和 30 个体验成员；已认证、未发布或未认证、已发布的非个人小程序可以设置 60 个项目成员和 60 个体验成员；已认证、已发布的非个人小程序可以设置 90 个项目成员和 90 个体验成员。

1.3　微信开发者工具

微信开发者工具是微信团队提供的编译器软件，具有公众号、小程序调试与开发功能，类似于其他编程语言中的 IDE。

1.3.1　微信开发者工具的下载与安装

下载微信开发者工具需要访问微信开放文档（https://developers.weixin.qq.com/miniprogram/dev/devtools/download.html），进入微信开发者工具的下载界面，微信开发者工具分为开发版（Nightly Build）、预发布版（RC Build）、稳定版（Stable Build）。其中稳定版经过大量测试，性能稳定，BUG 较少，推荐选择这一版本。用户需要根据自己计算机的操作系统选择对应链接进行下载（Windows 操作系统仅支持 Windows 7 以上的版本），本书选用 Windows 64 位的稳定版本的微信开发者工具，具体操作如图 1-12 所示。

图 1-12　微信开发者工具下载界面

微信开发者工具下载完需要进行安装，安装步骤如下所示。

（1）运行下载好的.exe 应用程序，具体操作分别如图 1-13 和图 1-14 所示。

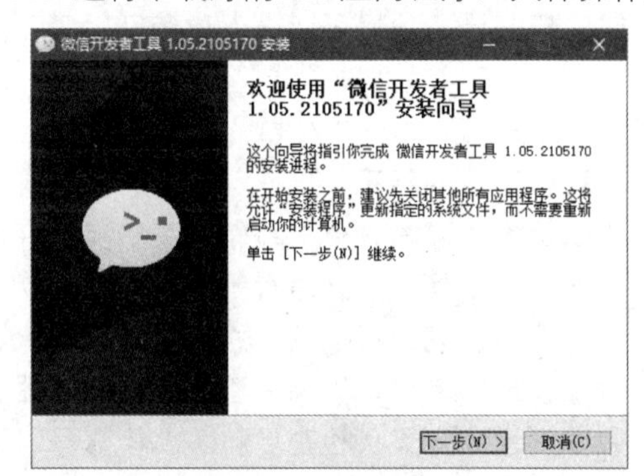

图 1-13　安装向导

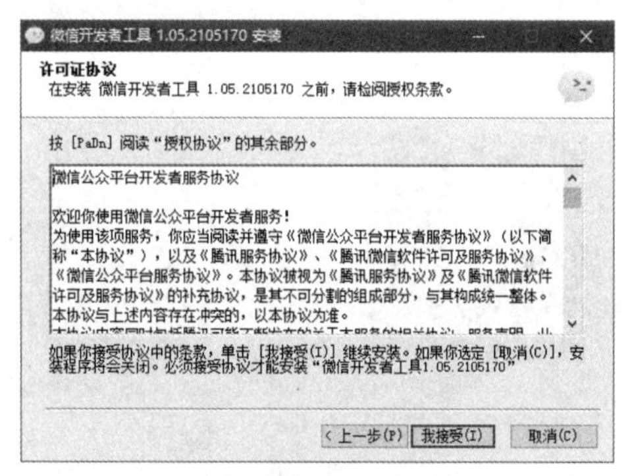

图 1-14　授权许可

（2）设置安装路径，进行安装，具体操作分别如图 1-15 和图 1-16 所示。

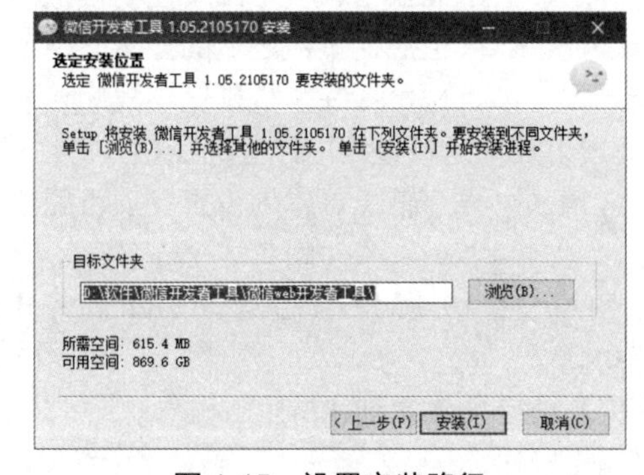

图 1-15　设置安装路径

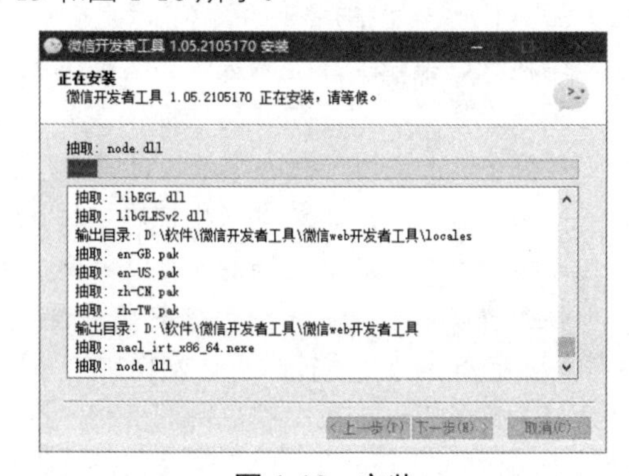

图 1-16　安装

安装完成的效果如图 1-17 所示。

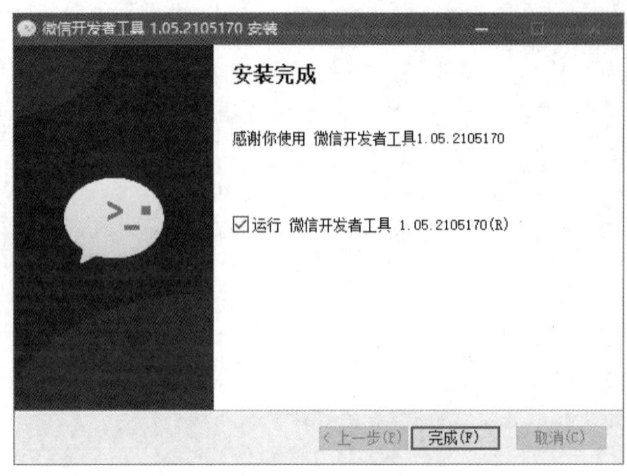

图 1-17　安装完成

1.3.2　微信开发者工具功能介绍

图 1-18　扫描登录微信开发者工具

使用微信开发者工具时，需要使用微信账号扫描二维码进行登录，这个微信账号必须是小程序账号后台管理中设置的开发成员的微信账号，如图 1-18 所示。

登录后，创建新项目或者打开原有项目可以进入微信开发者工具界面，整个界面可以划分为菜单栏、工具栏、模拟器区域、目录树区域、编辑器区域和调试器区域六大部分。

（1）菜单栏——包含项目（项目的新建、导入、查看、关闭等）、文件（新建文件、保存、关闭等）、编辑（查看编辑相关的操作和快捷键）、工具（编译、刷新、前后台切换、清除缓存等）、转到（切换编辑器、切换组等）、选择（全选、重复选择、选择所有匹配项等）、视图（外观、编辑器布局、资源管理器等）、界面（工具栏、调试器、模拟器等）、设置、帮助、微信开发者工具（检查更新、切换账号、退出等）等选项，可以进行项目的新建、导入、界面设置、代码编辑与调试等操作。

（2）工具栏——包括用户中心（显示用户头像可以进行开发用户的切换）、模拟器（控制模拟器区域的显示与隐藏）、编辑器（控制编辑器区域的显示与隐藏）、调试器（控制调试器区域的显示与隐藏）、可视化、模式选择（小程序模式与插件模式）、编译（运行小程序）、预览（在手机预览小程序功能）、真机调试（在手机上进行小程序测试与调试）、缓存清理（清理小程序运行过程中产生的缓存）、上传（上传小程序项目代码）、版本管理（小程序项目代码管理）、详情（小程序信息、本地设置、项目配置）等选项，可以进行界面布局，代码的编译、调试、发布等操作。

（3）模拟器区域——用来模拟移动端设备的运行界面，可以设置移动端的设备类型（iPhone、iPad、Nexus 等）、显示尺寸、字体大小、网络类型（WiFi、4G 等）等。

（4）目录树区域——显示项目目录结构，进行项目文件夹及项目文件的创建与删除操作。

（5）编辑器区域——用来显示项目代码，进行项目代码编辑操作。

（6）调试器区域——显示项目运行信息，进行项目代码调试，查看网络请求信息等。

微信开发者工具界面如图 1-19 所示。

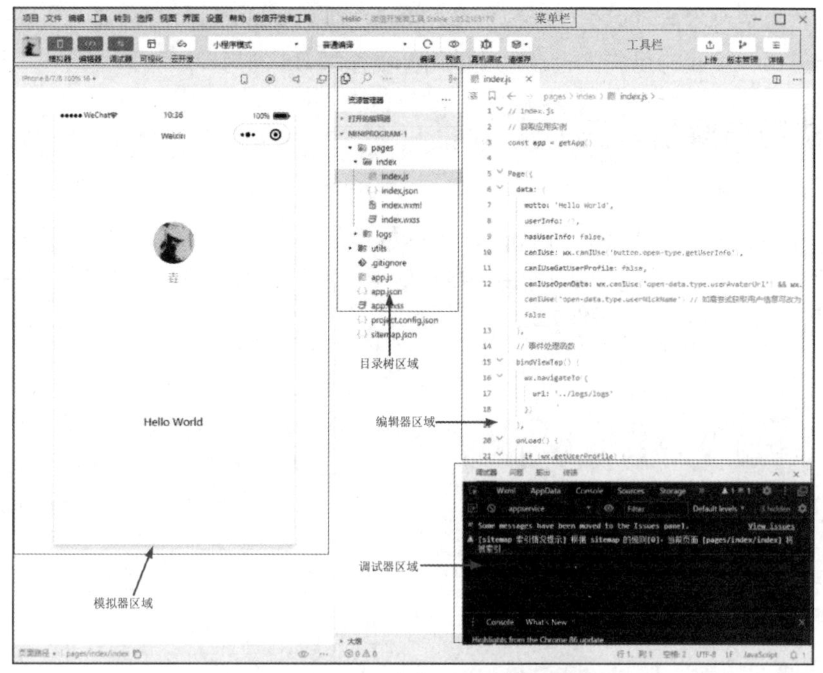

图 1-19　微信开发者工具界面

1.4　就业面试技巧与解析

工作通过一些常见的面试及笔试题来加深读者对微信小程序的理解，帮助读者更好地应对面试或笔试，从容发挥，取得心仪的 offer。

1.4.1　面试技巧与解析（一）

面试官：什么是微信小程序？

应聘者：微信小程序是由“微信之父”张小龙提出的一种新型公众号实现方式，具有无须下载安装、即开即用、用完即走的特点。并且微信小程序依赖于微信生态，具备开发成本低、自带推广流量、跨平台等优势。但是由于微信小程序体量与设计理念的限制，在功能丰富度与用户体验方面有所欠缺。

1.4.2　面试技巧与解析（二）

面试官：微信小程序、App 和 H5 的区别是什么？

应聘者：微信小程序、App 和 H5 都是用来实现用户功能的应用程序，但是它们的实现方式与理念有所区别，具体体现在以下几个方面：

（1）运行环境不同。微信小程序运行在微信中，H5 运行在浏览器上，App 运行在 Android 系统或 iOS 系统中。

（2）开发成本不同。H5 开发需要兼容不同的浏览器，App 开发需要区分 Android 版本与 iOS 版本，因此微信小程序的开发成本最低，H5 次之，App 最高。

（3）获取系统权限不同，App 和微信小程序都能获取系统级权限，而 H5 不能。

（4）推广方面。微信小程序可以借助微信流量，推广方便；App 和 H5 只能通过原生流量，推广困难。

（5）用户体验方面。App 的用户体验最好，微信小程序和 H5 的用户体验稍差。

1.4.3 面试技巧与解析（三）

面试官： 简述小程序原理。

应聘者： 微信小程序由 webView 和 appService 两部分组成，其中 webView 用来展示 UI 界面，appService 用来处理业务逻辑、进行接口调用和数据处理操作，它们在两个不同的进程中运行，由系统层 JSBridge 实现通信、完成 UI 渲染、事件处理。

第 2 章

第一个微信小程序

本章概述

本章我们开始进入微信小程序的开发阶段，要学习使用微信开发者工具、创建第一个微信小程序、了解微信小程序的项目结构。

通过本章内容的学习，我们可以学会使用微信开发者工具创建一个微信小程序，深入认识微信小程序的项目结构，为读者在未来的小程序开发奠定坚实的基础。

知识导读

本章要点（已掌握的在方框中打钩）

- ☐ 创建一个微信小程序
- ☐ 微信小程序的项目结构
- ☐ 小程序应用的生命周期
- ☐ 小程序页面的生命周期

2.1　创建第一个微信小程序

本章要创建第一个微信小程序，通过这个小程序来认识小程序的项目结构，学习与小程序框架相关的知识。

创建微信小程序需要借助微信开发者工具。

2.1.1　新建项目

运行微信开发者工具，选择“小程序”按钮，点击右侧界面上的+号进行小程序项目的创建。具体操作如图 2-1 所示。

设置小程序项目名称（该名称仅是本地存储的项目文件名称，与小程序上线后显示的名称无关）、项目本地存储路径、AppID（需要创建微信小程序账号，从微信小程序账号管理后台获取）、后端服务（云开发，在后面章节中会进行介绍）。具体操作如图 2-2 所示。

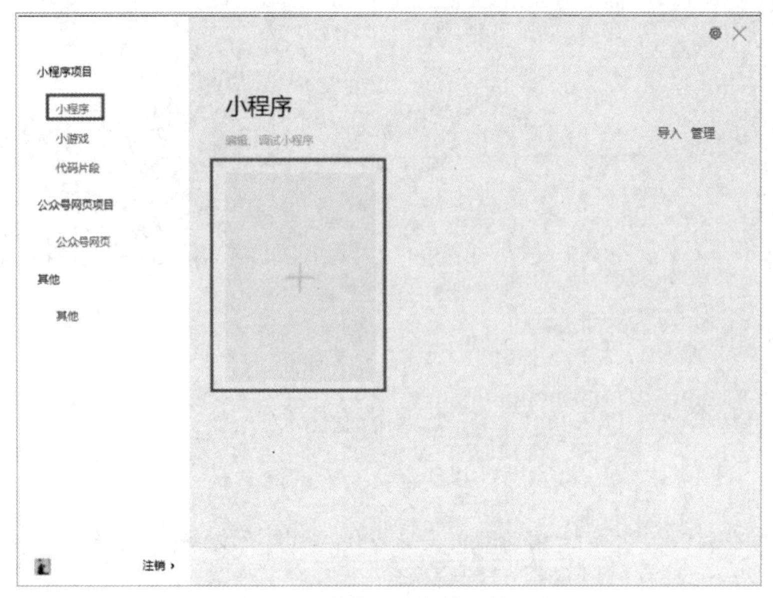

图 2-1　选择“小程序”按钮

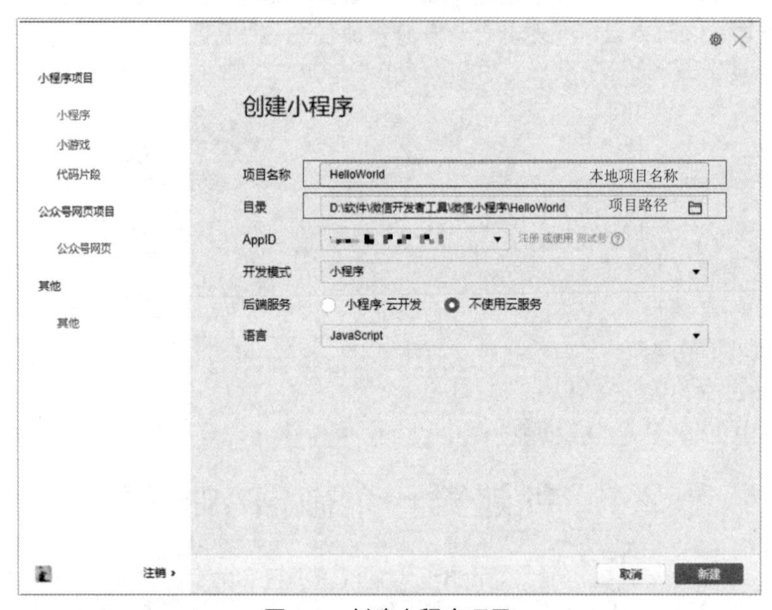

图 2-2　创建小程序项目

若是企业或个人不具备资质或者没有注册小程序账号，没有相应的 AppID，在创建小程序时可以在 AppID 输入框后边选择测试号，通过测试号方式创建的小程序，仅能用来进行功能测试，不能进行项目发布、上传，也不能使用云开发功能。

2.1.2　获取 AppID

微信小程序的 AppID 是在每一个小程序账号创建成功后自动生成的一个唯一 ID，这个 ID 相当于小程序的身份证，在获取用户信息、调用接口、使用云开发功能时都需要这个 ID。查看 AppID 需要登录微信小程序账号管理后台，按照“设置—基本设置—账号信息”的步骤查看，具体如图 2-3 所示。

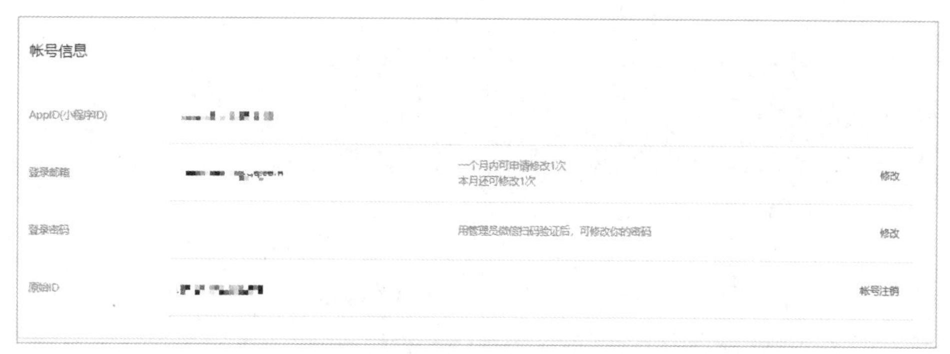

图 2-3 查看微信小程序 AppID

2.2 微信小程序项目结构

在创建微信小程序项目时，微信开发者工具会自动生成一个项目 demo，这个 demo 中通常由 pages、utils、app.js、app.json、app.wxss、project.config.json、sitemap.json 几部分组成，其中 pages 属于项目页面文件；utils 属于项目其他文件；app.js、app.json、app.wxss 这几个以 App 开头的文件属于项目主体文件；project.config.json 与 sitemap.json 属于项目配置文件。小程序的目录结构如图 2-4 所示。

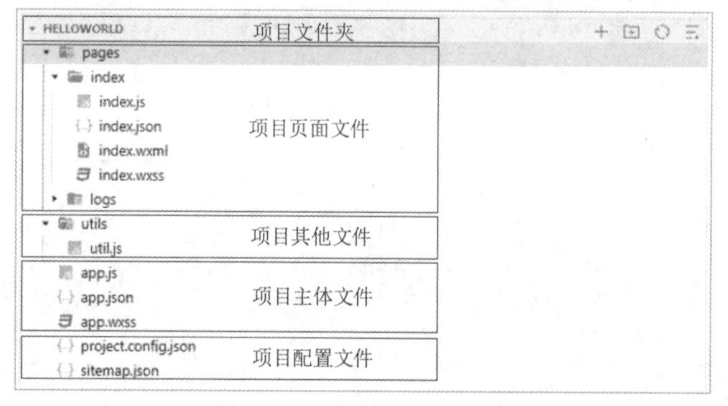

图 2-4 小程序的目录结构

2.2.1 小程序页面文件

每一个小程序项目中都存在一个 pages 文件夹，这是小程序页面文件的根目录文件夹，其中每一个页面由一个单独的文件夹保存。例如，pages 文件夹下的 index 文件夹中存放小程序的首页界面文件，首页界面文件包含 index.wxml（页面结构文件）、index.js（页面逻辑文件）、index.json（页面配置文件）、index.wxss（页面样式文件）。

1）WXML 文件

index.wxml 文件使用的 WXML 语言是微信团队仿照 HTML 语言设计的一种新语言，它们用法相似，只是一些标签和属性有所区别，WXML 的代码格式如下所示。

```
<!--index.wxml-->
<view class="container">
 <view class="userinfo">
   <block wx:if="{{canIUseOpenData}}">
     <view class="userinfo-avatar" bindtap="bindViewTap">
       <open-data type="userAvatarUrl"></open-data>
```

```
        </view>
        <open-data type="userNickName"></open-data>
      </block>
      <block wx:elif="{{!hasUserInfo}}">
        <button wx:if="{{canIUseGetUserProfile}}" bindtap="getUserProfile">获取头像昵称</button>
        <button wx:elif="{{canIUse}}" open-type="getUserInfo" bindgetuserinfo="getUserInfo">
        获取头像昵称</button>
        <view wx:else>请使用 1.4.4 及以上版本基础库</view>
      </block>
      <block wx:else>
        <image bindtap="bindViewTap" class="userinfo-avatar" src="{{userInfo.avatarUrl}}" mode="cover">
        </image>
        <text class="userinfo-nickname">{{userInfo.nickName}}</text>
      </block>
    </view>
    <view class="usermotto">
      <text class="user-motto">{{motto}}</text>
    </view>
  </view>
```

2）JS 文件

index.js 文件使用的是微信团队在 JavaScript 语言基础上改进后的 JS，用来实现页面逻辑功能，相比原本在浏览器上运行的 JS，缺少了 DOM 与 BOM 对象，而且还新增了一些在微信小程序中的专属用法，JS 的代码格式如下所示。

```
    //index.js
    //获取应用实例
    const app = getApp()
    Page({
     data:{
       motto: 'Hello World',
       userInfo: {},
       hasUserInfo: false,
       canIUse: wx.canIUse('button.open-type.getUserInfo'),
       canIUseGetUserProfile: false,
       canIUseOpenData:wx.canIUse('open-data.type.userAvatarUrl')&&wx.canIUse('open-data.type.us
erNickName')
     //如需尝试获取用户信息可改为 false
     },
     //事件处理函数
     bindViewTap() {
       wx.navigateTo({
         url: '../logs/logs'
       })
     },
     onLoad() {
       if (wx.getUserProfile) {
         this.setData({
           canIUseGetUserProfile: true
         })
       }
     },
     getUserProfile(e) {
     //推荐使用 wx.getUserProfile 获取用户信息,开发者每次通过该接口获取用户个人信息均需用户确认,
     //开发者妥善保管用户快速填写的头像昵称,避免重复弹窗
       wx.getUserProfile({
         desc: '展示用户信息', //声明获取用户个人信息后的用途,后续会展示在弹窗中,请谨慎填写
         success: (res) => {
           console.log(res)
           this.setData({
             userInfo: res.userInfo,
             hasUserInfo: true
           })
```

```
        }
      })
    },
    getUserInfo(e) {
    //不推荐使用 getUserInfo 获取用户信息，自 2021 年 4 月 13 日起，getUserInfo 不再弹出弹窗，
    //并直接返回匿名的用户个人信息
      console.log(e)
      this.setData({
        userInfo: e.detail.userInfo,
        hasUserInfo: true
      })
    }
  })
```

3）JSON 文件

index.json 文件遵循 JSON 的语法格式，仅用来进行页面 window 的相关属性设置，具体代码格式如下所示。

```
{
  "usingComponents": {}
}
```

4）WXSS 文件

index.wxss 文件是页面的样式文件，使用的该样式文件 WXSS 与 CSS 用法一致，可通过标签名、类名、id 名等方式为指定的标签设置相应样式，具体代码格式如下所示。

```
/**index.wxss**/
.userinfo {
 display: flex;
 flex-direction: column;
 align-items: center;
 color: #aaa;
}
.userinfo-avatar {
 overflow: hidden;
 width: 128rpx;
 height: 128rpx;
 margin: 20rpx;
 border-radius: 50%;
}
.usermotto {
 margin-top: 200px;
}
```

首页界面在微信开发者工具模拟器上的运行效果如图 2-5 所示。

另外，也可以点击工具栏的“预览”或“真机调试”按钮，使用微信账号扫描生成的二维码实现小程序在手机上的显示，只是真机调试模式不仅可以显示小程序的界面，还可以查看小程序的网络请求和数据交互信息，因此真机调试模式需要使用具有该小程序开发权限的微信账号；而预览模式只能显示小程序的界面，因此不需要使用具有开发权限的微信账号，它们的显示效果分别如图 2-6 与图 2-7 所示。

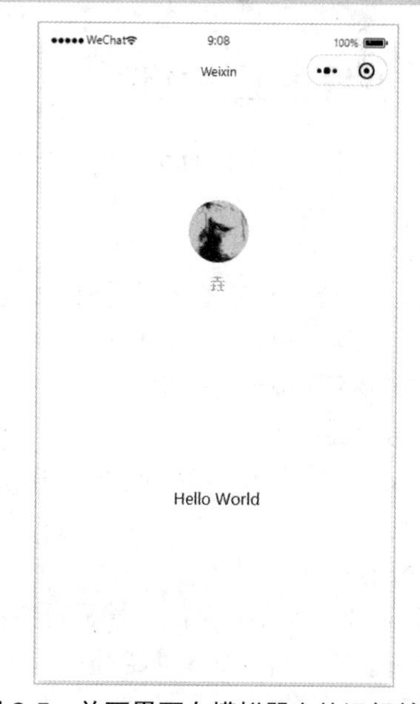

图 2-5　首页界面在模拟器上的运行效果

图 2-6　预览

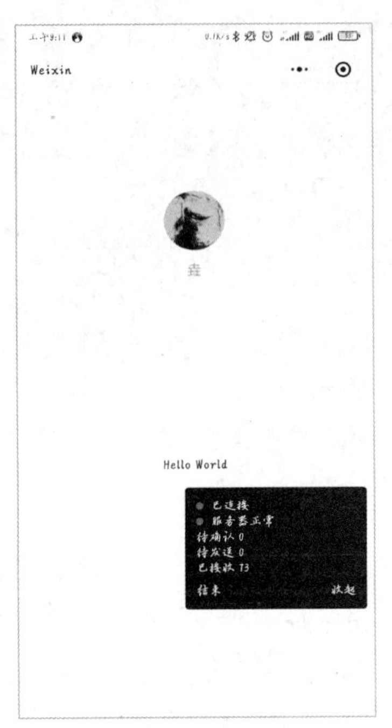

图 2-7　真机调试

2.2.2　小程序其他文件

utils 属于小程序的其他文件夹，小程序中经常使用的方法可以进行提取整理形成一个模块存放到 utils 文件夹，之后其他页面使用时可以直接导入进行应用，也可以存放一些第三方插件用来完成实现小程序的特殊功能。

2.2.3　小程序主体文件

小程序主体文件具有 app 前缀，包含 app.js、app.json、app.wxss 三个文件，用来进行小程序全局的一些设置与方法实现。

1）app.js 文件

app.js 文件是小程序的全局逻辑文件，它与页面逻辑文件的写法与作用相似，只是 app.js 文件中的变量与方法作用于整个小程序，在任何一个页面中都可以使用，而页面逻辑文件中的变量与方法仅能在本页面使用，在其他页面中无法使用。

2）app.wxss 文件

app.wxss 文件是小程序的全局样式文件，其设定的样式作用于整个小程序，每个页面都会具有相应的样式。

3）app.json 文件

app.json 文件是小程序的全局配置文件，主要有 pages、window、sitemapLocation 三个配置项，其中 pages 配置项用来设置小程序的页面路径，运行小程序时默认显示第一个页面路径对应的页面；window 配置项可以设置小程序的状态栏、导航栏、标题、窗口背景色等与窗口相关的属性设置；sitemapLocation 配置项用来指定 sitemap.json 文件的路径。app.json 文件的代码格式如下所示。

```
{
```

```
  "pages":[
    "pages/index/index",
    "pages/logs/logs"
  ],
  "window":{
    "backgroundTextStyle":"light",
    "navigationBarBackgroundColor": "#fff",
    "navigationBarTitleText": "Weixin",
    "navigationBarTextStyle":"black"
  },
  "style": "v2",
  "sitemapLocation": "sitemap.json"
}
```

app.json 文件中常用的配置项如表 2-1 所示。

表 2-1 app.json 文件中常用的配置项

配 置 项	类 型	是否必填	说 明
entryPagePath	string	否	小程序默认启动首页
pages	string[]	是	页面路径列表
window	Object	否	全局的默认窗口
tabBar	Object	否	小程序底部标签栏
debug	boolean	否	是否开启 debug 模式，默认关闭
sitemapLocation	string	是	指明 sitemap.json 文件的路径
usingComponents	Object	否	全局自定义组件配置
plugins	Object	否	使用的插件
subpackages	Object[]	否	分包结构配置
functionalPages	boolean	否	是否启用插件功能页，默认关闭

app.wxss 与 app.json 文件是小程序全局的样式与属性配置文件，当小程序页面没有设置相应的样式与 window 相关属性时，会默认使用 app.wxss 与 app.json 文件中的设置；当小程序页面设置相应的样式与 window 相关属性后，会替代全局的样式与 window 属性，优先使用页面中的设置。

2.2.4 小程序配置文件

小程序配置文件用来完成小程序项目在微信开发者工具中的一些个性化配置以及小程序能否被搜索到的权限设置。小程序配置文件包含 project.config.json 文件和 sitemap.json 文件。

1）project.config.json 文件

project.config.json 文件的本质是微信开发者工具的配置文件，用来记录小程序在开发者工具中的一些个性化配置。例如，编辑器的颜色，代码上传时的样式自动补全、自动压缩样式，小程序使用基础库的版本，小程序名称、AppID 等内容。该文件内容一般不需要改动，如果要进行改动一般不直接对该文件内容进行更改，而是通过单击开发者工具中工具栏的“详情”按钮，选择相应的信息选项进行修改。具体操作如图 2-8 所示。

在图 2-8 中，图（a）是小程序的基本信息选项，主要进行小程序基本信息的修改操作，可以更换小程序的 AppID，修改小程序的项目名称；图（b）是小程序的本地设置选项，可以进行小程序基础库的更改，小程序上传代码样式与校验合法域名等功能的开启和关闭；图（c）是小程序的项目配置选项，可以查看小程序配置的运行信息、项目包的大小以及分包情况，但是对域名的更改与分包操作需要在小程序账号管理后台完成。

（a）小程序基本信息

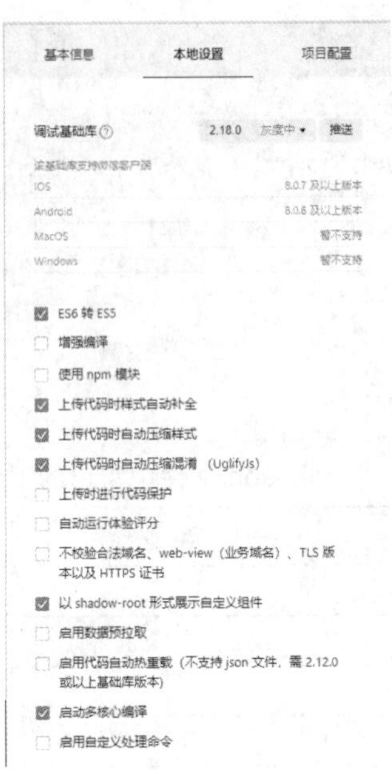

（b）小程序本地设置

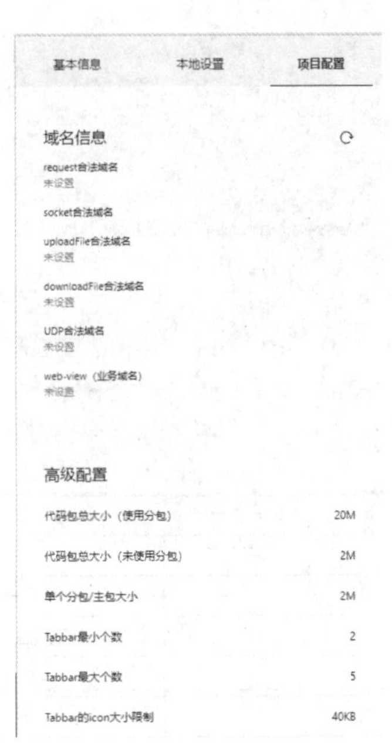

（c）小程序项目配置

图 2-8　小程序项目配置的修改与查看

2）sitemap.json 文件

sitemap.json 文件用来进行小程序能否被搜索到的权限设置，可以设置小程序全部页面都能被索引到，也可以设置小程序仅有部分页面能被索引到，一般情况下该文件内容不需要改动，默认小程序全局都可被索引到，若该文件缺失也默认小程序全局可以被索引。示例代码如下所示。

```
{
 "rules":[{
  "action": "allow",
  "page": "path/to/page",
  "params": ["a", "b"],
  "matching": "exact"
  }, {
  "action": "disallow",
  "page": "path/to/page"
 }]
}
```

①path/to/page?a=0&b=1，会被优先索引。

②path/to/page，不会被索引。

③path/to/page?a=0，不会被索引。

④path/to/page?a=0&b=1&c=2，不会被索引。

⑤除 path/to/page 页面以外的其他页面都默认可以被索引。

在 sitemap.json 文件中通过 rules 配置项进行参数的配置，action 设置页面是否可以被索引，默认值为 allow，表示命中规则的页面可以被索引，disallow 表示命中该规则的页面不可以被索引。page 设置页面的路径，*表示全部的页面，path/to/page 表示某一个具体的页面的路径。params 表示页面路径被规则匹配时携带有参数。matching 表示页面路径按照规则匹配时的匹配方式，matching 的取值说明如表 2-2 所示。

表 2-2 matching 的取值说明

值	说明	示例
exact	当小程序页面的参数列表等于 params 时，规则命中	"params": ["a", "b"]，符合规则的页面路径为 "path/to/page?a=0&b=1"
inclusive	当小程序页面的参数列表包含 params 时，规则命中	"params": ["a", "b"]，符合规则的页面路径为 "path/to/page?a=0&b=1"
exclusive	当小程序页面的参数列表与 params 交集为空时，规则命中	"params": ["a", "b"]，符合规则的页面路径为 "path/to/page"
partial	当小程序页面的参数列表与 params 交集不为空时，规则命中	"params": ["a", "b"]，符合规则的页面路径为 "path/to/page?a=0"

2.3 微信小程序的生命周期

微信小程序主要由视图层（View）与逻辑层（App Service）组成，其中视图层通常通过 WXML 文件和 WXSS 文件进行页面的布局与样式实现，逻辑层由 JS 文件实现。JS 文件从等级上可以分为 app.js（小程序应用等级）和 pages.js（小程序页面等级），每个小程序在运行时都先执行应用等级的 app.js 文件，然后才会执行页面等级的 pages.js 文件。

2.3.1 小程序应用的生命周期

app.js 文件是小程序全局逻辑文件，属于小程序应用等级，每一个小程序都要注册一个 App 实例对象，整个小程序中有且仅有一个 App 实例对象，这个 App 实例对象在小程序的每个页面都是共享的，都可以调用 App 实例对象中的全局数据和方法。app.js 文件中 App 实例对象的注册方法如下所示。

```
App({
  onLaunch (options) {
    //Do something initial when launch.
  },
  onShow (options) {
    //Do something when show.
  },
  onHide () {
    //Do something when hide.
  },
  onError (msg) {
    console.log(msg)
  },
  globalData: {
    data:'I am global data',
  }
})
```

在 App 实例对象中有一些微信团队封装好的函数，这些函数用来执行小程序的生命周期或者完成某种特定的功能。App 实例对象中常用的函数如表 2-3 所示。

表 2-3　App 实例对象中常用的函数

函数名称	说　明
onLaunch	生命周期回调——监听小程序初始化，全局只触发一次
onShow	生命周期回调——监听小程序启动或切前台，小程序启动或者从后台进入前台显示时触发
onHide	生命周期回调——监听小程序切后台，小程序从前台进入后台时触发
onError	错误监听函数，小程序发生脚本错误或者 API 调用报错时触发
onPageNotFound	页面不存在监听函数，小程序要打开的页面不存在时触发
onUnhandledRejection	未处理的 Promise 拒绝事件监听函数，小程序有未处理的 Promise 拒绝时触发
onThemeChange	监听系统主题变化，系统切换主题时触发

App 实例对象中除了可以使用微信团队提供的函数以外，也可以由开发者自定义一些函数，具体操作如下所示。

```
App({
 //微信团队提供的函数
 …
 //开发者自定义的函数
 custom:function (params) {
   //具体方法内容
   …
 },
 //全局数据对象
 globalData: {
   data:'I am global data',
 }
})
```

小程序前后台机制：用户打开一个小程序时分为冷启动与热启动，冷启动时需要重新进行加载，指用户首次打开或者小程序销毁后再次打开的情况；热启动是指用户之前打开一个小程序，在一定时间内再次打开的情况，此种情景小程序只需从后台切换到前台。用户点击右上角胶囊按键关闭小程序，或者通过设备上的 home 按键、手势操作等方式退出小程序，小程序并不会立即销毁，而是处于一种后台挂起状态，只有超过一定时间（目前是 5 分钟）或小程序占用资源过高时，才会被微信客户端销毁进行回收。一般用户退出小程序时会触发 onHide 方法，状态为前台→后台。用户再次打开小程序时会触发 onShow 方法，状态为后台→前台。

微信团队为了区分进入小程序的路径，设置了场景值，常用的场景值如表 2-4 所示。

表 2-4　常用的场景值

场景值 ID	说　明	场景值 ID	说　明
1000	其他	1011	扫描二维码
1001	发现栏小程序主入口	1014	小程序订阅消息
1005	微信首页顶部搜索框的搜索结果页	1025	扫描一维码
1006	发现栏小程序主入口搜索框的搜索结果页	1037	小程序打开小程序
1007	单人聊天会话中的小程序消息卡片	1043	公众号模版消息
1008	群聊会话中的小程序消息卡片	1047	扫描小程序码
1010	收藏夹	1058	公众号文章

小程序应用的生命周期函数有 onLaunch、onShow、onHide，具体的小程序应用生命周期如图 2-9 所示。

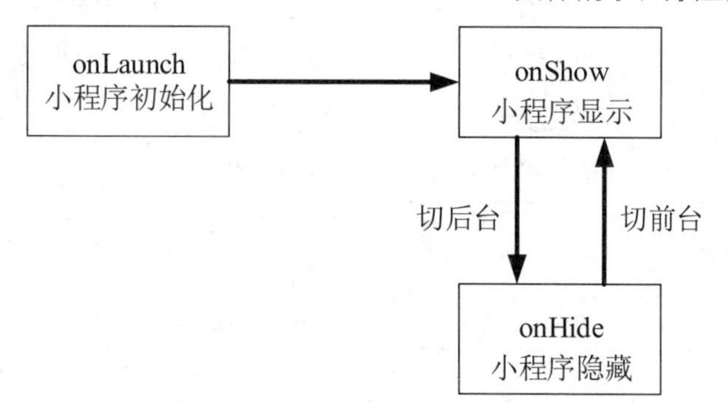

图 2-9　小程序应用生命周期

2.3.2　小程序页面的生命周期

pages.js 文件是小程序页面逻辑文件，属于小程序页面等级，每一个页面都要在其对应 JS 文件中注册一个 Page 实例对象，这个实例对象可以用来指定页面的初始数据、生命周期回调函数、事件处理函数等。pages.js 文件中 Page 实例对象的注册方法如下所示。

```
Page({
 data: {
   text: "This is page data."
 },
 onLoad: function(options) {
   //页面创建时执行
 },
 onShow: function() {
   //页面出现在前台时执行
 },
 onReady: function() {
   //页面首次渲染完毕时执行
 },
 onHide: function() {
   //页面从前台变为后台时执行
 },
 onUnload: function() {
   //页面销毁时执行
 },
 onPullDownRefresh: function() {
   //触发下拉刷新时执行
 },
 onReachBottom: function() {
   //页面触底时执行
 },
 onShareAppMessage: function () {
   //页面被用户分享时执行
 },
 onPageScroll: function() {
   //页面滚动时执行
 },
 onResize: function() {
   //页面尺寸变化时执行
 },
 onTabItemTap(item) {
   //tab 点击时执行
   console.log(item.index)
   console.log(item.pagePath)
   console.log(item.text)
```

```
    },
})
```

在 Page 实例对象中有一些微信团队封装好的属性方法，这些属性方法用来执行小程序页面的生命周期或者完成某种特定的功能。Page 实例对象常用的函数如表 2-5 所示。

表 2-5　Page 实例对象常用的函数

函数名称	说　明
onLoad	生命周期回调——监听页面加载，一个页面只会调用一次
onShow	生命周期回调——监听页面显示，页面显示/切入前台时触发
onHide	生命周期回调——监听页面隐藏，小程序从前台进入后台时触发，wx.navigateTo（保留当前页面跳转到其他页面）或底部 tab 切换到其他页面，小程序切入后台
onReady	生命周期回调——监听页面初次渲染完成，页面初次渲染完成时触发，一个页面只会调用一次，代表页面已经准备妥当，可以和视图层进行交互
onUnload	生命周期回调——监听页面卸载，页面卸载时触发，例如，wx.redirectTo（关闭当前页面，跳转到其他页面）或者 wx.navigateBack（关闭当前页面，返回上一页面或多级页面）
onPullDownRefresh	监听用户下拉刷新事件
onReachBottom	监听用户上拉触底事件，在触发距离滑动期间，本事件只会被触发一次
onShareAppMessage	监听用户点击页面内转发按钮操作
onShareTimeline	监听用户点击右上角转发到朋友圈按钮的操作
onAddToFavorites	监听用户点击右上角收藏按钮操作
onPageScroll	监听用户滑动页面事件
onResize	页面尺寸改变时触发，屏幕发生旋转时触发
onTabItemTap	当前是 tab 页时，点击 tab 时触发

Page 实例对象中除了使用微信团队提供的属性方法以外，也可以由开发者自定义一些方法，具体操作如下所示。

```
Page({
 //微信团队提供的函数
 …
 //开发者自定义的函数
 //事件响应函数
 viewTap: function() {
   this.setData({
     text: 'Set some data for updating view.'
   }, function() {
     //this is setData callback
   })
 },
})
```

page.js 文件也可以获取 App 实例对象中的全局数据或方法，在获取全局数据时需要先在 Page 实例对象外通过 getApp()方法获取 App 实例对象，具体操作如下所示。

```
//获取 App 实例对象
var app = getApp()
Page({
…
})
```

在小程序应用生命周期中调用 onShow 函数会跳转进入小程序页面的生命周期，小程序页面生命周期的函数有 onLoad、onShow、onReady、onHide、onUnload，具体的页面生命周期如图 2-10 所示。

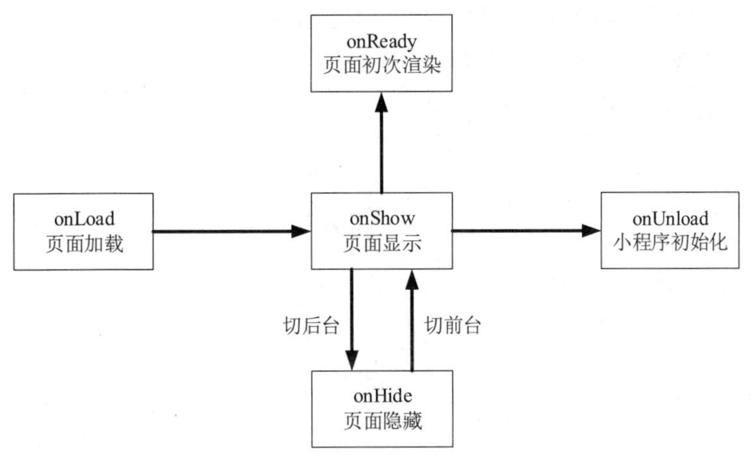

图 2-10　小程序页面生命周期

2.4　就业面试技巧与解析

在学习了微信小程序项目结构与框架后，下面选取了一些经常出现的面试题，对读者的学习内容进行一个简单检测，帮助读者加深对知识的理解与记忆。

2.4.1　面试技巧与解析（一）

面试官：微信小程序的项目结构以及主要文件类型都有哪些？

应聘者：微信小程序项目由页面文件、其他文件、主体文件、配置文件组成。页面文件存放在 pages 文件夹中，其他文件存放在 utils 文件夹中，主体文件存放在项目文件夹中，配置文件存放在项目文件夹中。

页面文件夹中，每个页面用一个单独的文件保存，每个页面由 WXML、WXSS、JSON、JS 四种文件组成。

（1）WXML——页面模板文件，通过 WXML 语言来编写页面内容。

（2）JSON——页面配置/设置文件，仅有 window 配置项，可以进行标题、tabbar、背景颜色等的设置。

（3）WXSS——页面样式文件，进行页面的布局和样式设置，也可以通过 import 导入一些其他样式文件来使用。

（4）JS——页面脚本逻辑文件，可以进行一些逻辑处理，网络请求操作，也可以监听页面的生命周期函数。

主体文件存放在项目文件夹下，由 app 开头的文件组成，包含 app.json、app.js、app.wxss 文件。

①app.json——配置文件入口，小程序的全局配置文件，在该文件中可以设置网络超时时间、页面底部 tab、页面路径、window，其中 window 配置项可以设置小程序所有页面的顶部背景颜色、文字颜色等。

②app.js——小程序的全局逻辑文件，可以在里边设置全局变量，监听小程序应用的生命周期函数。

③app.wxss——全局的样式文件，每个页面都可以使用这个全局样式，也可以使用自己页面样式来替代这个全局样式效果。

其他文件夹中主要存放一些 JS 文件，存放一些小程序页面通用的函数或者插件。

配置文件存放在项目文件夹下，包含 project.config.json 与 sitemap.json 文件。

（1）project.config.json——该文件可以查看、修改小程序的基本信息、本地设置、项目配置。

（2）sitemap.json——该文件用来设置小程序能否被搜索的权限。

一个基础的微信小程序项目目录结构如图 2-11 所示。

```
——项目文件夹
   ——pages
      ——index
         ——index.wxml
         ——index.wxss
         ——index.json
         ——index.js
   ——utils
      ——util.js
   ——app.wxss
   ——app.json
   ——app.js
   ——project.config.json
   ——sitemap.json
```

图 2-11　小程序项目的目录结构

2.4.2　面试技巧与解析（二）

面试官：简述微信小程序应用生命周期函数与页面生命周期函数的区别。

应聘者：微信小程序的生命周期分为两个层面，一个是应用等级，即 app.js 文件；一个是页面等级，即 page.js 文件。

小程序应用生命周期函数：

（1）onLaunch——小程序初始化，全局仅调用一次。

（2）onShow——监听小程序启动或切前台，小程序启动或者从后台进入前台显示时触发。

（3）onHide——监听小程序切后台，小程序从前台进入后台时触发。

（4）onError——错误监听函数，小程序发生脚本错误或者 API 调用报错时触发。

小程序页面生命周期函数：

（1）onLoad——页面加载，每个页面调用一次。

（2）onShow——页面显示，每次打开页面都调用。

（3）onReady——初次渲染完成，每个页面调用一次。

（4）onHide——页面隐藏，当 navigateTo 或底部 tab 切换时调用。

（5）onUnload——页面卸载，当 redirectTo 或 navigateBack 时调用。

第 2 篇

核心应用

在学习了微信小程序开发的基础知识之后，读者应该已经了解了微信小程序。本篇将带领读者学习小程序的项目结构，小程序项目是由众多页面组成的，每个页面中都有 WXSS、WXML、JSON、JS 四种文件。接着学习原生组件、视图容器组件、表单组件等小程序组件的使用方法等，读者使用这些组件可以创建出相应的小程序界面。

第3章
小程序开发基础

本章概述

本章进行微信小程序开发核心知识的学习，为了方便读者的学习与知识的梳理，主要从逻辑层与视图层两个方面来对小程序的基础知识进行介绍和讲解。

通过本章内容的学习，读者不仅可以学习到如何在逻辑层进行数据定义、页面处理函数、自定义函数的操作，还可以学习在视图层如何进行数据绑定、条件渲染、列表渲染、模板等知识。帮助读者深入认识小程序，掌握小程序开发的核心应用。

知识导读

本章要点（已掌握的在方框中打钩）

- □ 页面数据绑定
- □ 自定义事件处理函数
- □ 模板应用
- □ flex 页面布局

3.1　小程序页面的创建与删除

在前面的章节中，我们学习了如何创建一个小程序，一个小程序往往由许多页面组成，下面讲解小程序页面的创建与删除操作。

3.1.1　新建小程序页面

在微信小程序中，一个完整的页面由 WXML、WXSS、JSON、JS 四种文件组成，因此要创建一个页面，就需要创建这个页面对应的四种文件。微信开发者工具为页面的创建提供了便利操作，使开发者创建页面时不需要逐个进行文件的创建。在微信开发者工具中创建页面的方式有两种，一种是在微信开发者工具的目录中，使用鼠标右键进行创建；第二种是在 app.json 文件中的 pages 配置项添加相应页面的页面路径。

1）在目录中使用鼠标右键创建小程序页面

运行微信开发者工具，打开之前创建的 HelloWorld 小程序，在目录区域选择 pages 文件夹，右击，选择“新建文件夹”选项，输入 test1 文件夹名，然后选择 test1 文件夹，右击，选择“新建 Page”选项，输入 test1 文件名，然后按 Enter 键，就会自动生成 test1 页面对应的四个文件。具体操作如图 3-1 所示。

（a）新建 test1 页面文件夹

（b）填写 test1 页面文件夹名

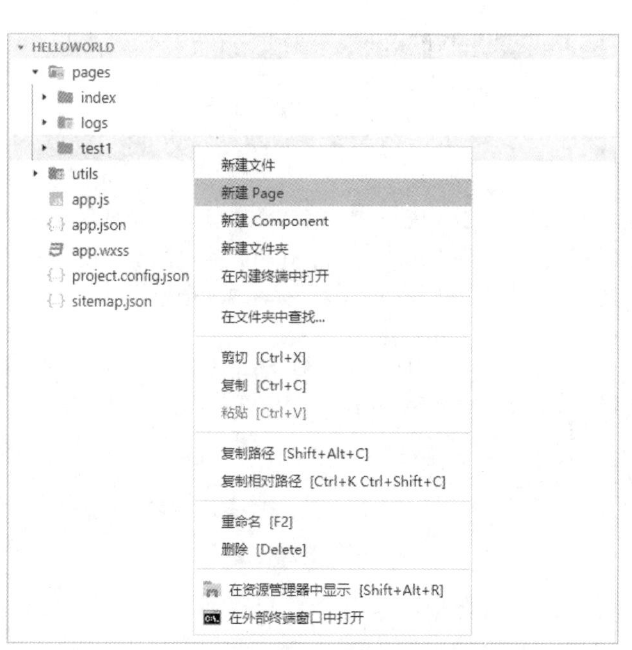

（c）新建 test1 页面文件

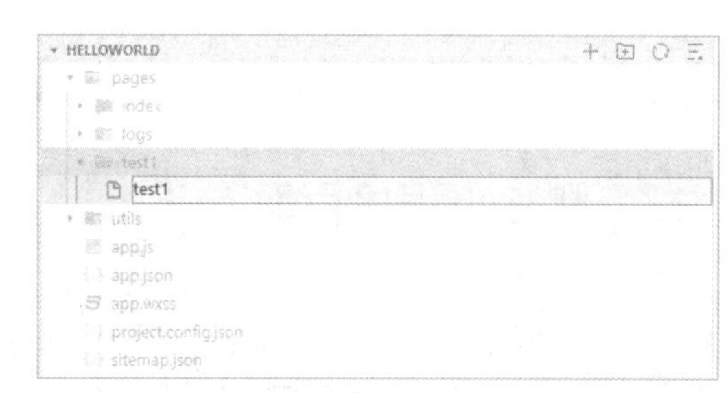

（d）填写 test1 页面文件名

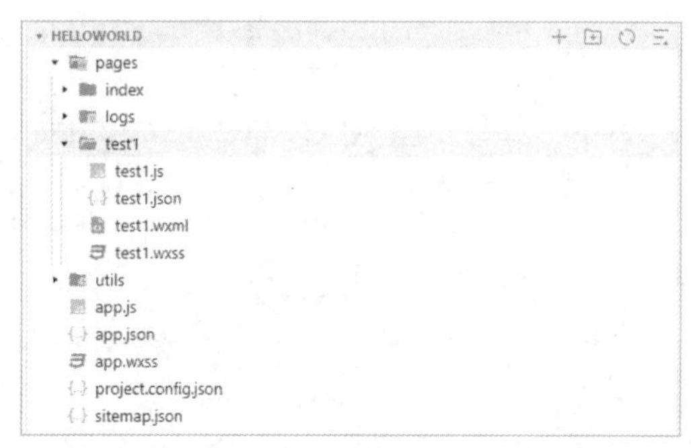

（e）test1 页面创建成功

图 3-1　通过目录方式创建小程序页面

2）在 app.json 文件中通过页面路径来创建小程序页面

打开 app.json 文件夹，找到 pages 配置项，按照路径格式写入要创建的页面路径，例如创建一个 test2 页面，其页面路径为 pages/test2/test2，页面路径中的 pages 表示小程序项目中的 pages 文件夹，第一个 test2 表明 test2 页面的文件夹，第二个 test2 表示 test2 页面的页面文件名，若页面路径为 pages/test2，则会缺少

test2 文件夹，生成的 test2 页面文件会存放到 pages 文件夹中，为了方便管理页面文件，页面路径中的页面文件夹不可省略，并且页面文件夹的名称要与页面文件的名称保持一致。具体的添加方式如下所示。

```
"pages": [
    "pages/index/index",
    "pages/logs/logs",
    "pages/test1/test1",
    "pages/test2/test2"
],
```

页面路径添加以后，需要使用 Ctrl+S 组合键进行保存，或者单击工具栏中的“编译”按钮，就会自动生成 test2 页面对应的页面文件，test2 页面创建成功的效果如图 3-2 所示。

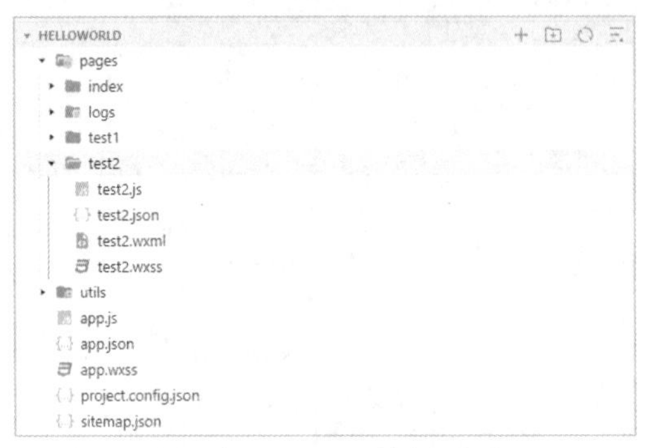

图 3-2　test2 页面创建成功

通过目录方式创建页面，其页面路径会默认生成在 pages 配置项的最后面，而通过在 pages 配置项主动添加页面路径来创建页面的方式，可以自由设置页面路径在 pages 配置项中的位置。

3.1.2　删除小程序页面

在进行小程序开发时，不仅需要创建新页面，有时候还需要将多余的页面进行删除。删除页面时要分两步进行。第一步，在目录中选择要删除的页面文件夹，右击选择“删除”选项，然后在弹出的对话框中选择“移动到回收站”选项就可以删除相应的页面文件了。以删除 test1 页面为例，具体操作如图 3-3 所示。

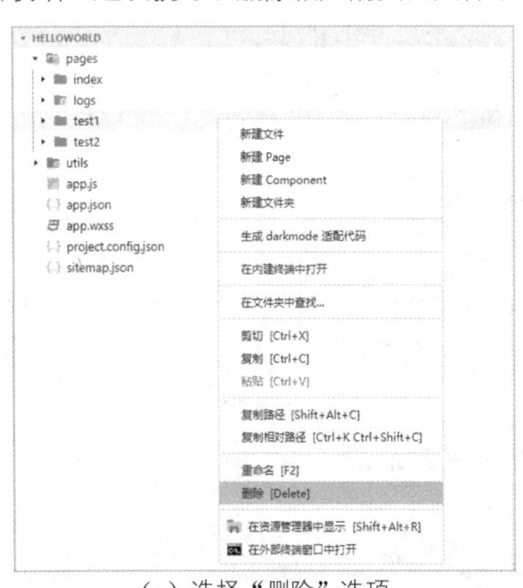

（a）选择“删除”选项

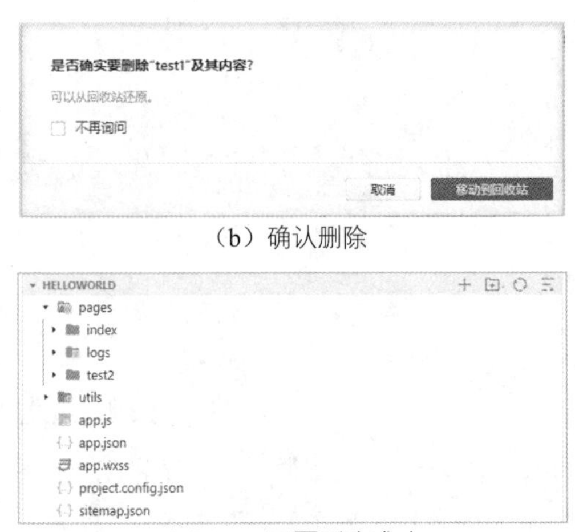

（b）确认删除

（c）test1 页面删除成功

图 3-3　删除微信小程序页面

此时如果清理缓存，微信开发者工具会报错，在调试器的 Console 窗口显示错误信息，提示缺少对应的 test1 页面文件，如图 3-4 所示。

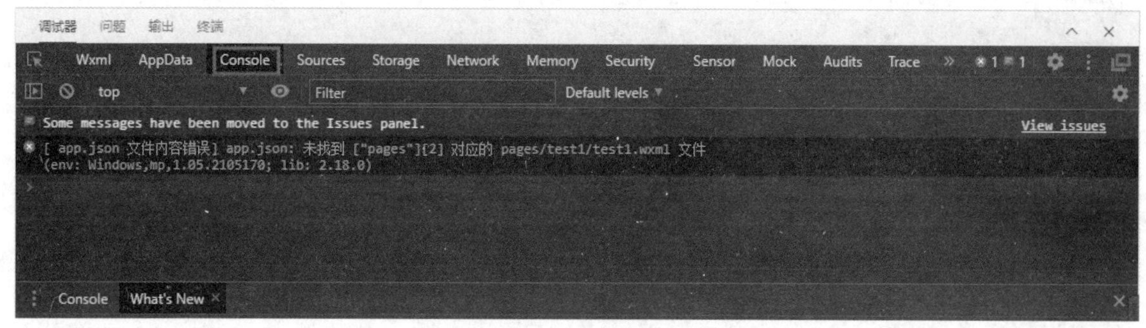

图 3-4　错误提示

出现错误的原因是我们只完成了页面删除的第一步操作，还需要进行第二步操作，打开 app.json 文件，在 pages 配置中删除对应页面路径，此时这个页面才从小程序项目中完全删除。

在进行页面创建与页面删除操作时，需要注意它们的不同之处，创建页面时不仅会生成对应的页面文件，而且会在 pages 配置项中自动添加对应的页面路径。删除页面时，仅能删除页面文件，peges 配置项中对应的页面路径需要手动删除。

3.2　逻辑层

微信小程序的逻辑层也被称为 App Service，主要是靠 JS 文件来实现的，可以进行数据处理，然后发送到视图层，也可以接收到视图层中的事件反馈。因为小程序在微信应用中运行，并非在浏览器中运行，所以小程序中的 JS 与原生的 JS 有所区别。

（1）缺少 DOM 与 BOM 对象。

（2）新增了 App()与 Page()方法，方便进行程序注册和页面注册。

（3）新增了 getApp()与 getCurrentPages()方法，它们分别用来进行 App 实例和当前页面栈的获取。

（4）每个页面都有独立的作用域，具有模块化能力。

（5）提供了丰富的 API，开发者可以很方便地调用微信的原生功能，进行微信用户数据、微信支付、微信运行等功能的使用。

3.2.1　页面数据

在小程序页面的 JS 文件中，需要使用 Page()方法进行页面注册，其中的 data 属性用来存储页面数据，页面加载时，data 中的数据会以 JSON 字符串的形式传递到视图层，作为页面初次渲染的初始数据。data 中的数据不仅作为页面渲染的初始数据，也可以作为页面逻辑处理的数据。因为 data 中的数据会转化为 JSON 字符串，需要使用时可以转化为 JSON 的数据类型，因此 data 中可以存储的数据类型包括字符串、数值、布尔值、对象、数组。一部分数据是页面初次渲染使用的初始数据，一部分数据是进行页面逻辑交互使用的。

以 test1 页面为例，先在 app.json 文件 pages 配置项中将 test1 页面路径移动到第一行，使小程序运行时默认显示 test1 页面，方便显示进行一些操作，test1 页面 JS 文件中 data 中数据格式的代码如下所示。

```
Page({
```

```
    data:{
        strmsg:'HELLO WORLD',                  //字符串类型
        listmsg:[0,1,2,3,4,5,6,7,8,9],         //数组类型
        boolmsg:false,                         //布尔类型
        nummsg:123,                            //数值类型
        objmsg:Object,                         //对象类型
    }
})
```

在页面加载函数中使用输出语句，输出 data 中的数据内容，具体代码如下所示。

```
//页面加载函数
onLoad: function (options) {
   //输出语句
   console.log(this.data)
},
```

单击工具栏的“编译”按钮，运行小程序，test1 页面加载完毕后，data 中的数据会显示在调试器的 Console 窗口中，如图 3-5 所示。

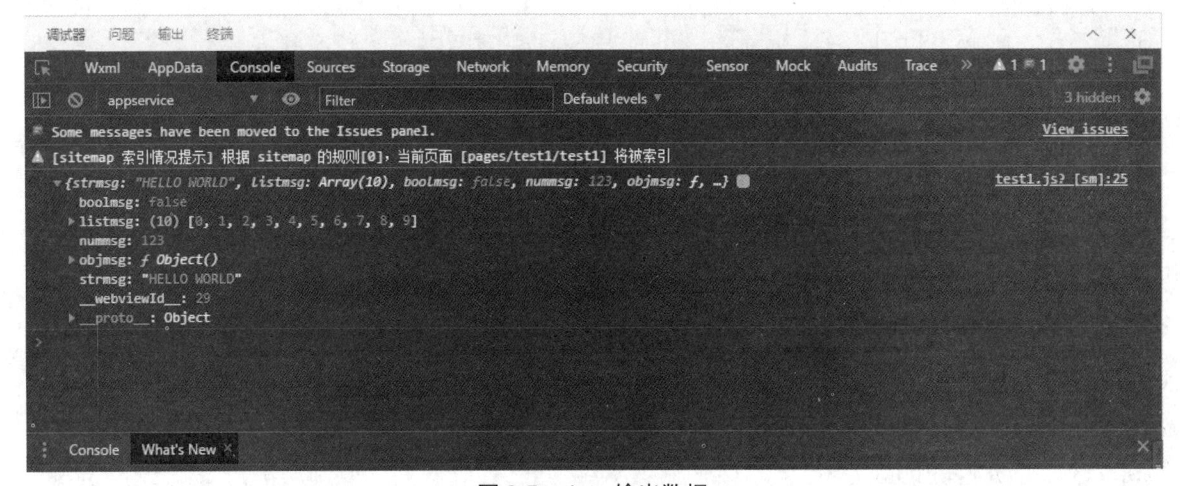

图 3-5　data 输出数据

页面数据除了可以在 data 中进行初始化赋值，还可以通过 setData()方法来添加新数据，对原有数据进行修改。具体实现方式如下所示。

```
//页面加载函数
onLoad: function (options) {
   //创建一个对象
   var obj={
      name:'小明',
      age:18,
   }
   //通过 setData()方法设置 data 中的数据
   this.setData({
      //修改数据
      nummsg:456,
      objmsg:obj,
      //新增数据
      newmsg:'你好,世界! '
   })
   //输出语句
   console.log(this.data)
},
```

修改后输出的 data 数据，如图 3-6 所示。

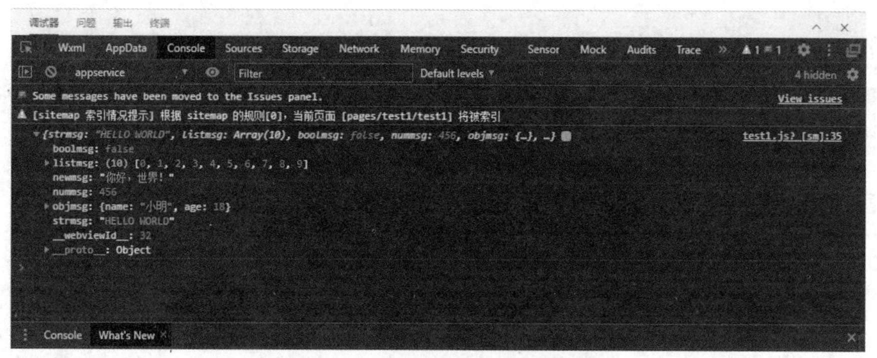

图 3-6 修改后 data 输出的数据

3.2.2 页面事件处理函数

页面事件处理函数，是指页面加载完成后，用户对页面进行操作，触发某一个事件后，才能调用执行的函数。微信官方提供的事件处理函数有 onPullDownRefresh()、onReachBottom()、onPageScroll()、onAddToFavorites()、onShareAppMessage()、onShareTimeline()、onResize()、onTabItemTap()。这些函数具体的用法与要求如下所示。

（1）onPullDownRefresh()——监听用户下拉刷新事件，当用户在小程序页面进行下拉刷新操作时会触发此函数，也可以通过 wx.startPullDownRefresh()函数来模拟用户下拉刷新的操作，但是这种方式需要在数据处理后调用 wx.stopPullDownRefresh()函数来终止页面下拉刷新操作。无论用户进行下拉刷新还是通过函数模拟下拉刷新操作，都需要事先在 app.json 文件的 window 配置项中或页面的 JSON 文件中开启下拉刷新功能，开启功能的语句为。

```
"enablePullDownRefresh": true
```

（2）onReachBottom()——监听用户上拉触底事件，用户将页面滑动到底部时继续上划会触发该事件函数，但是在触发距离内滑动期间，仅会触发一次。该功能在使用之前也需要先在 app.json 文件的 window 配置项中或页面的 JSON 文件中开启，开启功能的语句为。

```
"onReachBottomDistance":50//后边的参数是滑动的距离,其单位为 px
```

（3）onPageScroll(Object)——监听用户滑动页面事件，用户用手指滑动页面时会触发该事件函数，该事件函数并不是默认生成的，使用该事件函数时需要开发者在页面 JS 文件的 Page()对象主动设置该事件函数。因为用户使用小程序时进行页面滑动的操作较多，所以不是必要情况下不要使用 onPageScroll()事件函数，也不要定义一个空的 onPageScroll()事件函数或在 onPageScroll()事件函数中频繁使用 setData()函数更改页面数据，从而避免因 onPageScroll()事件函数频发触发引起的通信耗时，该事件函数中包含一个参数，其具体内容如表 3-1 所示。

表 3-1 onPageScroll()事件函数中的参数

参　数	类　型	说　明
scrollTop	Number	页面在垂直方向上滚动的距离（单位：px）

（4）onAddToFavorites(Object)——监听用户点击右上角菜单“收藏”按钮的操作，该事件函数也不是默认生成的，需要开发者在页面 JS 文件的 Page()对象主动设置该事件函数。该事件函数中具有一个 webViewUrl 参数，用来返回当前页面的 url，还需要返回一个 Object 对象，用来自定义收藏内容的信息，返回的 Object 对象中的内容如表 3-2 所示。

表 3-2 onAddToFavorites ()事件函数返回 Object 对象中的内容

字　段	默 认 值	说　明
title	自定义标题	页面标题或账号名称
imageUrl	自定义图片，其显示图片的比例为 1∶1	页面截图
query	自定义查询字段	当前页面的查询字段

onAddToFavorites()事件函数具体使用方法如下所示。

```
Page({
 onAddToFavorites(res) {
    //webview 页面返回 webViewUrl
    console.log('webViewUrl: ', res.webViewUrl)
    //收藏内容的自定义设置
    return{
      title: '自定义标题',
      imageUrl: 'http://demo.png',
      query: 'name=xxx&age=xxx',
    }
  }
})
"enablePullDownRefresh": true
```

（5）onShareAppMessage(Object)——监听用户点击右上角菜单“转发”按钮的操作，该事件函数在创建页面文件时是默认生成的，如果该事件函数被删除后，页面右上角中的“转发”按钮也不会显示。该事件函数参数 Object 的内容如表 3-3 所示。

表 3-3 onShareAppMessage()事件函数中的参数

参　数	类　型	最 低 版 本	说　明
from	String	1.2.4	转发事件来源。 （1）button：页面内转发按钮； （2）menu：右上角转发菜单
target	Object	1.2.4	当 from 的值是 button 时，target 是触发这次转发事件的 button，否则为 undefined
webViewUrl	String	1.6.4	页面中包含 webview 组件时，返回当前 webview 的 url

该事件函数还需要返回一个 Object 对象，其中的具体内容如表 3-4 所示。

表 3-4 onShareAppMessage ()事件函数返回 Object 对象中的内容

字　段	默 认 值	说　明
title	当前小程序名称	转发标题
path	当前页面路径，以“/”开头，例如，“/page/index?id=456”	转发路径
imageUrl	使用默认截图	自定义图片路径，可以是本地图片路径、代码包文件路径或者网络图片路径。支持 PNG 及 JPG 格式的图片，图片比例为 5∶4
promise	—	如果该参数存在，则以 resolve 结果为准，如果三秒内不 resolve，分享时会使用上面传入的默认参数

onShareAppMessage()事件函数的具体使用方法如下所示。

```
Page({
 onShareAppMessage() {
```

```
    const promise = new Promise(resolve => {
      setTimeout(() => {
        resolve({
          title: '自定义转发标题'
        })
      }, 2000)
    })
    return {
      title: '自定义转发标题',
      path: '/page/index?id=456',
      promise
    }
  }
})
```

（6）onShareTimeline()——监听用户点击右上角菜单“分享到朋友圈”按钮的操作，该事件函数在基础库 2.11.3 版本开始支持，使用低版本的基础库时要进行兼容处理。该事件函数不是默认生成的，需要开发者主动设置，只有定义了该事件函数，右上角菜单中才能显示“分享到朋友圈”按钮。该事件函数还需要返回一个 Object 对象，用来进行分享内容的自定义设置，该事件函数参数 Object 的内容如表 3-5 所示。

表 3-5 onShareTimeline ()事件函数返回 Object 对象中的内容

字 段	默 认 值	说 明
title	当前小程序名称	自定义标题，在朋友圈列表页中显示的标题
imageUrl	默认使用小程序 Logo	自定义图片路径，可以是本地图片路径、代码包的文件路径或者网络图片路径。支持 PNG 及 JPG 格式的图片，图片比例为 1：1
query	当前路径携带的参数	自定义页面路径中携带的参数，如 path？ name="小明"&age=18 中？后边的内容

onShareTimeline ()事件函数的具体使用方法如下所示。

```
Page({
  onShareTimeline: function() {
    return {
      title: '自定义标题',
      query: 'name=xxx&age=xxx',
      imageUrl: 'http://demo.png',
      }
    },
})
```

（7）onResize()——监听用户设备屏幕发生旋转的操作。默认情况下，小程序显示区域的尺寸从页面初始化起就不会发生改变，但是从基础库 2.4.0 版本开始，小程序在手机设备上支持屏幕旋转。使用该事件函数需要 app.json 文件中的 window 配置项或者页面 JSON 文件开启相应功能，具体开启语句如下所示。

```
"pageOrientation": "auto"
```

（8）onTabItemTap(Object)——监听用户点击 tab 栏的操作，该事件函数从基础库 1.9.0 版本开始支持，对于低版本需要进行兼容处理。使用该函数前需要确保在 app.json 文件通过 tarbar 配置项设置好相应 tab 栏，然后开发者要在页面 JS 文件的 Page()对象中主动设置该事件函数。该事件函数中的参数如表 3-6 所示。

表 3-6 onTabItemTap()事件函数中的参数

参 数	类 型	最 低 版 本	说 明
index	String	1.9.0	用户点击的 tab 栏选项对应的序号，序号从 0 开始
pagePath	String	1.9.0	用户点击的 tab 栏选项对应的页面路径
text	String	1.9.0	用户点击的 tab 栏选项的文字

onTabItemTap ()事件函数的具体使用方法如下所示。

```
Page({
 onTabItemTap(item) {
   //打印相应的信息
   console.log(item.index)
   console.log(item.pagePath)
   console.log(item.text)
 }
})
```

3.2.3 自定义事件处理函数

在页面 JS 文件中除了使用微信官方提供的事件处理函数以外，开发者也可以自定义事件处理函数，这些自定义事件处理函数，也被叫作组件的事件处理函数，因为开发者设置自定义处理函数时，需要在组件中通过“bindtap=事件函数名”的方式将组件与事件函数名进行绑定，这样用户在使用小程序时，点击组件就会触发相应的事件函数。在 test1.wxml 文件中添加一个简单的组件，并绑定相应的事件处理函数，具体代码如下所示。

```
<view bindtap="viewTap">点击此处</view>
```

要在 test1.js 文件的 Page()对象中创建事件处理函数，事件处理函数的名称必须与 test1.wxml 文件中绑定的函数名称保持一致，具体代码如下所示。

```
//自定义事件处理函数
Page({
 viewTap:function () {
   console.log('这是一个自定义事件处理函数')
 },
})
```

点击工具的“编译”按钮，运行小程序，等待页面加载完成点击页面上的“点击此处”，就会触发自定义的事件处理函数，具体运行效果如图 3-7 所示。

（a）页面组件显示效果

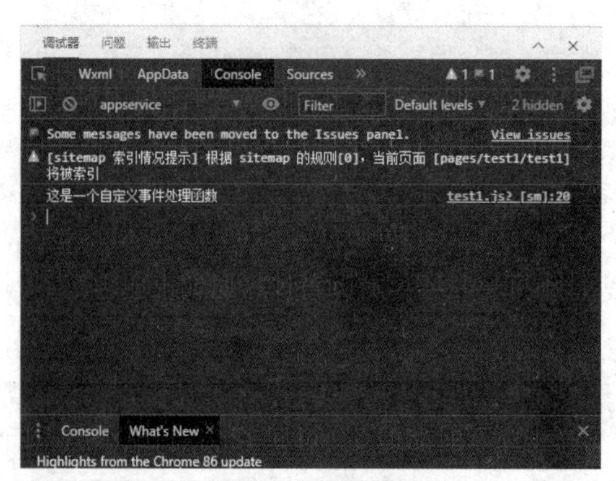

（b）事件处理函数执行效果

图 3-7　自定义事件处理函数

3.2.4 页面路由

在小程序中所有的页面路由都由框架中的页面栈进行管理，页面栈的本质就是一个栈类型的队列（一种只能同一端进行入栈、出栈操作的队列，具有先入后出的特点），其原理如图 3-8 所示。

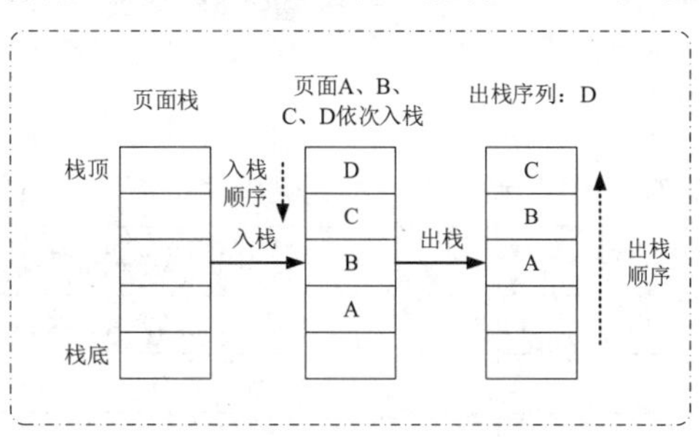

图 3-8 页面栈的出栈和入栈

在小程序中页面的路由方式有 6 种，分别是初始化、打开新页面、页面重定向、页面返回、Tab 切换、重加载，进行路由切换时，页面栈的处理方式如表 3-7 所示。

表 3-7 发生路由切换时页面栈的处理方式

路 由 方 式	页面栈处理方式
初始化	新页面入栈
打开新页面	新页面入栈
页面重定向	当前页面出栈，新页面入栈
页面返回	页面不断出栈，直到返回目标页面
Tab 切换	页面全部出栈，只留下新的 Tab 页面
重加载	页面全部出栈，只留下新页面

进行页面路由切换时，不仅要在页面栈中进行入栈、出栈操作，还会触发相应页面的生命周期函数，具体的路由方式与触发的页面生命周期函数之间的联系如表 3-8 所示。

表 3-8 路由方式与页面生命周期之间的联系

路 由 方 式	触 发 方 式	路由前页面	路由后页面
初始化	小程序运行显示的第一个页面		onload()，onShow()
打开新页面	调用 API wx.navigateTo() 使用组件<navigator open-type="navigateTo"/>	onHide()	onload()，onShow()
页面重定向	调用 API wx.redirectTo() 使用组件<navigator open-type="redirectTo"/>	onUnload()	onload()，onShow()
页面返回	调用 API wx.navigateBack() 使用组件<navigator open-type="navigateBack"/> 用户点击页面左上角的返回按钮	onUnload()	onShow()
Tab 切换	调用 API wx.switchTab() 使用组件<navigator open-type="switchTab"/> 用户点击页面底部 tab 栏上的选项	具体情况如表 3-9 所示	
重加载	调用 API wx.reLaunch() 使用组件<navigator open-type="reLaunch"/>	onUnload()	onload()，onShow()

组件<navigator />具体使用方法会在第 4 章中进行介绍，API 会在第 5 章中进行详细讲解。

在小程序中，Tabbar 页面与其他的普通页面有所不同，Tabbar 页面需要在 app.json 文件的 tabBar 配置项中进行相关配置，而普通页面无须进行配置。因此 Tab 切换的路由方式与其他的路由方式有所不同，为了说明 Tab 切换的路由方式触发时执行的生命周期函数，以 A、B、C、D 四个页面进行说明，其中 A、B 是两个 Tabbar 页面，C 是从 A 页面打开的新页面，D 是从 C 页面打开的新页面，Tab 切换路由方式触发的生命周期函数具体情况如表 3-9 所示。

表 3-9　Tab 切换路由方式触发的生命周期函数

当 前 页 面	路由后的页面	触发的生命周期函数（按照触发顺序）
A	B（初次打开）	A.onHide()，B.onLoad()，B.onShow()
A	B（再次打开）	A.onHide()，B.onShow()
A	C	A.onHide()，C.onLoad()，C.onShow()
B	A（初次打开）	B.onHide()，A.onLoad()，A.onShow()
B	A（再次打开）	B.onHide()，A.onShow()
C	D	C.onHide()，D.onLoad()，D.onShow()
C	A	C.onUnload()，A.onShow()
C	B	C.onUnload()，B.onLoad()，B.onShow()
C（转发页面进入）	B	C.onUnload()，B.onLoad()，B.onShow()
D	C	D.onUnload()，C.onShow()
D	A	D.onUnload()，C.onUnload()，A.onShow()
D	B	D.onUnload()，C.onUnload()，B.onLoad()，B.onShow()
D（转发页面进入）	A	D.onUnload()，A.onLoad()，A.onShow()
D（转发页面进入）	B	D.onUnload()，B.onLoad()，B.onShow()

在进行页面路由操作时，要对普通页面与 tabbar 页面进行区分，它们之间的主要区别如下所示。

（1）wx.navigateTo()和 wx.redirectTo() API 只能用来打开普通页面。

（2）wx.switchTab() API 只能打开 Tabbar 页面。

（3）wx.reLaunch() API 可以打开任意的页面。

（4）Tabbar 页面的底部会显示 tab 栏，普通页面底部不会显示 tab 栏。

页面路由携带的参数可以在目标页面的 onLoad()生命周期函数中获取。

在小程序的任何页面都可以通过 getCurrentPages()函数获取当前页面栈的内容，具体使用方法如下所示。

```
Page({
  //生命周期函数--监听页面加载
  onLoad: function (options) {
    //获取页面栈
    var data=getCurrentPages()
    //输出页面栈
    console.log(data)
  },
})
```

以 D 页面为例，先在 D 页面的 JS 文件中填写上面代码，然后点击工具栏的“编译”按钮，在页面中通过路由跳转到 D 页面，D 页面的页面栈实例中的页面路径会按照页面栈中的顺序以数组形式显示，数组中的第一个页面为首页，最后一个页面表示当前页面，具体的内容如图 3-9 所示。

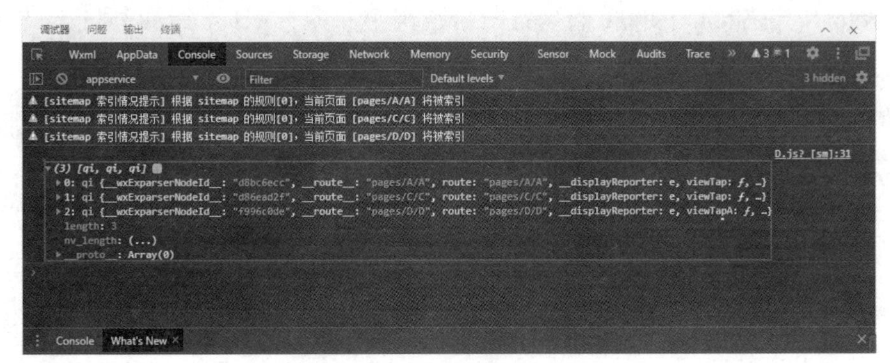

图 3-9　D 页面的页面栈中的内容

3.3　视图层

小程序视图层也被称为 View，通常是由 WXML 文件和 WXSS 文件组成的。其中 WXML 文件用来创建页面结构，WXSS 文件用来设置页面样式。

3.3.1　WXML

WXML 文件使用的是一种 WXML 的标记语言，该标记语言与 HTML 的用法和结构较为相似，只是 HTML 中的节点称为标签，而 WXML 中的节点称为组件。WXML 不仅能用来组建页面结构，还可以实现数据绑定、列表渲染、条件渲染、模板、引用等功能。

1. 数据绑定

WXML 文件中除了将一些数据直接静态绑定在组件中以外，还可以通过{{}}符号（Mustache 语法）来对组件进行数据绑定，实现动态数据效果。以 test2 页面为例，先将 app.json 文件 pages 项中的 test2 页面的页面路径移动到第一位，使 test2 页面成为小程序运行时的默认启动页。

1）简单绑定

简单绑定时通过“{{变量名}}”的方式来代替在组件中静态绑定数据的方式，使用该方式需要在 test2.js 文件的 data 对象设置相应的变量，并为变量赋一个初始值，具体操作如下所示。

```
Page({
 data: {
   message:'你好,世界! ',
 },
})
```

在 WXML 文件中进行数据绑定，具体代码如下所示。

```
<!-- 在组件中静态绑定数据的方式 -->
<view>HELLO WORLD!</view>
<!-- 数据绑定的方式 -->
<view>{{message}}</view>
```

点击工具栏中的“编译”按钮，运行效果如图 3-10 所示。

HELLO WORLD!	静态绑定数据的方式
你好，世界!	动态绑定数据的方式

图 3-10　简单数据绑定的运行效果

2）组件属性的数据绑定

组件属性的数据绑定是以“{{变量名}}”的方式，对组件中的 id、class 等属性进行动态更改，页面 JS 文件中添加相应的变量名和初始值，具体代码如下所示。

```
Page({
 data: {
   id:1,
   className:'viewItem'},
})
```

WXML 文件中进行组件属性绑定的具体代码如下所示。

```
<view id="idItem-{{id}}">View1</view>
<view class="{{className}}">View2</view>
```

3）控制属性

在组件中有时候会使用 wx:if 来进行判断，它需要的值是一个布尔类型的值：当值为 true 时，表示成立，此时该组件的内容会显示出来；当值为 false 时，表示不成立，该组件的内容不会显示。

（1）布尔值变量。

创建一个布尔类型的变量，可以通过“{{变量名}}”的方式来进行判断，JS 文件中的代码如下所示。

```
Page({
 data: {boolItem:true,},
})
```

WXML 文件中进行组件属性的具体代码如下所示。

```
<view wx:if="{{boolItem}}">布尔值类型的 View</view>
```

（2）关键字。

布尔值 true 和 false 都属于关键字，可以通过“{{关键字}}”的方式来进行判断，WXML 文件中进行组件属性的具体代码如下所示。

```
<view wx:if="{{false}}">关键字类型的 View</view>
```

（3）表达式。

表达式也可用来表示布尔值，可以通过“{{表达式}}”的方式来进行判断，JS 文件中的代码如下所示。

```
Page({
 data: {number:11,},
})
```

WXML 文件中进行控制属性的具体代码如下所示。

```
<view wx:if="{{number>9}}">表达式类型的 View</view>
```

这 3 种方式的运行效果如图 3-11 所示。

布尔值类型的View
关键字类型的View
表达式类型的View

图 3-11　控制属性运行效果

在使用关键字方式时，需要注意不能使用 wx:if="{{'false'}}"或 wx:if="false"的方式，这两种方式都会将 false 解析为一个字符串，而不是一个布尔类型的属性值，导致无法达到预期的效果。

4）运算

{{}}不仅可用来直接赋值和进行表达式判断，还可以进行一些简单运算。它支持的运算方式有以下几种。

（1）三元运算。

三元运算要使用三元运算符，形如“表达式?值 1：值 2”，它的含义是当“?”前边的表达式成立时将取值 1，当表达式不成立时取值 2。页面 JS 文件中的代码如下所示。

```
Page({
 data: {num1:3,num2:1,},
})
```

WXML 文件中进行三元运算的具体代码如下所示。

```
<view>这个 view 的值是：{{num1>num2?num1：num2}}</view>
```

（2）简单运算。

进行简单运算时要确保{{}}中进行运算的元素都属于同一种类型，例如“{{数字+数字}}”或“{{字符串+字符串}}”的形式，而不能采用“{{数字+字符串}}”的形式。页面 JS 文件中的代码如下所示。

```
Page({
 data: {
   a:1,
   b:2,
   c:3,
   str1:'HELLO',},
})
```

WXML 文件中进行简单运算的具体代码如下所示。

```
<view>这个 view 的值是：{{a+b}}+{{b+c}}+d</view>
<view>这个 view 的值是：{{str1+"WORLD!"}}</view>
```

通过{{}}进行运算的效果如图 3-12 所示。

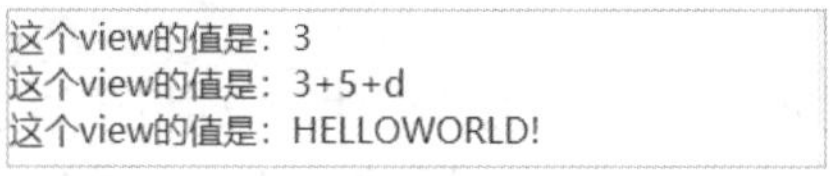

这个view的值是：3
这个view的值是：3+5+d
这个view的值是：HELLOWORLD!

图 3-12　使用{{}}运算的运行效果

5）组合

可以借助{{}}对数据进行重新组合，构成一个新的数组或者对象。

（1）数组。

使用{{}}组合数组时需要[]中填写相应的元素，如{{[元素 1，元素 2，元素 3，…]}}，数组在使用时需要通过 wx:for 来进行遍历，也可以通过 data-index={{index}}来获取数组元素对应的索引值，遍历后的数组元素可以通过 item 来获取。页面 JS 文件中的代码如下所示。

```
Page({
 data: {
   a:'zero',
   b:'one',
   c:'two',
   d:'three',},
})
```

WXML 文件中组合数组的代码如下所示。

```
//将数据组合成数组并进行遍历
<view wx:for="{{[a,b,c,d,'four']}}" data-index="{{index}}">数组元素：索引：{{index}}值：{{item}}</view>
```

（2）对象。

使用“{{}}”组合对象时需要以键值对的形式进行赋值，如{{key1：value1，key2：value2，…}}，并且需要使用 template 模板组件来传递组合后的对象，调用模板时需要使用 is 字段指明使用的哪一个模板，如“is=objName”。在组合时也可以通过“…对象名”的方式进行展开，例如 obj1={a:1,b:2},obj2={c:3,d:4}进行组合后“{{…obj1,…obj2}}”形成的新对象为“{a:1,b:2,c:3,d:4}”。页面 JS 文件中的代码如下所示。

```
Page({
 data: {
   name:'小明',
   age:18,},
})
```

WXML 文件中组合对象的代码如下所示。

```
<!-- 创建模板 -->
<template name="obj">
 <view>
     <text>姓名:{{name}}</text>
     <text>年龄:{{age}} </text>
  </view>
</template>
<!-- 调用模板,并传入对象 -->
<template is="obj" data="{{name:name,age:age}}"></template>
```

通过{{}}进行组合的效果图如图 3-13 所示。

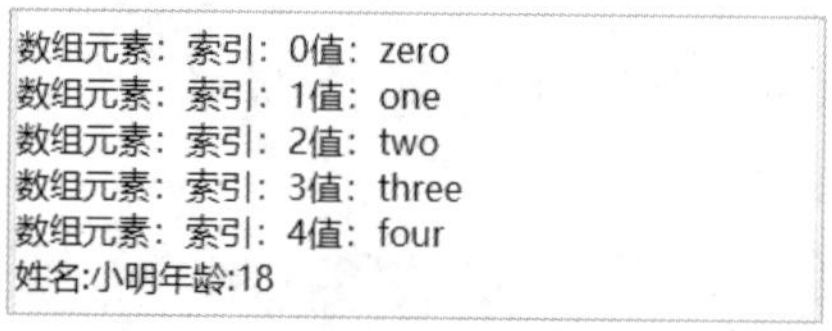

数组元素：索引：0值：zero
数组元素：索引：1值：one
数组元素：索引：2值：two
数组元素：索引：3值：three
数组元素：索引：4值：four
姓名:小明年龄:18

图 3-13　使用{{}}组合的运行效果

2. 列表渲染

列表渲染是指，对于一些样式相同、结构相似的组件，采用循环的方式，重复渲染这个组件，进行数据的动态变更，实现通过一个组件的渲染，显示整个列表的功能。

1）简单渲染

小程序页面进行渲染时，有些组件的结构相似，只是具体内容不同。例如歌曲列表，使用歌曲播放器时，可以发现歌曲列表中的每一项除了歌曲图片、歌曲名称、歌手名不同，其他的内容都一致。如果一列一列进行编写，不仅会出现大量的重复代码，也会增加工作任务和工作时间。在小程序中可以通过 wx:for 组件控制属性，在 WXML 文件中完成编程语言中 for 循环的功能，实现对单一组件的重复渲染。使用 wx:for 时，可以绑定一个数组或者对象，进行数据动态变更。wx:for 控制属性还有几个配套属性，具体作用如下所示。

（1）wx:for-index——用来指定数组当前元素的下标或者对象当前元素的 key。

（2）wx:for-item——用来指定数组当前元素的变量名或者对象当前元素的 value。

（3）wx:key——用来指定列表中项目的唯一标识符，使用该属性后，当数据发生改变触发渲染层重新渲染时，会自动校正带有 key 的组件，使之重新排序保持正确行，而不至于重新创建，从而提高渲染效率。如果确定列表是静态的，或列表的排列顺序不重要、无影响，可以忽略该属性。wx:key 有两种提供 key 的方式。

①字符串：代表在 for 循环组中元素对象的某个属性，该属性的值是列表中唯一的字符串或数字，且不能动态改变。

②保留关键字*this：代表在 for 循环中的元素对象本身，表示元素对象本身是一个唯一的字符串或者数字。

简单列表渲染的示例代码如下所示。

```
//JS 文件代码
Page({
 data: {
```

```
    objlist:[{id: 5, age:19, name:'小明'},
    {id: 4, age:17, name:'小红'},
    {id: 3, age:19, name:'小明'},
    {id: 2, age:18, name:'小李'},
    {id: 1, age:17, name:'小王'},
    {id: 0, age:18, name:'小军'}]},
})

//WXML 文件代码
<view wx:for="{{objlist}}" wx:for-index="index" wx:for-item="item" wx:key='id'>
 索引: {{index}} —姓名: {{item.name}} —年龄: {{item.age}}
</view>
```

运行效果如图 3-14 所示。

索引：0—姓名：小明—年龄：19
索引：1—姓名：小红—年龄：17
索引：2—姓名：小明—年龄：19
索引：3—姓名：小李—年龄：18
索引：4—姓名：小王—年龄：17
索引：5—姓名：小军—年龄：18

图 3-14　简单列表渲染运行效果

2）嵌套渲染

列表渲染除了能够进行单层循环渲染，还可以像编程语言中一样进行循环嵌套，实现多层循环渲染。以“九九乘法表”为例，需要进行两层循环嵌套才能输出所有的乘法算式。具体代码如下所示。

```
//JS 文件代码
Page({
 data: {
   numlist:[1,2,3,4,5,6,7,8,9]},
})

//WXML 文件代码
//第一循环获取乘法算式的第一个数
<view wx:for="{{numlist}}" wx:for-index="index" wx:for-item="i" wx:key="index">
 //第二循环获取乘法算式的第二个数
 <view wx:for="{{numlist}}" wx:for-index="index" wx:for-item="j" wx:key="index">
   //乘法算式
   <text wx:if="{{i <= j}}">
       {{i}} * {{j}} = {{i * j}}
   </text>
 </view>
</view>
```

3. 条件渲染

条件渲染是指组件在渲染时需要满足特定的条件，只有满足条件的组件才能被渲染，而不满足条件的组件不能被渲染。WXML 文件中通过 wx:if 控制属性在组件中进行条件判断，对于多分支的条件判断还可以使用 wx:elif 和 wx:else 控制属性来实现。

从运行页面效果来看，条件渲染与组件中 hidden 属性的作用比较相似，都可以用来控制组件的隐藏与显示效果，但是它们两者之间又有一些区别。

（1）使用 wx:if 控制属性时，若条件成立，则组件会显示；若条件不成立，则组件会隐藏。

（2）使用 hidden 属性时，若条件成立，则组件会隐藏；若条件不成立，则组件会显示。

（3）wx:if 属性只有条件成立时，组件才会进行渲染，条件不成立时不会进行渲染，而且 wx:if 属性中可以进行数据绑定，当条件值发生变化时，页面框架会进行局部渲染，因此 wx:if 具有较高的切换消耗，适合在运行时条件不太可能改变的情况下使用。

（4）hidden 属性无论条件成立与否，组件都会进行渲染，只是根据条件来控制组件的显示状态，因此具有较高的初始渲染消耗，适合在需要频繁切换的场景下运行。

条件渲染的具体代码如下所示。

```
//JS 文件代码
Page({
 data: {
   num:0},
})

//WXML 文件代码
//第一个分支
<view wx:if="{{num>0}}">这里是大于 0 的 view</view>
//第二个分支（进行相等条件判断时要用“==”符号,不能使用“=”）
<view wx:elif="{{num==0}}">这里是等于 0 的 view</view>
//第三个分支
<view wx:else>这里是小于 0 的 view</view>
//hidden 属性的使用
<view hidden="{{num==0}}">这里是 hidden 属性的 view</view>
```

条件渲染的运行效果如图 3-15 所示。

这里是等于0的view

图 3-15　条件渲染运行效果

4. 模板

WXML 页面中有时候会使用到重复的页面结构，可以理解为这些自定义代码片段封装成一个模板，在不同的地方调用，方便代码的书写。定义一个模板要在<template>标签中进行编写，并且需要为自定义的模板起一个名字，方便模板的调用。为了方便模板的管理，要在小程序的项目文件中创建一个 template 文件夹，然后在该文件中分别创建 template.wxml 与 template.wxss 文件用来编写模板代码和模板样式。

在 template.wxml 文件中创建具体的模板代码，如下所示。

```
//第一个模板,名称为 list
<template name="list">
   <view wx:for="{{list}}" wx:key="index">{{item}}</view>
</template>
//第二个模板,名称为 str
<template name="str">
   <view>姓名: {{obj.name}}</view>
   <view>年龄: {{obj.age}}</view>
</template>
```

在需要使用模板的页面 WXML 文件中，导入模板文件，调用相应的代码，具体代码如下所示。

```
//JS 文件代码
Page({
 data: {
   list:['a','b','c'],
   obj:{
       name:"小明",
       age:18}
   },
})

//WXML 文件代码
<!-- 导入模板文件 -->
<import src="../../template/template.wxml"></import>
<!-- 调用模板文件,并传递模板需要的数据 -->
<template is="list" data="{{list}}"></template>
<template is="str" data="{{obj}}"></template>
```

调用模板的运行效果如图 3-16 所示。

a
b
c
姓名：小明
年龄：18

图 3-16 调用模板运行效果

使用模板时存在一些注意事项：

（1）创建模板时，必须要为模板命名，并且模板名不能相同。

（2）模板拥有自己的作用域，只能接受页面文件中 data 传入的数据或者模板定义文件中定义的<wxs />模块（<wxs />模块会在 3.3.3 节进行说明）。

5. 引用

在 WXML 文件中有时需要使用其他文件中的内容，为方便在 WXML 文件中引入其他文件，小程序提供了两种文件导入方式，分别是 import 和 include。

1）import

使用 import 引入指定目标文件，只会引入目标文件中定义的 template 模板模块，因此 import 引入方式是有作用域的，如 test3 页面中的 import test2 页面、test2 页面中的 import test1 页面，在 test3 页面中只能引入 test2 页面中定义的 template 模块，而不能引入 test2 页面引入的 test1 页面中定义的 template 模块，具体代码示例如下所示。

```
//test1 页面代码
<!-- test1 页面定义模板 -->
<view>这是 test1 页面</view>
<template name="test1">
    <view>test1 页面定义的模板模块</view>
</template>

//test2 页面代码
<!-- test2 页面定义模板 -->
<view>这是 test2 页面</view>
<template name="test2">
    <view>test2 页面定义的模板模块</view>
</template>
<!-- 引入 test1 页面定义的模板文件 -->
<import src="../test1/test1.wxml"></import>
<!-- 调用 test1 页面定义的模板模块 -->
<template is='test1'></template>

//test3 页面代码
<text>这是 test3 页面</text>
<!-- 引入 test2 页面定义的模板文件 -->
<import src="../test2/test2.wxml"></import>
<!-- 调用 test2 页面定义的模板模块 -->
<template is='test2'></template>
<!-- 调用 test1 页面定义的模板模块 -->
<!-- <template is='test1'></template> 会提示 Template `test1` not found. -->
```

2）include

使用 include 引入指定目标文件时，仅能将<template/>和<wxs/>模块以外的代码导入，相当于将需要导入的代码复制到<include />标签处。例如，在 header.wxml 页面文件中有一个 template 模块还有页面头部布局的代码，在 bottom.wxml 页面文件中也有一个 template 模块和页面底部布局的代码。然后在 home.wxml 文件中分别引入 header.wxml 文件和 bottom.wxml 文件，具体代码如下所示。

```
//header 页面代码
```

```
<!--pages/header/header.wxml-->
<view>页面头部设置</view>
<!-- 定义模板内容 -->
<template name="header">
    <view>header 页面定义的模板模块</view>
</template>

//bottom 页面代码
<!--pages/bottom/bottom.wxml-->
<view>页面底部设置</view>
<!-- 定义模板内容 -->
<template name="bottom">
    <view>bottom 页面定义的模板模块</view>
</template>

//home 页面代码
<!--pages/home/home.wxml-->
<!-- 引入 header 页面文件 -->
<include src="../header/header.wxml"></include>
<view>home 页面内容</view>
<!-- 引入 bottom 页面文件 -->
<include src="../bottom/bottom.wxml"></include>
```

home.wxml 页面中通过 include 引入目标文件后的实际代码如下所示。

```
//home 页面代码
<view>页面头部设置</view>
<view>home 页面内容</view>
<view>页面底部设置</view>
```

3.3.2 WXSS

WXSS 是小程序的样式语言，用来设置页面中组件的样式和页面布局，为了适应前端开发者的使用，WXSS 具备 CSS 的大部分特性，除此以外还扩展了尺寸单位、样式导入等全新特征。

1. 尺寸单位

因为微信小程序主要在手机上运行，手机屏幕相对计算机屏幕而言太小，使用计算机上的像素单位 px，有时不能准确方便设置手机屏幕上组件尺寸的大小，因此微信团队提出了一种全新的屏幕像素尺寸单位 rpx，rpx 中像素的大小并不是一成不变的，它会根据屏幕宽度进行自适应。规定无论屏幕的实际宽窄是多少，屏幕宽度都为 750rpx（即 750 个物理像素），假设手机屏幕宽度为 375px，就相当于 375px=750rpx=750 物理像素，即 0.5px=1rpx=1 物理像素。部分手机屏幕的尺寸如表 3-10 所示。

表 3-10　部分型号手机 rpx 与 px 对应关系

手 机 型 号	rpx 换算 px（屏幕宽度/750）	px 换算 rpx（750/屏幕宽度）
iPhone5	1rpx=0.42px	1px=2.34rpx
iPhone6	1rpx=0.5px	1px=2rpx
iPhone6 Plus	1rpx=0.552px	1px=1.81rpx

目前手机类型众多，屏幕尺寸也大小不一，在实际开发过程中，为了方便转换和计算，一般使用 iPhone6 作为开发机型。使用 rpx 作为尺寸单位时，在某一个型号的手机设计完页面效果后，在其他型号的手机上，页面中的组件会根据手机屏幕的实际宽度进行缩放，从而保证页面的显示效果，减轻了前端开发者对不同尺寸手机适配的任务。

2. 样式导入

在小程序中，除了 app.wxss 全局样式文件可以作用于整个小程序，其他页面样式文件仅能作用于各自的页面中，如果某个页面想要使用其他样式文件中的样式，需要导入相应的样式文件。小程序使用@import 语句来导入样式文件，例如在 test1.wxss 文件中导入 test2.wxss 样式文件。示例代码如下所示。

```
//test2.wxss 文件
/* 类样式.+类名方式,在 WXML 文件中类名可以重复出现*/
.test2{
   color:red;
}
/* id 样式 #+id 名方式,在 WXML 文件中 id 名只可以出现一次*/
#test2{
color:green;
}

//test1.wxss 文件
/* 导入样式文件,样式文件路径使用相对路径 */
@import '../test2/test2';
/* test1 样式文件的样式 */
.test1{
   margin: 20rpx;
}
```

3. 内联样式

小程序中的样式可以分为两类，一类是写在 WXSS 文件中的样式，被称为外联样式；一类是写在 WXML 文件组件中的样式，被称为内联样式。只有外联样式才能使用@import 语句进行导入，内联样式无法导入。内联样式通过 style 属性进行设置，并且内联样式中主要设置的是动态的样式，静态样式一般使用的是外联样式通过 class 属性来设置。示例代码如下所示。

```
//test1.wxss 文件
.test1{
   margin: 20rpx;
}
//test.wxml 文件
//style 设置方式,style 后面填写样式的属性和参数值,两者之间用:连接,多个样式属性用;分隔。
<view style="color:{{color}};" />
//class 设置方式
<view class="normal_view" />
```

4. 选择器

使用选择器可以对 WXML 文件中的组件进行区分，实现为特定组件添加特定样式的功能，目前小程序支持的选择器类型及其作用如表 3-11 所示。

表 3-11　小程序支持的选择器

选　择　器	样　　例	样 例 描 述
.class	.classname	选择所有拥有 class="classname"的组件
#id	#idname	选择拥有 id="idname"的组件
element	view	选择所有 view 组件
element，element	view，checkbox	选择所有文档的 view 组件和所有的 checkbox 组件
::after	view::after	在 view 组件后边插入内容
::before	view::before	在 view 组件前边插入内容

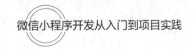

5. 常用属性

给组件设置样式时，无论使用内联样式还是外联样式都需要通过组件的属性来设置，组件的属性可以分为背景、边框、文本、定位、字体、边距、尺寸等类别，一些常用属性如表 3-12 所示。

表 3-12　小程序中的常用样式属性

类　别	属 性 名	说　明
尺寸	width	设置组件的宽度
	height	设置组件的高度
背景（background）	background	简写属性，将背景的相关属性设置在一个声明中。例如，background: color size position image repeat
	background-color	设置背景色
	background-position	设置背景图片的位置
	background-size	设置背景图片的大小
	background-image	设置要使用的一个或多个背景图片
	background-repeat	设置背景图片的重复方式
边框（border）	border	简写属性，将边框四条边的属性设置到一个声明中。例如，border:5rpx solid red;
	border-width	设置所有边框的宽度，也可以单独为某一条边框设置宽度。例如，border-top-width:5rpx;
	border-style	设置所有边框的样式，也可以单独为某一条边框设置样式。例如，border-top-style:5rpx solid red;
	border-color	设置所有边框的颜色，也可以单独为某一条边框设置颜色。例如，border-top-color:red;
边距	margin	设置组件所有的外边距，例如 margin:20rpx;，也可以单独设置某一方向的外边距，例如 margin-top:20rpx;
	padding	设置组件所有的内边距，例如 padding:20rpx;，也可以单独设置某一方向的内边距，例如 padding-top:20rpx;
文本（text）	color	设置文本颜色
	direction	设置文本排列方向
	letter-spacing	设置字符间距
	line-height	设置行高
	text-align	文本中文字对齐方式。left：左对齐（默认值）；right：右对齐；center：水平居中显示；justify：两端对齐
	vertical-align	文本中的文字垂直居中显示
	word-spacing	设置字间距
字体（font）	font	简写属性，将字体属性设置到一个声明中。例如，font:font-style font-weight font-size font-family
	font-style	设置字体样式。normal：标准字体样式（默认值）；italic：斜体；obliqueo：倾斜的字体样式
	font-weight	设置字体的粗细。bold：粗体；bolder：更粗的字体；lighter：更细的字体
	font-size	设置字体的大小
	font-family	设置字体类型。例如，宋体、楷体等

续表

类　别	属 性 名	说　　明
定位（position）	absolute	绝对定位，相对于 static 定位以外的第一个父元素进行定位
	relative	相对定位，相对其正常位置进行定位
	fixed	绝对定位，相对于窗口进行定位
	static	默认值，没有定位
	inherit	从父元素继承 position 属性的值
浮动（float）	left	向左浮动
	right	向右浮动
	none	默认值，不浮动
	inherit	从父元素继承 float 属性的值

6. flex 布局

设置小程序中的页面样式时，不仅要设置背景颜色、文字颜色、文字大小等简单样式属性，还需要调整页码组件的布局，使这些组件按照横向或者纵向的顺序排列，实现我们所期待的某种页面效果。小程序中进行页面布局使用最多的就是 flex 模型，它是一种灵活的布局模型，可以针对不同尺寸的手机进行适应，确保组件显示位置的准确性，保证显示效果。

在 flex 模型中，将用来盛放其他内容组件的组件称为容器（container），该容器内部的其他组件称为项目（item），示例代码如下所示。

```
//WXML 文件
<view class="flex-row" style="display:flex;">
    <view class="flex-item">1</view>
    <view class="flex-item">2</view>
    <view class="flex-item">3</view>
</view>
```

上述代码中类名为 flex-row 的组件是一个容器，类名为 flex-item 的三个组件都是容器中的一个项目。容器中不仅可以包含项目还可以嵌套其他容器，示例代码如下所示。

```
//WXML 文件
<view class="test1">
    <view class="item1">1</view>
    <view class="item2">
        <view class="item-item1">2</view>
    </view>
</view>
```

1）主轴和侧轴

flex 布局模型的容器中默认有两个轴，分别是主轴（main axis）和侧轴（cross axis），用来控制容器中项目的排列方式是水平排列还是垂直排列以及项目的对齐方式。flex 布局模型如图 3-17 所示。

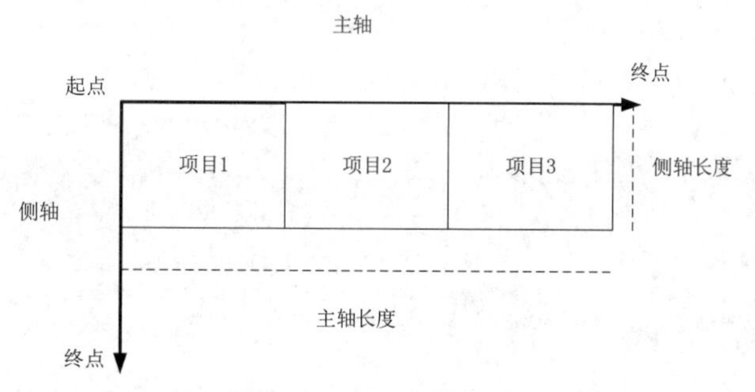

图 3-17　flex 布局模型

flex 布局模型中主轴与侧轴的方向并不是固定不变的，可以通过 flex-direction 属性进行更改，具体更改方式如下所示。

（1）row——主轴方向为从左向右。

（2）row-reverse——主轴方向为从右向左。

（3）column——主轴方向为从上向下。

（4）column-reverse——主轴方向为从下向上。

flex 布局模型设置主轴方向的示例代码如下所示。

```
//WXSS 文件
.flex-row{
  /* 选择布局模型 */
  display:flex;
  /* 设置主轴方向 */
  flex-direction: row-reverse;
}
//WXML 文件
<view class="flex-row" >
    <view class="flex-item">A</view>
    <view class="flex-item">B</view>
    <view class="flex-item">C</view>
</view
```

当水平方向为主轴时，垂直方向为侧轴，反之亦然。四种主轴方向设置效果如图 3-18 所示。

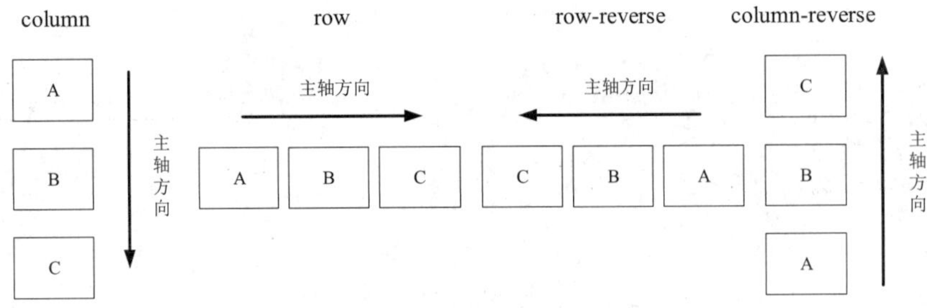

图 3-18　四种主轴方向的 flex 模型

2）容器换行

以水平方向从左向右为主轴的 flex 布局模型为例，容器中的项目一般是在同一行中显示，但是随着项目数量的增多，一行中可能存放不下所有的项目，需要考虑换行操作。flex 布局模型中通过 flex-wrap 属性来控制换行操作，其常用参数值如下所示。

（1）nowrap：默认值，表示不换行，但是当单行中项目的数目较多时，项目的宽度会被压缩。

（2）wrap：当单行中存放不下所有项目时，将多出来的项目在下一行进行显示。

（3）wrap-reverse：当单行中存放不下所有项目时，将多出来的项目进行反方向显示，即在上一行进行显示。

使用 flex-wrap 属性进行换行的示例代码如下所示。

```
//WXSS 文件
/* 容器样式 */
.flex-row{
  display:flex;
  flex-direction: row;
  /* 设置换行方式 */
  flex-wrap: wrap-reverse;
}
/* 项目样式 */
.flex-item{
```

```
    /* 设置项目的宽度 */
    width: 200rpx;
  }

  //WXML 文件
  <view class="flex-row" >
      <view class="flex-item">A</view>
      <view class="flex-item">B</view>
      <view class="flex-item">C</view>
      <view class="flex-item">C</view>
  </view
```

通过 flex-wrap 属性进行换行的几种效果如图 3-19 所示。

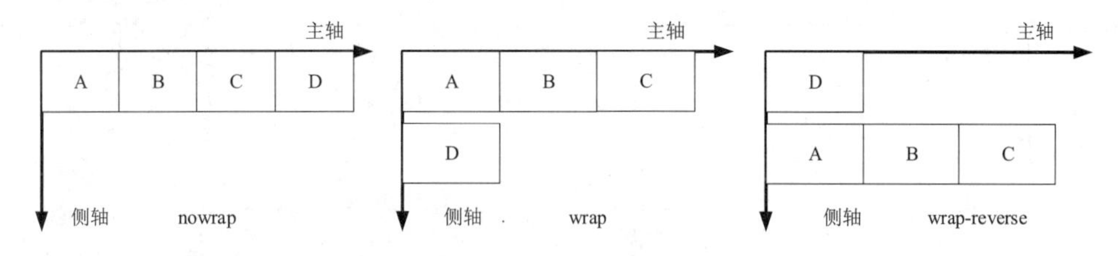

图 3-19 三种换行效果

3）容器对齐

容器对齐是指容器中的项目按照主轴或者侧轴的方向进行对齐，以水平方向从左向右为主轴的方向。

（1）justify-content。

justify-content 属性用来设置容器中的项目在主轴上的对齐方式，一些常用的对齐方式参数值如下所示。

①flex-start——默认值，容器中的项目以主轴起点进行对齐。

②flex-end——容器中的项目以主轴终点进行对齐。

③center——容器中的项目在主轴上居中对齐。

④space-between——容器中的项目在主轴上两端对齐，除了两端的子元素分别靠向两端的容器之外，其他子元素之间的间隔都相等。

⑤space-evenly——容器中的项目都相隔相等的距离，并且两端的项目分别距离主轴起点与终点的距离也和项目之间的距离相等。

⑥space-around——容器中的项目都相隔相等的距离，并且两端的项目分别距离主轴起点与终点的距离是项目之间距离的一半。

使用 justify-content 属性设置容器中的项目按照主轴方向对齐的示例代码如下所示。

```
//WXSS 文件
/* 容器样式 */
.flex-row{
  display:flex;
  flex-direction: row;
  /* 设置主轴对齐方式 */
  justify-content:flex-end;
}

//WXML 文件
<view class="flex-row" >
    <view class="flex-item">A</view>
    <view class="flex-item">B</view>
    <view class="flex-item">C</view>
</view
```

容器中的项目按照主轴方向进行对齐的效果如图 3-20 所示。

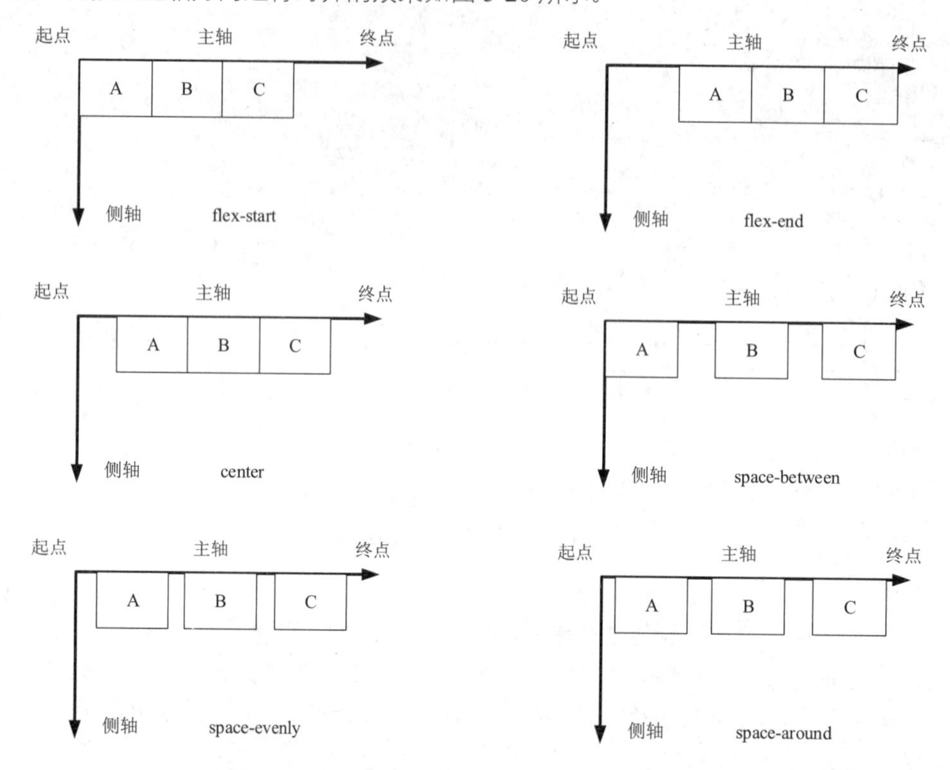

图 3-20　容器中的项目在主轴上的几种对齐方式

（2）align-items。

align-items 属性用来设置容器中的项目在侧轴上的对齐方式，一些常用的对齐方式参数值如下所示。

①stretch——默认值，容器中的项目拉伸与侧轴高度相等。

②flex-start——容器中的项目以侧轴为起点进行对齐。

③flex-end——容器中的项目以侧轴为终点进行对齐。

④center——容器中的项目在侧轴上居中对齐。

⑤baseline——以项目中的第一行文字为基准点进行对齐。

使用 align-items 属性设置容器中的项目按照主轴方向对齐的示例代码如下所示。

```
//WXSS 文件
/* 容器样式 */
.flex-row{
   display:flex;
   flex-direction: row;
   /* 设置侧轴高度 */
   height: 400rpx;
   /* 设置侧轴对齐方式 */
   align-items: flex-end;
}
/* 项目样式 */
.flex-item{
   /* 设置项目的宽度和高度 */
   width: 200rpx;
   height: 200rpx;
}
```

```
//WXML 文件
<view class="flex-row" >
    <view class="flex-item">A</view>
    <view class="flex-item">B</view>
    <view class="flex-item">C</view>
</view
```

容器中的项目按照侧轴方向进行对齐的效果如图 3-21 所示。

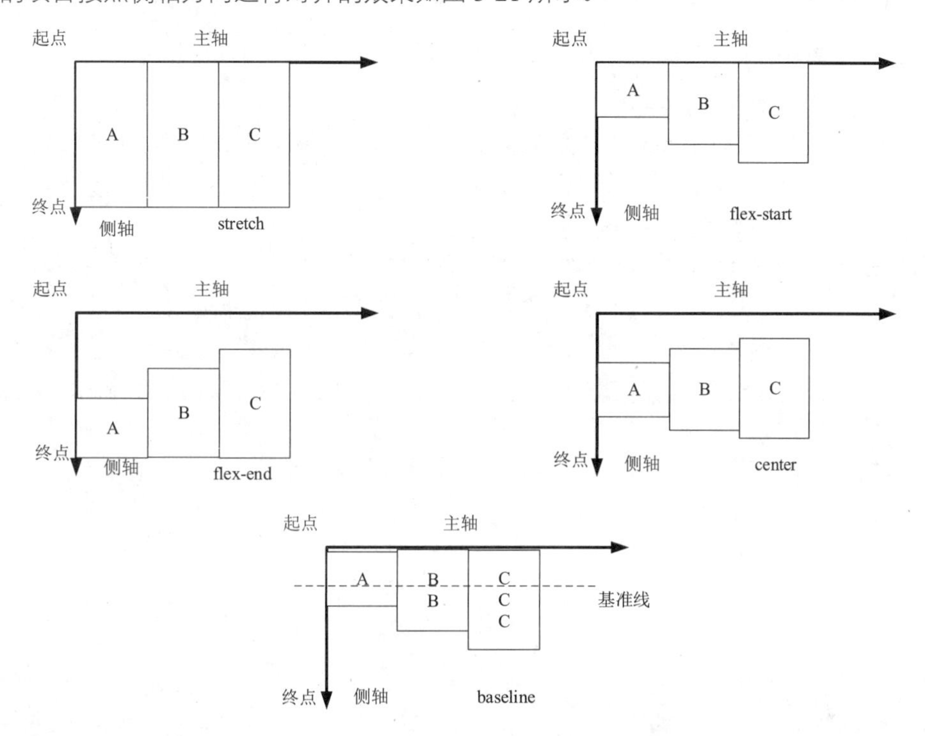

图 3-21　容器中的项目在侧轴上的几种对齐方式

4）项目属性

在 flex 布局模型中除了设置容器方式来更改项目的排列方式外，还可以通过项目自身的属性来对项目排列方式进行修改，一些经常使用的属性如下所示。

（1）order。

该属性用来设置项目在主轴方向上的排列顺序，其默认值为 0，也可以设置为其他整数，数值越小，排得越靠前，示例代码如下所示。

```
//WXSS 文件
/* 容器样式 */
.flex-row{
  display:flex;
  flex-direction: row;
}
/* 项目样式 */
.flex-item-2{
  order: 2;
}
.flex-item-3{
  order: -1;
}
.flex-item-4{
  order: 1;
```

```
}

//WXML 文件
<view class="flex-row" >
    <view class="flex-item-1">A</view>
    <view class="flex-item-2">B</view>
    <view class="flex-item-3">C</view>
    <view class="flex-item-4">D</view>
</view
```

上述代码运行后，容器中项目的排序为 C→A→D→B。

（2）flex-shrink。

该属性的默认值为 1，是用来设置项目的收缩因子，主要作用是当某个容器中所有项目的总长度超过容器的长度时，所有项目要根据各自的收缩因子按比例进行压缩，从而来适应容器。计算项目压缩后的长度时，要通过两个公式来进行计算，如下所示。

```
//计算压缩总权重的公式
压缩总权重=项目 1 长度*项目 1 收缩因子+项目 2 长度*项目 2 收缩因子+…+项目 n 长度*项目 n 收缩因子
//计算项目压缩后长度
项目压缩后的长度=项目原长度*（1-溢出长度*收缩因子/压缩总长度）
```

假设一个容器的总长度为 500rpx，它内部有 A、B、C 三个项目，每个项目长度都为 200rpx，示例代码如下所示。

```
//WXSS 文件
/* 容器样式 */
.flex-row{
  display:flex;
  flex-direction: row;
  /* 设置容器的宽度 */
  width: 500rpx;
}
/* 项目样式 */
.flex-item-A{
  width: 200rpx;
  /* 设置项目收缩因子 */
  flex-shrink:1;
}
.flex-item-B{
  width: 200rpx;
  flex-shrink:2;
}
.flex-item-C{
  width: 200rpx;
  flex-shrink:3;
}

//WXML 代码
<view class="flex-row" >
    <view class="flex-item-A">A</view>
    <view class="flex-item-B">B</view>
    <view class="flex-item-C">C</view>
</view>
```

通过公式计算压缩后的项目长度。

```
//压缩总权重
压缩总权重=200*1+200*2+200*3=1200rpx
//压缩后的项目长度
项目 A 压缩后的长度=200*（1-100*1/1200）≈183rpx
项目 B 压缩后的长度=200*（1-100*2/1200）≈166rpx
项目 C 压缩后的长度=200*（1-100*3/1200）=150rpx
```

使用项目的收缩因子时，需要注意收缩因子只能是非负数，并且压缩后的项目长度若出现小数的情况，结果只保留整数（不进行四舍五入）。

（3）flex-grow。

该属性是用来设置项目的扩张因子，主要作用是当某个容器中所有项目的总长度小于容器的长度时，所有项目要根据各自的扩张因子按比例进行扩张，从而来适应容器。计算项目扩张后的长度时，要通过两个公式来进行计算，如下所示。

```
//计算扩张单位的公式
扩张单位=剩余空间/（项目 1 扩张因子+项目 2 扩张因子+…+项目 n 扩张因子）
//计算项目扩张后长度
项目扩张后的长度=项目原长度+扩张单位*项目扩张因子
```

项目的扩张因子默认值为 0，并且扩张后的项目长度出现小数的情况时，结果只保留整数（不进行四舍五入）。

（4）flex-basis。

该属性可以根据 flex 布局模型主轴的方向来对容器中的项目的宽度或者高度进行替换，具体应用情况如下所示。

①当 flex 布局模型的主轴方向为水平方向时，项目的 flex-basis 与 width 属性都有值，项目宽度会以 flex-basis 属性的值为准。

②当 flex 布局模型的主轴方向为垂直方向时，项目的 flex-basis 与 height 属性都有值，项目高度会以 flex-basis 属性的值为准。

③flex-basis 属性还可以设置为 auto，当 flex-basis 属性的值为 auto 时，如果 width 或 height 属性有具体数值，项目的宽度或高度以数值为准。

（5）flex-self。

该属性用来设置项目在行中侧轴方向上的对齐方式，其默认值是 auto，表示继承容器中 align-items 属性的对齐方式。如果容器的 align-items 属性未设置对齐方式，那么 auto 的作用与 stretch 的作用相同，表示在侧轴方向上项目的宽度或高度填充整个侧轴的长度。除此以外，值为 flex-start 表示项目对齐侧轴的起点，值为 flex-end 表示项目对齐侧轴的终点，值为 center 表示项目在侧轴方向上居中。

3.3.3 WXS

WXS 是一种小程序脚本语言，它可以在 WXML 文件中通过<wxs />标签编写脚本代码，或者在专门的 WXS 文件中编写脚本代码，它与 JS 是不同的语言，具有自己的语法，可以结合 WXML，构建出小程序页面，并且它不依赖程序运行时的基础数据库，可以在任何版本的小程序中运行，在 WXS 中不能调用 JS 中定义的函数，也不能使用小程序提供的 API 接口。

1. WXS 模块

每一个<wxs />标签或者.wxs 文件都是一个单独的模块。每个 WXS 模块由两部分组成：一部分是脚本代码，进行逻辑运算和数据处理操作；一部分是共享变量或函数，方便外部调用。WXS 具体的语法格式如下所示。

```
//test1.wxs 文件中
//定义变量
var strData= "hello world";
//定义函数
var fun1= function(d) {
  return d;
}
```

```
//通过 module 对象进行声明,方便外部调用
module.exports = {
   strData: strData,
   fun1: fun1
};

//WXML 文件中通过 wxs 标签编写脚本代码
//使用 "<wxs />" 标签,并通过 module 属性为 wxs 模块命名
<wxs module="foo">
   var msg = "hello world";
   var fun1= function(d) {
     return d;
   }
   module.exports = {
     msg : msg,
     fun1:fun1,
   }
</wxs>
<view> {{foo.msg}} </view>
```

2. 引入 WXS 模块

引入 WXS 模块时有两种方式，一种是通过 require 函数将一个 WXS 文件引入到另一个 WXS 文件中，一种是通过 src 属性将一个 WXS 文件引入到<wxs />标签中，实例代码如下所示。

```
//test2.wxs 文件中
//引入其他 WXS 文件
var test1= require("./test1.wxs");
console.log(test1. strData);
//定义函数
var fun2= function(msg) {
    return msg;
}
module.exports = {
    fun2: fun2
};

//WXML 文件中

<wxs src="./../test1.wxs" module="test1"></wxs>
<view> {{test1. strData }} </view>
```

引入 WXS 文件时，要填写文件的相对路径，通过<wxs />方式创建的模块只能在定义模块的 WXML 文件中被访问到，模板标签中创建的<wxs />模块仅能在模板标签中使用，并且使用<include>或<import>引入模板文件时，文件中的<wxs>模块不会被引入到对应的 WXML 文件中。

3.3.4 事件

事件是视图层到逻辑层的通信方式，简单来讲就是用户触发某个事件时，调用相应的处理函数，完成不同操作。小程序中的事件分为页面处理事件与组件处理事件，其中组件处理事件又可以分为冒泡事件与非冒泡事件。

（1）冒泡事件——某一个组件上触发事件后，该事件会向这个组件的父节点进行传递。

（2）非冒泡事件——某一个组件上触发事件后，该事件不会向这个组件的父节点进行传递。

微信小程序中常见的冒泡事件如表 3-13 所示。

表 3-13 小程序中常见的冒泡事件

类　型	触 发 方 式
touchstart	手指触摸屏幕时触发
touchmove	手指触摸屏幕并进行移动时触发
touchend	手指离开屏幕时触发
touchcancel	手指触摸动作被打断时触发（弹窗、来电）
Touchforcechange	在支持 3D Touch 的设备上重按屏幕会触发
tap	手指点击屏幕时触发（点完离开）
longtap	手指点击屏幕时间超过 350ms 触发（点完离开），设定触发该事件后，tap 事件不会触发
transitionend	会在 wx.createAnimation 或 transition 动画结束时触发
animationstart	会在一个 animation 动画开始时触发
animationiteration	会在一个 animation 动画一次迭代结束时触发
animationend	会在一个 animation 动画完成时触发

在小程序中，除了表 3-13 中的组件事件以外，其他的组件事件都属于非冒泡事件，组件事件进行绑定时可以用 bindtap 或 catchtap，bindtap 不会阻止冒泡事件向上冒泡，catchtap 会阻止冒泡事件向上冒泡。

3.4 就业面试技巧与解析

本章前面讲解了微信小程序开发的基础内容，本节选取了一些经常出现的面试题，帮助读者对学习知识进行一个梳理与总结。

3.4.1 面试技巧与解析（一）

面试官：小程序内的页面跳转是如何实现的？

应聘者：微信小程序可以通过 API 或者<navigator />组件来实现页面跳转。具体使用方式如下所示。

（1）保留当前页面，跳转到应用内的某个页面。但是不能跳到 tabbar 页面（参数必须为字符串），示例代码如下所示。

```
//api 方式
wx.navigateTo({
   url: '非 tabbar 的页面路径',
})

//<navigator/>组件方式
<navigator url="非 tabbar 的页面路径" open-type="navigateTo"/>
```

（2）关闭当前页面，跳转到应用内的某个页面。但是不允许跳转到 tabbar 页面，示例代码如下所示。

```
//api 方式
wx. redirectTo ({
   url: '非 tabbar 的页面路径',
})

//<navigator/>组件方式
<navigator url="非 tabbar 的页面路径" open-type=" redirectTo "/>
```

（3）跳转到 tabbar 页面，并关闭其他所有非 tabbar 页面，路径后不能带参数，示例代码如下所示。

```
//api 方式
wx.switchTab ({
    url: 'tabbar 的页面路径',
})

//<navigator />组件方式
<navigator url="tabbar 的页面路径" open-type=" switchTab "/>
```

（4）关闭当前页面，返回上一页面或多级页面。可通过 getCurrentPages()函数获取当前的页面栈，决定需要返回几层，示例代码如下所示。

```
//api 方式
wx.navigateBack ({
    delta:2,//当 delta 值大于现有页面数时,返回到首页
})

//<navigator />组件方式
<navigator open-type=" navigateBack "/>
```

（5）关闭所有页面，打开应用内的某个页面，示例代码如下所示。

```
//api 方式
wx.reLaunch ({
    url: '页面路径',
})

//<navigator />组件方式
<navigator url="页面路径" open-type=" reLaunch "/>
```

3.4.2 面试技巧与解析（二）

面试官： 以 bindtap 和 catchtap 两种方式进行组件的事件绑定有什么区别？

应聘者： 以 bindtap 方式为组件绑定的事件触发时，不会阻止冒泡事件向绑定组件的父节点进行传递；以 catchtap 方式为组件绑定的事件触发时，会阻止冒泡事件向绑定组件的父节点进行传递。

第 4 章
小程序组件

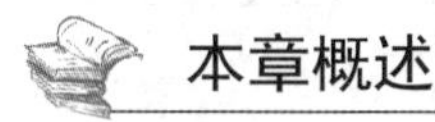

本章概述

本章学习微信小程序组件的相关内容，小程序组件根据作用可以划分为容器组件、基础组件、表单组件、导航组件、媒体组件、地图组件、画布组件等类型，借助这些组件可以方便快速地构建页面结构，实现某种功能效果。

知识导读

本章要点（已掌握的在方框中打钩）

- ☐ 原生组件
- ☐ 视图容器组件
- ☐ 基础内容组件
- ☐ 表单组件
- ☐ 媒体组件
- ☐ 自定义组件

4.1　原生组件

原生组件也被称为 native-component，是微信客户端提供的一些组件，小程序中的原生组件有 camera（相机组件，可以调用系统相机，完成扫码拍照等功能）、canvas（画布组件，使用该组件可以在小程序页面上进行图像绘制）、input（输入框，仅在光标聚焦时表现为原生组件，用来获取用户输入的内容）、live-player（实时音视频播放组件，主要用于直播功能）、live-pusher（实时音视频录制组件，主要用于直播的录屏）、map（地图组件，用于显示地图信息）、textarea（多行输入框组件，用于获取多行的文本信息）、video（视频组件，用于视频的播放）。

原生组件与其他组件的区别在于原生组件的层级是最高的，无论其他组件通过 z-index 属性将层级设置得多高都无法将原生组件覆盖显示，但是后创建的原生组件可以覆盖先创建的原生组件。部分 CSS 样式也无法应用于组件，例如，原生组件不能设置 CSS 动画，不能通过 position:fixed 属性来进行绝对定位，也不能对原生组件的父节点使用 overflow:hidden 属性来裁剪原生组件的显示区域。

需要注意，在微信开发者工具上，原生组件通过 WEB 组件模拟，因此有些效果不能完好显示出来，或者显示效果与真机效果存在差异，所以使用原生组件时，尽量使用真机进行测试，以真机的显示效果为准。为了方便调整原生组件之间的层级问题，自基础库 2.7.0 版本起，可以使用 z-index 属性来调整原生组件之间的层级顺序，但是原生组件的层级依旧高于其他组件层级。

4.2 视图容器组件

视图容器组件是用来进行小程序页面规划布局的，目前小程序支持的视图容器组件如表 4-1 所示。

表 4-1 小程序支持的视图容器组件

组件名称	版本库	说明
cover-image	1.4.0	覆盖在原生组件上的图片视图
cover-view	1.4.0	覆盖在原生组件上的文本视图
match-media	2.11.1	media query 匹配检测节点，当指定的一组 media query 规则满足时，这个节点才能显示
movable-area	1.2.0	可以移动的区域
movable-view	1.2.0	可以移动的视图容器，在页面中可以拖拽滑动
page-container	2.16.0	页面容器，用户执行返回操作时仅关闭该页面容器，而不关闭当前页面
scroll-view	1.0.0	可滚动视图区域
share-element	2.16.0	共享元素
swiper	1.0.0	滑块视图容器
swiper-item	1.0.0	滑块视图对象
view	1.0.0	视图容器

4.2.1 cover-image

该组件用来解决原生组件层级高无法被其他组件覆盖显示的问题，使用该组件可以将图片视图覆盖到原生组件之上。该组件具备的属性如下。

（1）src——图标路径，支持临时路径、网络路径（基础库版本 1.6.0 起）、云文件 ID（基础库版本 2.2.3 起）。

（2）bindload——用来绑定图片加载成功触发的事件。

（3）binderror——用来绑定图片加载失败触发的事件。

cover-image 组件的示例代码如下所示。

```
//原生组件
<video id="myVideo"src="视频链接">
   //设置 cover-image 组件,将图片覆盖到视频上方。
   <cover-image class="img" src="图片地址" /></cover-view>
</video>
```

为了解决小程序原生组件层级过高的限制，微信团队提出同层渲染技术，将原生组件直接渲染到 WebView 层级，通过 z-index 属性调整原生组件与其他组件的层级问题，实现原生组件与其他组件之间的随意叠加。目前小程序的原生组件均已支持同层渲染技术，因此可以使用 image 组件来替代 cover-image 组件。

4.2.2 cover-view

该组件的作用同 cover-image 组件的作用相似，用来将文本视图覆盖到原生组件上方。该组件具备的属性如下。

scroll-top——用于设置顶部滚动偏移量，只有组件设置 overflow-y:scroll 属性后此属性才能生效。

该组件内部支持嵌套 cover-view 和 cover-image 组件，也可以使用 button 组件，组件的长度单位默认为 px，自基础库版本 2.4.0 起，长度单位既支持 px 也支持 rpx，该组件的示例代码如下所示。

```
//原生组件
<video id="myVideo"src="视频链接">
   //设置 cover-view 组件,将文本内容覆盖在视频上方
   //外层 cover-view 组件
   <cover-view class="flex-wrp">
      //内层嵌套 cover-view 组件
      <cover-view class="flex-item">
         <button>按钮组件<button/>
      </cover-view>
      //嵌套 cover-image 组件
      <cover-image class="img" src="图片地址" /></cover-view>
   </cover-view>
   //设置 cover-image 组件,将图片覆盖到视频上方。
   <cover-image class="img" src="图片地址" /></cover-view>
</video>
```

在上述代码中，cover-view 和 cover-image 组件哪个位于下方，哪个的层级就更高，显示时也在最上方显示，现在 cover-view 组件也可使用 view 组件进行替代。

4.2.3 match-media

使用该组件时需要设置一个规则，这个规则通常是页面的长宽、页面方向，只有满足这个规则时，该组件中的内容才能显示。该组件中的属性如表 4-2 所示。

表 4-2 match-media 组件中的属性

属性名称	版本库	说明
min-width	2.11.1	页面最小宽度（单位：px）
max-width	2.11.1	页面最大宽度（单位：px）
width	2.11.1	页面宽度（单位：px）
min-height	2.11.1	页面最小高度（单位：px）
max-height	2.11.1	页面最大高度（单位：px）
height	2.11.1	页面高度（单位：px）
orientation	2.11.1	屏幕方向（landscape 或 portrait）

该组件的示例代码如下所示。

```
//不规定屏幕方向
<match-media min-width="300" max-width="600">
   <view>当页面宽度大于或等于 300 并且小于或等于 600 时展示这里</view>
</match-media>
//规定屏幕方向
<match-media min-height="400" orientation="landscape">
   <view>当页面高度不小于 400px 且屏幕方向为纵向时展示这里</view>
</match-media>
```

4.2.4 movable-area 与 movable-view

movable-area 组件用来创建一个可移动区域，movable-view 组件用来创建一个可移动视图容器，这两个组件需要结合起来使用，movable-view 组件要在 movable-area 主键内部，并且 movable-view 组件必须是 movable-area 组件的第一个节点。这两个组件中的属性如表 4-3 所示。

表 4-3 movable-area 与 movable-view 组件的属性

组件名称	属性名称	版本库	说明
movable-area	scale-area	1.9.90	设置缩放手势生效的整个区域
movable-view	direction	1.2.0	movable-view 组件的移动方向
	inertia	1.2.0	movable-view 组件移动时是否具有惯性，默认为 false
	out-of-bounds	1.2.0	movable-view 组件移动时是否可以超出部分边界，默认为 false
	x	1.2.0	movable-view 组件在 x 轴方向上的偏移量
	y	1.2.0	movable-view 组件在 y 轴方向上的偏移量
	damping	1.2.0	阻尼系数，值越大滑动越大，默认值为 20
	friction	1.2.0	摩擦系数，值越大滑块停止滑动越快，默认值为 2，取值必须大于 0
	disable	1.9.90	是否禁用，默认为 false
	scale	1.9.90	是否支持双值缩放操作
	scale-min	1.9.90	设置最小缩放倍数，默认值为 0.5
	scale-max	1.9.90	设置最大缩放倍数，默认值为 10
	scale-value	1.9.90	设置缩放倍数，取值范围为 0.5~10
	animation	2.1.0	是否使用动画，默认为 true
	bindscale	1.9.90	拖动过程中触发的事件，event.detail={x,y,scale}，x 和 y 字段在 2.1.0 版本之后支持
	htouchmove	1.9.90	初次手指触摸后移动为横向的移动时触发，如果捕捉此事件，则意味着 touchmove 事件也被捕捉
	vtouchmove	1.9.90	初次手指触摸后移动为纵向的移动时触发，如果捕捉此事件，则意味着 touchmove 事件也被捕捉

这两个组件使用的实例代码如下所示。

```
//demo-1/pages/movable/movable.wxss
//设置移动区域样式
movable-area{
  width: 200px;
  height: 200px;
  background-color: rgb(192, 192, 192);
}
//设置移动视图容器样式
movable-view{
  width: 60px;
  height: 60px;
  background-color: rgb(53, 228, 91);
}
//设置超出移动区域的移动视图容器样式
.max{
  width: 250px;
  height: 250px;
```

```
    background-color: rgb(53, 228, 91);
  }

  //demo-1/pages/movable/movable.wxml
  <!-- movable-view 区域小于 movable-area -->
  <view class="page-section">
    <view class="page-section-title">只可以横向移动</view>
    <movable-area>
      <movable-view direction="horizontal">text</movable-view>
    </movable-area>
  </view>

  <view class="page-section">
    <view class="page-section-title">只可以纵向移动</view>
    <movable-area>
      <movable-view direction="vertical">text</movable-view>
    </movable-area>
  </view>

  <view class="page-section">
    <view class="page-section-title">可超出边界</view>
    <movable-area>
      <movable-view direction="all" out-of-bounds>text</movable-view>
    </movable-area>
  </view>

  <view class="page-section">
    <view class="page-section-title">带有惯性</view>
    <movable-area>
      <movable-view direction="all" inertia>text</movable-view>
    </movable-area>
  </view>

  <view class="page-section">
    <view class="page-section-title">可放缩</view>
    <movable-area scale-area>
      <movable-view direction="all" bindscale="onScale" scalescale-min="0.5" scale-max="4" scale-
value="3"
  >text</movable-view>
    </movable-area>
  </view>

  <!-- movable-view 区域大于 movable-area -->
  <view class="page-section">
    <view class="page-section-title">任意方向</view>
    <movable-area>
      <movable-view class="max" direction="all">text</movable-view>
    </movable-area>
  </view>
```

使用 movable-area 和 movable-view 组件时，需要注意以下几点。

（1）movable-area 和 movable-view 组件都需要设置值 width 和 height，否则都会默认为 10px。

（2）当 movable-view 小于 movable-area 时，movable-view 的移动范围是在 movable-area 内。

（3）movable-view 组件使用时默认为绝对定位，其中 top 和 left 的值都为 0px。

（4）当 movable-view 大于 movable-area 时，movable-view 的移动范围必须包含 movable-area，也就是可移动视图容器向哪个方向移动时，可移动视图容器对应的边不能越过可移动区域的对应的边。例如，可移动视图容器向右移动时，可移动视图的左侧边界不能越过可移动区域的左侧边界。

4.2.5 page-container

该组件是一个页面容器组件，主要用于页面内需要进行复杂页面设计的场景。例如，在页面中弹出一个半屏的弹窗或在页面中加载一个全屏的子页面等，在这些情境下就可以通过page-container组件创建的“假页”来显示内容，当用户使用返回滑动手势、物理返回按键和调用 navigateBack 接口时，可以只关闭当前的假页，而不会关闭原本的页面。该组件的一些常用属性如表 4-4 所示。

表 4-4　page-container 组件的常用属性

属性名称	版本库	说　明
show	2.16.0	是否显示容器组件，默认值为 false
duration	2.16.0	动画时长（单位：毫秒），默认值为 300
z-index	2.16.0	z-index 层级，用来设置“假页”中组件的层级，默认值为 100
overlay	2.16.0	是否显示遮罩层，默认值为 true
position	2.16.0	“假页”容器弹出的位置，可以设置为 top、bottom、right、center，默认值为 bottom
round	2.16.0	是否显示为圆角，默认值为 false
close-on-slideDown	2.16.0	是否在下滑一段距离后关闭，默认值为 false
overlay-style	2.16.0	自定义遮罩层样式
custom-style	2.16.0	自定义弹出层样式

除了表 4-4 中的属性以外，page-container 组件还可以通过 bind 属性来为组件绑定事件函数，根据触发的时间与方式的不同，分为以下几种：

（1）bind:beforeenter——进入“假页”组件前触发。

（2）bind:enter——进入“假页”组件中触发。

（3）bind:afterenter——进入“假页”组件后触发。

（4）bind:beforeleave——离开“假页”组件前触发。

（5）bind:leave——离开“假页”组件中触发。

（6）bind:afterleave——离开“假页”组件后触发。

（7）bind:clickoverlay——点击“假页”组件中的遮罩层时触发。

page-container 组件应用的示例代码如下所示。

```
//demo-1/pages/page-container/page-container.js
Page({
  data: {
    show: false,
    duration: 300,
    position: 'top',
    round: false,
    overlay: true,
    overlayStyle:'background-color: rgba(0, 0, 0, 0.7)',
  },
  //打开弹窗
  popup(e) {
    this.setData({
      show: true,
    })
  },
  //关闭弹窗
  exit() {
```

```
    this.setData({show: false})
    //也可以通过该 API 接口关闭弹窗,但需要确保当前页面不是页面栈的栈顶
    //wx.navigateBack()
  },
})

//demo-1/pages/page-container/page-container.js
<!-- 原始页面 -->
<text>这是原始页面内容</text>
<!-- 弹出"假页" -->
<view class="box">
  <button class="btn" bindtap="popup">弹出弹窗</button>
</view>
<!-- 使用 page-container 组件创建页面容器,并设置相应的属性 -->
<page-container
  show="{{show}}"
  round="{{round}}"
  overlay="{{overlay}}"
  duration="{{duration}}"
  position="{{position}}"
  close-on-slide-down="{{false}}"
  custom-style="{{customStyle}}">
  <!-- 容器内部组件 -->
  <view>这是一个内部组件</view>
  <!-- 关闭按钮 -->
  <view class="detail-page">
    <button type="primary" bindtap="exit">关闭</button>
  </view>
</page-container>
```

使用 page-container 组件时，需要确保当前页面中没有其他页面容器，如果存在其他页面容器，无法通过该组件创建新的页面容器。

4.2.6 scroll-view

该组件可以用来创建一个可滚动的视图区域，使用该组件可以在局部区域中通过滑动屏幕的方式显示内容较多的图文信息。scroll-view 组件创建的可滑动区域有两种滑动方向，分别是横向滑动（水平方向）和竖向滑动（垂直方向）。使用 scroll-view 创建可滑动区域时需要设置一个固定高度，这个高度的长度单位默认是 px，自基础库版本 2.4.0 起，既可以使用 px 也可使用 rpx，scroll-view 组件中的一些常用属性如表 4-5 所示。

表 4-5 scroll-view 组件的常用属性

属性名称	版本库	说明
scroll-x	1.0.0	是否允许横向滑动，默认值为 false
scroll-y	1.0.0	是否允许竖向滑动，默认值为 false
upper-threshold	1.0.0	距离顶部或左侧一定距离时，触发 scrolltoupper 事件，默认值为 50
lower-threshold	1.0.0	距离底部或右侧一定距离时，触发 scrolltoupper 事件，默认值为 50
scroll-top	1.0.0	设置竖向滚动条的位置
scroll-left	1.0.0	设置横向滚动条的位置
scroll-into-view	1.0.0	设置滚动到某个子元素，会按照设置的滑动方向自动滚动到设置的子元素，设置值为子元素的 id（id 不能以数字开头）
scroll-with-animation	1.0.0	设置滚动条位置滑动时使用的动画过渡，默认值为 false

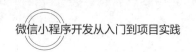

续表

属性名称	版本库	说明
enable-back-to-top	1.0.0	使滚动条回到起始位置，只适用于竖向滑动模式，iOS 设备需要点击顶部状态栏，安卓设备需要双击标题栏，默认值为 false
enable-flex	2.7.3	启用 flexbox 布局，开启后，当前节点相当于声明了“display:flex”，默认值为 false
scroll-anchoring	2.8.2	控制滚动位置不随内容变化而抖动，默认值为 false，该属性仅在 iOS 设备上生效，安卓设备可以通过“overflow-anchor”CSS 样式实现相同效果
refresher-enabled	2.10.1	开启自定义下拉刷新，默认值为 false
refresher-threshold	2.10.1	设置自定义下拉刷新阈值，默认值为 45
refresher-default-style	2.10.1	设置自定义下拉刷新的样式，值有 black、white 和 none 三种选择，默认值为 black
refresher-background	2.10.1	设置自定义下拉刷新区域的背景颜色，默认值为“#FFF”
refresher-triggered	2.10.1	设置是否触发下拉刷新状态，默认值为 false
enhanced	2.12.0	用于启动 scroll-view 组件的增强特性
bounces	2.12.0	scroll-view 组件的边界弹性控制，需要开启 enhanced 属性，且仅在 iOS 设备上生效
show-scrollbar	2.12.0	控制滚动条是否显示，需要开启 enhanced 属性，默认值为 true
paging-enabled	2.12.0	是否开启分页滑动效果，需要开启 enhanced 属性，默认值为 false
fast-deceleration	2.12.0	是否开启滑动减速速率控制，需要开启 enhanced 属性，默认值为 false

scroll-view 组件除了设置一些常用属性，还可以根据触发的时间与方式的不同，进行事件函数的绑定，常见的事件函数有以下几种：

（1）binddragstart——滑动事件开始时触发，需要设置并开启 enhanced 属性。

（2）binddragging——滑动事件进行时触发，需要设置并开启 enhanced 属性。

（3）binddragend——滑动事件结束时触发，需要设置并开启 enhanced 属性。

（4）bindscrolltoupper——滑动到顶部或者左侧时触发。

（5）bindscrolltolower——滑动到底部或者右侧时触发。

（6）bindscroll——滑动时触发。

（7）bindrefresherpulling——自定义下拉刷新控件被下拉时触发。

（8）bindrefresherrefresh——自定义下拉刷新被触发。

（9）bindrefresherrestore——自定义下拉刷新被复位。

（10）bindrefresherabort——自定义下拉刷新被中止。

scroll-view 组件实际应用的示例代码如下所示。

```
//demo-1/pages/scroll-view/scroll-view.wxss
/* 设置纵向滚动区域中组件的布局 */
.scroll-view_x{
  white-space: nowrap;
}
.scroll-view-item_X{
  display: inline-block;
  width: 100%;
  height: 300rpx;
}
/* 设置可滑动区域内组件的颜色与尺寸 */
.demo-text-1{
  background-color: red;
  width: 100%;
```

```
  height: 300rpx;
}
.demo-text-2{
  background-color: green;
  width: 100%;
  height: 300rpx;
}
.demo-text-3{
  background-color: blue;
  width: 100%;
  height: 300rpx;
}

//demo-1/pages/scroll-view/scroll-view.wxml
<view class="page-section-title">
  <text>Vertical Scroll 纵向滚动</text>
</view>
<view class="page-section-spacing">
  <scroll-view scroll-y="true" style="height: 300rpx;">
    <view class="scroll-view-item_Y demo-text-1 "></view>
    <view class="scroll-view-item_Y demo-text-2"></view>
    <view class="scroll-view-item_Y demo-text-3"></view>
    </scroll-view>
</view>
<view class="page-section-title">
  <text>Horizontal Scroll 横向滚动</text>
</view>
<view class="page-section-spacing">
  <scroll-view class="scroll-view_x" scroll-x="true" style="width: 100%">
  <view class="scroll-view-item_X demo-text-1"></view>
  <view class="scroll-view-item_X demo-text-2"></view>
  <view class="scroll-view-item_X demo-text-3"></view>
  </scroll-view>
</view>
```

4.2.7 share-element

该组件是一个共享元素组件，本质是一种动画形式，实现元素在页面中穿越的动画效果。该组件不能单独使用，需要与 page-container 组件结合使用才能生成相应的效果。share-element 组件中的一些常用属性如表 4-6 所示。

表 4-6 share-element 组件的常用属性

属性名称	版本库	说明
key	1.0.0	映射标记，用来映射当前页和 page-container 组件中的 share-element
transform	1.0.0	共享元素是否开启动画效果，默认值为 false
duration	1.0.0	共享元素进行动画的时长，单位为毫秒，默认值为 300
easing-function	1.0.0	共享元素的 CSS 缓动函数，默认值为 ease-out

在使用 share-element 组件时，既需要在当前页中放置 share-element 组件，也需要在 page-container 组件创建的“假页”容器中放置 share-element 组件，这两个 share-element 组件通过属性 key 进行映射，并且需要将 transform 属性设置为 true，这样打开或关闭“假页”时，共享元素就会实现动画效果，share-element 组件实际应用的示例代码如下所示。

```
//demo-1/pages/ share-element/share-element.wxss
```

```
    /* 设置组件属性与布局 */
    page {
      color: #333;
      background-color: #ddd;
      overflow: hidden;
    }
    .contact {
      position: relative;
      padding: 16px;
      background-color: #fff;
      width: 100%;
      height: 100%;
      box-sizing: border-box;
    }
    .avatar {
      position: absolute;
      top: 16px;
      left: 16px;
      font-size: 0;
    }
    .name {
      height: 65px;
      font-size: 2em;
      font-weight: bold;
      text-align: center;
      margin: 10px 0;
    }
    .screen1 .contact {
      margin: 16px;
      height: auto;
      width: auto;
    }
    /* 设置共享元素的动画效果 */
    .paragraph {
      -webkit-transition: transform ease-in-out 300ms;
      transition: transform ease-in-out 300ms;
      -webkit-transform: scale(0.6);
      transform: scale(0.6);
    }
    .enter.paragraph {
      transform: none;
    }

    //demo-1/pages/ share-element / share-element.js
    Page({
      data: {
        //构建的数据
        people data:[
         { id: 1, name: '小明', img: 'xiaoming.png', phone: '+85 18611234568', email: 'xiaoming@163.
com'},
    { id: 2, name: '小红', img: 'xiaohong.png', phone: '+85 18611554568', email: 'xiaohong@163.com' },
    { id: 3, name: '小军', img: 'xiaojun.png', phone: '+85 18611664568',  email: 'xiaojun@163.com' }],
        //弹窗内显示的初始数据
        item: { id: 1, name: '小明', img: 'xiaoming.png', phone: '+85 18611234568', email:
'xiaoming@163.com'},
        transformIdx: 0,        //点击节点的下标,默认为0
        position: 'center',     //打开弹窗的位置
        duration: 300,          //共享元素动画的时长,默认为300
        show: false,            //弹窗容器是否显示,默认为false
        overlay: false          //遮罩层是否显示,默认为false
    },
    //打开弹窗
```

```
    showNext(e) {
      //获取点击节点对应的下标
      const idx = e.currentTarget.dataset.idx
      //更改页面数据
      this.setData({
        show: true,
        item: this.data.people_data[idx],
        transformIdx: idx
      })
    },
  //关闭弹窗
    showPrev() {
        this.setData({
          show: false
        })
    },
  })

  //demo-1/pages/ share-element / share-element.wxml
  <!-- 当前页面内容 -->
  <view class="screen screen1">
   <block wx:for="{{people_data}}" wx:key="id" wx:for-item=" item ">
     <view class="contact" bindtap="showNext" data-idx="{{index}}">
       <!-- 在当前页面放置共享元素 -->
       <share-element  class="avatar"  key="avatar"  duration="{{duration}}"  transform="
{{transformIdx ===
       index}}">
         <image style="width: 40px;" mode="widthFix" src="../../images/{{ item.img}}"></image>
       </share-element>
       <share-element duration="{{duration}}" class="name" key="name" transform="{{transformIdx ===
       index}}">
         {{ item.name}}
       </share-element>
     </view>
   </block>
  </view>
  <!-- 创建“假页”容器 -->
  <page-container
   show="{{show}}"
   overlay="{{overlay}}"
   close-on-slide-down
   duration="{{duration}}"
   position="{{position}}">
     <view class="contact">
       <!-- 在“假页”容器中放置共享元素 -->
         <share-element class="avatar" duration="{{duration}}" key="avatar" transform>
           <image style="width: 40px;" mode="widthFix" src="../../images/{{ item.img}}" />
         </share-element>
         <share-element class="name" key="name" duration="{{duration}}" transform>
           {{ item.name}}
         </share-element>
         <!-- 设置其他内容 -->
         <view class="paragraph {{show ? 'enter' : ''}}">
           <view>Phone: {{ item.phone}}</view>
           <view>Email: {{ item.email}}</view>
         </view>
         <button class="screen2-button" bindtap="showPrev" hidden="{{!show}}" hover-class="none">关闭
         </button>
     </view>
  </page-container>
```

上面代码运行效果如图 4-1 所示。

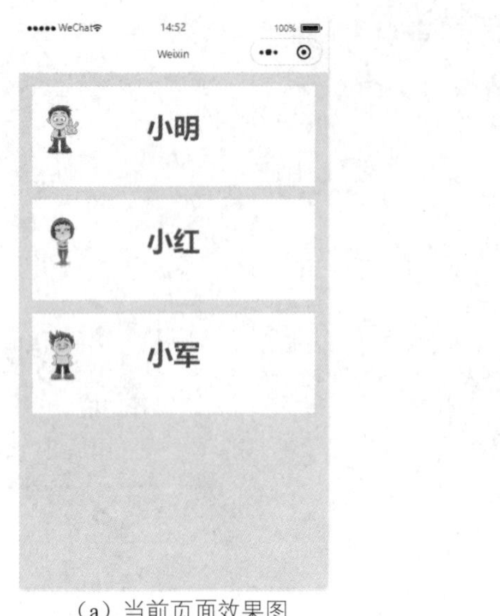

（a）当前页面效果图

（b）“假页”容器中的效果图

图 4-1　share-element 组件实际应用效果

4.2.8　swiper 与 swiper-item

swiper 组件是一个滑块视图组件，其内部只能放置 swiper-item 组件，当 swiper-item 组件放置到 swiper 组件中，其宽和高会自动设置为 100%，默认占满 swiper 的宽和高。这两个组件组合起来使用可以用于制作轮播图，swiper 和 swiper-item 两个组件中的一些常用属性如表 4-7 所示。

表 4-7　swiper 和 swiper-item 组件的属性

组件名称	属性名称	版本库	说明
swiper	indicator-dots	1.0.0	是否显示轮播图面板上的指示点，默认值为 false
	indicator-color	1.1.0	指示点的颜色，可以通过 rgba 设置相应的颜色与透明度。例如，rgba(0,0,0,.3)，颜色为黑色，透明度为 0.3
	indicator-active-color	1.1.0	当前选中指示点的颜色，同样通过 rgba、颜色对应的单词（red）或 #000000 等形式来设置颜色
	autoplay	1.0.0	轮播图是否自动播放，进行图片切换，默认值为 false
	current	1.0.0	轮播图当前图片所在滑块的下标，默认值为 0
	interval	1.0.0	轮播图自动切换的时间间隔，单位是毫秒，默认值 5000
	duration	1.0.0	轮播图进行切换时滑动动画的时长，单位是毫秒，默认值是 500
	circular	1.0.0	轮播图进行切换时滑动动画是否采用衔接滑动，默认值是 false
	vertical	1.0.0	轮播图进行切换时滑动的方向是否为纵向，默认值为 false
	previous-margin	1.9.0	前边距用来设置前一项露出的部分，支持 px 于 rpx，默认值为 0px
	next-margin	1.9.0	后边距用来设置后一项露出的部分，支持 px 于 rpx，默认值为 0px
	snap-to-edge	2.12.1	前边距用来设置前一项露出的部分，支持 px 于 rpx，默认值为 0px
	display-multiple-items	1.9.0	同时显示的滑块数量，默认值为 1
	easing-function	2.6.5	指定 swiper 切换缓动动画类型，默认值为 default，详细内容如表 4-8 所示

续表

组件名称	属性名称	版本库	说明
swiper	bindchange	1.0.0	current 改变时会触发
	bindtransition	2.4.3	swiper-item 的位置发生改变时会触发
	bindanimationfinish	1.9.0	动画结束时会触发
swiper-item	item-id	1.9.0	该 swiper-item 的标识符
	skip-hidden-item-layout	1.9.0	是否跳过未显示的滑块布局，默认值为 false，若设为 true 可优化复杂情况下的滑动性能，但会丢失隐藏状态滑块的布局信息

easing-function 属性用来设置轮播图切换时的滑动动画效果，其具体的参数及对应的动画效果如表 4-8 所示。

表 4-8 easing-function 属性的参数值与动画效果

值	版本库	动画效果
default	2.6.5	默认缓动动画
linear	2.6.5	线性动画
easeInCubic	2.6.5	缓入动画
easeOutCubic	2.6.5	缓出动画
easeInOutCubic	2.6.5	缓入缓出动画

将轮播图所需的图片放入项目的 images 文件夹中，通过 swiper、swiper-item 组件实现一个轮播图，具体代码如下所示。

```
//demo-1/pages/swiper /swiper.js
Page({
  data: {
    img_path: ['../../images/demo_1.jpg', '../../images/demo_2.jpg', '../../images/demo_3.jpg'],
                                              //图片路径
    indicatorDots: true,                      //显示指示点
    vertical: false,                          //滑动方向是否为纵向
    autoplay: true,                           //自动滚动
    indicatorColor:'rgba(0,0,0,0.5)',         //指示点颜色
    indicatorActiveColor:'rgba(0,0,0,1)',     //当前指示点颜色
    circular: false,                          //是否采用衔接滑动
    interval: 2000,                           //自动切换间隔时间
    duration: 500,                            //滑动时长
    previousMargin: '20',                     //前边距
    nextMargin: '20'                          //后边距
  },
})

//demo-1/pages/swiper / swiper.wxml
<view class="swiper">
<!-- 创建swiper容器,并设置对应的属性参数 -->
<swiper
    indicator-dots="{{indicatorDots}}" indicator-color="{{indicatorColor}}" vertical="{{vertical}}"
    indicator-active-color="{{indicatorActiveColor}}" autoplay="{{autoplay}}"circular="{{circular}}"
    interval="{{interval}}" duration="{{duration}}" previous-margin="{{previousMargin}}px"
next-margin="{{nextMargin}}px">
<!-- 通过swiper-item组件放置轮播图的图片 -->
<block wx:for="{{img_path}}" wx:key="*this">
     <swiper-item>
```

```
        <image src="{{item}}"></image>
      </swiper-item>
    </block>
  </swiper>
</view>
```

上述代码运行效果如图 4-2 所示。

图 4-2　swiper 组件实际应用效果

4.2.9　view

view 组件是 WXML 中最常用的一个组件，其作用与 HTML 中的<div>标签作用相似，都是用来存放其他组件或标签的容器。该组件本身并不具备大小与背景颜色，需要在使用时为其指定相应的大小和背景颜色，view 通常要和其他组件结合起来使用进行页面的布局，view 组件中的常用属性如表 4-9 所示。

表 4-9　view 组件的常用属性

属　　性	版 本 库	说　　明
hover-class	1.0.0	点击对应 view 组件时的样式效果，默认为 none。例如，hover-class= "none"，表示点击对应 view 组件时没有样式效果
hover-stop-propagation	2.6.5	是否阻止本节点的父节点出现点击态，默认值为 false
hover-start-time	2.6.5	按住多久后出现点击态，单位为 ms，默认值为 50
hover-stay-time	2.6.5	手指松开多久点击态保留时间，单位为 ms，默认值为 400

view 组件实际应用的示例代码如下所示。

```
//demo-1/pages/view/view.wxss
//设置布局的样式
.flex-item-a{
  width: 150rpx;
  height: 150rpx;
  background-color: red;
```

```
}
.flex-item-b{
  width: 150rpx;
  height: 150rpx;
  background-color: green;
}
.flex-item-c{
  width: 150rpx;
  height: 150rpx;
  background-color: blue;
}
.flex-row{
  /* 选择布局模型 */
  display:flex;
  /* 设置主轴方向 */
  flex-direction: row;
}
.flex-column{
  display:flex;
  flex-direction: column;
}
//设置父节点的样式
.parent{
  width: 200rpx;
  height: 200rpx;
  background-color: rgba(0, 0,0, 0.5);
}
//设置子节点的样式
.child{
  width: 50rpx;
  height: 50rpx;
  background-color:yellow;
}
//设置子节点点击态的样式
.hover_child{
  background-color: red;
}
设置父节点点击态的样式
.hover_parent{
  background-color: greenyellow;
}

//demo-1/pages/view/view.wxml
<view>横向布局</view>
<view class="flex-row" >
  <view class="flex-item-a">A</view>
  <view class="flex-item-b">B</view>
  <view class="flex-item-c">C</view>
</view>

<view>纵向布局</view>
<view class="flex-column" >
  <view class="flex-item-a">A</view>
  <view class="flex-item-b">B</view>
  <view class="flex-item-c">C</view>
</view>

<view>不禁止父节点的点击态</view>
<view class="parent" hover-class="hover_parent" hover-stay-time="3000">
  <!-- 设置是否禁用点击态,与手指离开后点击态保留的时长 -->
```

```
  <view class="child" hover-class="hover_child" hover-stay-time="3000">A</view>
</view>

<view>禁止父节点的点击态</view>
<view class="parent" hover-class="hover_parent" hover-stay-time="3000" >
  <view class="child" hover-class="hover_child" hover-stop-propagation="true"
    hover-stay-time="3000">A</view>
</view>
```

4.3 基础内容组件

基础内容组件是微信小程序中用来进行界面基础布局设置的相关组件，有 icon、progress、text、rich-text 几种，主要用来进行图标、进度条、普通文本、富文本的设置。

4.3.1 icon

icon 组件是一个图标组件，主要用于用户完成某项操作或执行某个任务时提示说明的图标。例如，用户点击某个按钮，事件函数执行成功应当弹出绿色上边带有对号的图标，告知用户操作正确完成。若操作失败，应当弹出红色带有感叹号的图标，告知用户操作失败。icon 组件中的常用属性如表 4-10 所示。

表 4-10 icon 组件的常用属性

属 性	版 本 库	说 明
type	1.0.0	icon 组件的类型，其支持的有效值为 success、success_no_circle、info、warn、waiting、cancel、download、search、clear，可以用来表示操作成功、提示、警告、下载等状态
size	1.0.0	用来设置 icon 图标的大小，其单位默认为 px，基础库 2.4.0 版本起既支持 px，也支持 rpx，默认值为 23
color	2.6.5	icon 图标的颜色，与 CSS 中的颜色设置方法相同

icon 组件实际应用的示例代码如下所示。

```
//demo-1/pages/icon/icon.wxml
<!-- 成功图标 -->
<view class="icon-box">
  <icon class="icon-box-img" type="success" size="93"></icon>
  <view class="icon-box-ctn">
    <view class="icon-box-title">成功</view>
    <view class="icon-box-desc">表示用户操作顺利完成</view>
  </view>
</view>
<!-- 提示图标 -->
<view class="icon-box">
  <icon class="icon-box-img" type="info" size="93"></icon>
  <view class="icon-box-ctn">
    <view class="icon-box-title">提示</view>
    <view class="icon-box-desc">给用户操作提示相应信息</view>
  </view>
</view>
<!-- 警告图标 -->
<view class="icon-box">
  <icon class="icon-box-img" type="warn" size="93"></icon>
  <view class="icon-box-ctn">
    <view class="icon-box-title">强烈警告</view>
```

```
    <view class="icon-box-desc">用于警告用户操作错误</view>
  </view>
</view>
```

上述代码运行效果如图 4-3 所示。

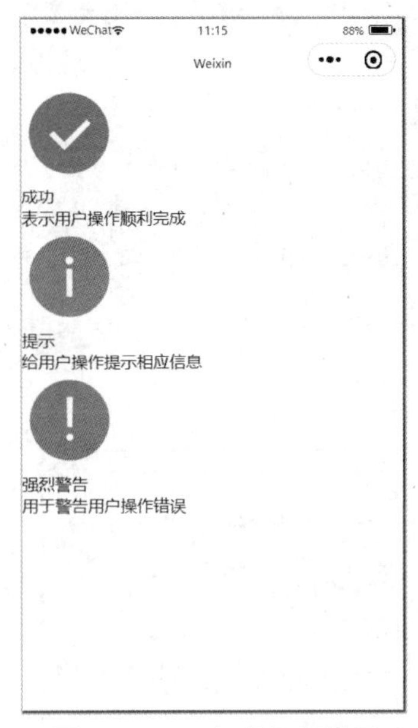

图 4-3 icon 组件运行效果

4.3.2 progress

该组件是一个进度条组件，通过该组件可以直观看到事件的完成进度，一般该组件应用于文件上传或下载时的进度显示。progress 组件中的常用属性如表 4-11 所示。

表 4-11 progress 组件的常用属性

属　性	版 本 库	说　明
percent	1.0.0	用于设置进度条的百分比，值为数值，取值范围是 0~100
show-info	1.0.0	是否在进度条右侧显示百分比数值，默认为 false
border-radius	2.3.1	圆角的大小，默认值为 0
font-size	2.3.1	右侧百分比字体的大小，默认值为 16
stroke-width	1.0.0	设置进度条的宽度，默认值为 6
color	1.0.0	设置进度条的颜色，默认值为#09BB07
activeColor	1.0.0	已选择进度条的颜色，默认值为#09BB07
backgroundColor	1.0.0	未选择进度条的颜色，默认值为#EBEBEB
active	1.0.0	是否开启进度条从左向右地加载动画，默认值为 false
active-mode	1.7.0	进度条加载动画的效果。backwards：动画从头播；forwards：动画从上次结束点接着播
duration	2.8.2	进度条加载动画加载 1%所需的时间间隔，单位为 ms，默认值为 30
bindactiveend	2.4.1	进度条加载动画完成触发的事件函数

progress 组件实际应用的示例代码如下所示。

```
//demo-1/pages/progress/progress.wxml
<view>右侧没有百分比的进度条</view>
<view class="progress-box">
  <progress percent="20" show-info stroke-width="3"/>
</view>

<view>具有从左向右加载动画的进度条</view>
<view class="progress-box">
  <progress percent="40" active stroke-width="3" />
</view>

<view>更改显示颜色的进度条</view>
<view class="progress-box">
  <progress percent="80" color="#10AEFF" active stroke-width="3" />
</view>
```

上述代码运行效果如图 4-4 所示。

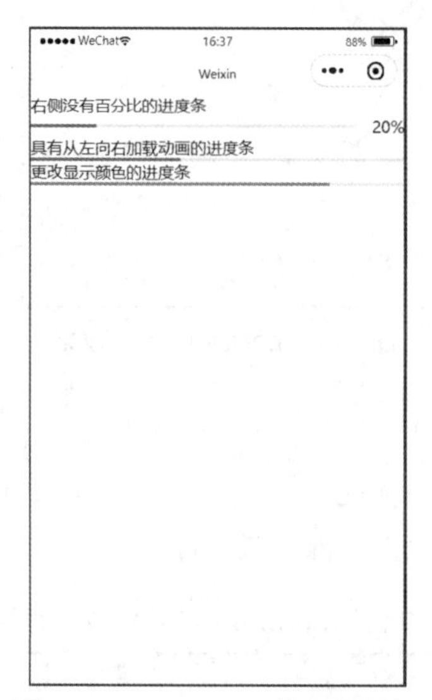

图 4-4　progress 组件运行效果

4.3.3　text

该组件是一个文本组件，也被称为文本框组件，是小程序页面进行文本信息显示的主要组件，该组件的一些常用属性如表 4-12 所示。

表 4-12　text 组件的常用属性

属　性	版　本　库	说　明
selectable	1.0.0	文本是否可以被选中，目前已经废弃
user-select	2.12.1	文本是否可选，该属性会使文本节点显示为 inline-block，默认值为 false
space	1.4.0	显示文本中的连续空格
decode	2.3.1	文本内容格式是否进行解码，默认值为 false

使用 text 组件显示文本中的空格时需要注意，不同输入法下输出的空格有所区别，要根据实际情况为 space 属性设置合法值。

（1）ensp——设置该合法值，文本中空格的显示效果为中文字符空格的一半大小。
（2）emsp——设置该合法值，文本中空格的显示效果为中文字符空格的大小。
（3）nbsp——设置该合法值，文本中空格的显示效果为字体设置的空格大小。

4.3.4　rich-text

该组件也是一个文本组件，也被称为富文本框组件，它的功能比 text 组件更加强大，text 组件只能用来显示普通文本，rich-text 组件不仅能用来显示普通的文本信息，还可以通过 HTML 样式进行渲染，显示出特定样式的文本信息，实现浏览器中页面文本信息显示的部分效果。rich-text 组件中一些常用属性如表 4-13 所示。

表 4-13　rich-text 组件的常用属性

属　性	版 本 库	说　明
nodes	1.4.0	节点列表/HTML 中的节点
space	2.4.1	显示文本中的连续空格

该组件中的 space 属性与 text 组件中的 space 使用方法相同，nodes 属性支持两种节点，分别是元素节点与文本节点，默认使用的是元素节点，这两种节点通过 type 值进行区分，元素节点为 node*，文本节点为 text*，它们的一些常用属性如表 4-14 所示。

表 4-14　两种节点的常用属性

节点类型	属　性	说　明
node*	name	标签名，支持部分受信任的 HTML 节点
	attrs	属性，支持部分受信任的属性，遵循 Pascal 命名法
	children	子节点列表，其结构与 nodes 一致
text*	text	文本，支持 entities

在 rich-text 组件中，HTML 的大部分常用节点（例如：a、b、br、p、table 等）以及 class 属性和 style 属性都受到信任与支持，但是 id 属性不受支持，而且还会屏蔽掉其中所有节点的事件。

rich-text 组件实际应用的示例代码如下所示。

```
//demo-1/pages/rich-text/rich-text.js
//HTML 文本
const htmlText =
`<div class="div_class">
  <h1>Title</h1>
  <p class="p">
    HELLO  WORLD!
    <b> </b>.
  </p>
</div>
`
Page({
  data: {
  htmlText,
  },
})

//demo-1/pages/rich-text/rich-text.wxml
```

```
<view>显示经过 rich-text 组件渲染的 HTML 文本</view>
<rich-text nodes="{{htmlText}}"></rich-text>
```

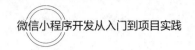

上述代码运行效果如图 4-5 所示。

图 4-5　rich-text 组件运行效果

4.4　表单组件

小程序中的表单组件是 form 组件，该组件与 HTML 中的<form>标签作用相同，都是用来收集用户填写的信息并进行提交。但是真正的表单并不是只有 form 组件，还需要 button、checkbox、input、radio 等组件协助组成，因此这些协助组成表单的组件也属于表单组件，小程序拥有的表单组件如表 4-15 所示。

表 4-15　小程序的表单组件

组件名称	版本库	说明
form	1.0.0	表单组件，用来获取用户填写的信息
button	1.0.0	按钮组件，通常用于表单内容的提交预重置
checkbox	1.0.0	多选项目组件，用来进行设置不同条件的选项，可以选择多个选项。例如，爱好可以有游泳、篮球、足球等多个选项
checkbox-group	1.0.0	多项选择器组件，由多个 checkbox 组件组成
radio	1.0.0	单选项目组件，用来进行设置不同条件的选项，只可以选择单个选项。例如，性别只能选择男、女之中的一种
slider	1.0.0	滑动选择器组件，可以通过滑动滑块来设置某一个值
switch	1.0.0	开关选择器，通过点击开关来切换选中与非选中状态
editor	1.0.0	富文本编辑器组件，可以对图片、文字等进行编辑
input	1.0.0	输入框组件，用户用来输入信息的组件

续表

组件名称	版本库	说明
textarea	1.0.0	多行输入框，用来输入文字较多的信息
keyboard-accessory	1.0.0	键盘显示组件，当输入框或多行输入框的信息输入时，键盘的显示设置
label	1.0.0	标签组件，该组件可以改进表单中组件的可用性，对控件进行绑定
picker	1.0.0	从页面底部弹起的滚动选择器组件，该组件经常用于时间日期与地址的设置
picker-view	1.0.0	与 picker 组件的作用相似，只是该组件嵌入在页面当中
picker-view-column	1.0.0	滚动选择器的子项，需要与 picker-view 组件结合使用

4.4.1 单选框

在表单中单选框的使用频率较高，通常用来从多个选项中选择一个特定的选项，例如，性别、职位等。小程序中要想实现单选框的功能效果，一般需要将 radio 与 radio-group 组件组合使用，单选框组件中的一些常用属性如表 4-16 所示。

表 4-16 单选框组件中的一些常用属性

组件名称	组件属性	版本库	说明
radio	value	1.0.0	单选框的标识，用于区分 radio 组件，并且某个 radio 组件被选中时，radio-group 组件的 change 事件会携带对应 radio 组件的 value
	checked	1.0.0	用于设置单选框是否被选中，默认值为 false
	disabled	1.0.0	单选框是否被禁用
	color	1.0.0	选中单选框的颜色，默认值为#09BB07（绿色）
radio-group	bindchange	1.0.0	radio-group 组件中选中的单选框发生改变时触发 change 事件

以性别选择为例，单选框的示例代码如下所示。

```
//demo-1/pages/radio/radio.js
Page({
data: {
    sex: [
      {value: 'MAN', name: '男性',checked:'true'},//默认值为男性
      {value: 'WOMAN', name: '女性', },
    ]
  },
  //选项发生更改时,触发 radio-group 组件的 change 事件
  radioChange(e) {
    console.log('选项发生更改,当前选项为: ', e.detail.value)
  },})

//demo-1/pages/radio/radio.wxml
<view >选择性别</view>
<view>
  <!-- 使用 radio-group 组件并绑定 change 事件 -->
  <radio-group bindchange="radioChange">
    <block wx:for="{{sex}}" wx:key="{{item.value}}">
      <view>
        <!-- 使用 radio 组件创建单选框 -->
        <radio value="{{item.value}}" checked="{{item.checked}}"/>
      </view>
      <view>{{item.name}}</view>
    </block>
```

```
  </radio-group>
</view>
```

上述代码运行后，默认选项是男性，当点击“女性”选项时，男性选项会取消选中，保证同时只有一个选项被选中，具体效果如图 4-6 所示。

图 4-6　单选框组件运行效果

4.4.2　多选框

多选框与单选框相似，都是从多个选项中进行选择，只是单选框的选项属于互斥关系，每次只能选择一个选项，而多选框的选项属于并列关系，每次可以选择多个选项。小程序中的多选框由 checkbox 和 checkbox-group 组件组合实现，其用法与 radio 和 radio-group 组件的用法相同，以兴趣爱好为例，多选框的示例代码如下所示。

```
//demo-1/pages/checkbox/checkbox.js
Page({
data: {
    hobby: [
      {value: 'Basketball', name: '篮球',},
      {value: 'Badminton', name: '羽毛球',},
      {value: 'Football', name: '足球',},
      {value: 'Tennis', name: '网球', },
      {value: 'Swimming', name: '游泳',},
      {value: 'Skiing', name: '滑雪', },
    ]
  },
  //选项发生更改时,触发 checkbox-group 组件的 change 事件
  checkboxChange(e) {
    console.log('选项发生更改,当前选项为: ', e.detail.value)
  },)}

//demo-1/pages/checkbox/checkbox.wxml
<view >选择兴趣爱好</view>
<view>
```

```
    <!-- 使用 checkbox-group 组件并绑定 change 事件 -->
    <checkbox-group bindchange="checkboxChange">
      <block wx:for="{{hobby}}" wx:key="{{item.value}}">
        <view>
          <!-- 使用 checkbox 组件创建多选框的选项 -->
          <checkbox value="{{item.value}}" />
        </view>
        <view>{{item.name}}</view>
      </block>
    </checkbox-group>
  </view>
```

上述代码运行后，可以选择多个兴趣爱好，也可以再次点击已选中的兴趣爱好进行取消，具体的运行效果如图 4-7 所示。

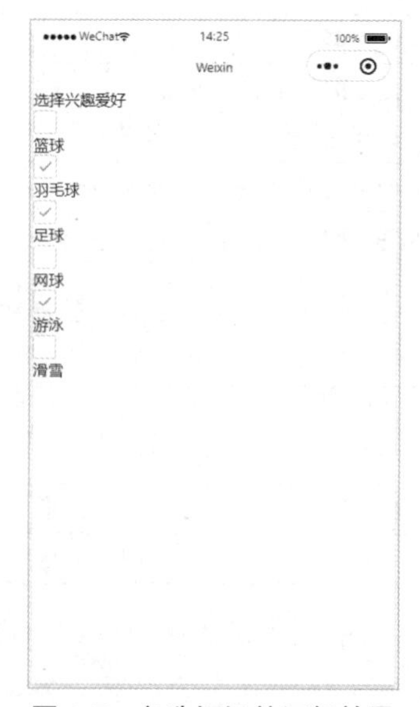

图 4-7 多选框组件运行效果

4.4.3 输入框

小程序中输入框的功能通过 input 组件实现，该组件属于微信应用的原生组件，用户通过该组件进行信息的输入。该组件中的一些常用属性如表 4-17 所示。

表 4-17 input 组件中的常用属性

组件属性	版本库	说明
value	1.0.0	输入框内的初始内容，可以用来提示用户输入信息
type	1.0.0	输入框的类型，默认值为 text，表示文本型输入框，具体应用如表 4-18 所示
password	1.0.0	是否是密码类型，密码类型会将输入的信息进行加密以*显示，默认值为 false
placeholder	1.0.0	输入框为空时的占位符
placeholder-style	1.0.0	用来设置 placeholder 的样式
disabled	1.0.0	是否禁用，禁用时输入框中无法输入信息
maxlength	1.0.0	设置输入框的最大输入长度，值为-1 时，表示不限制最大长度，默认值为 140

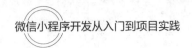

续表

组件属性	版本库	说明
focus	1.0.0	获取焦点位置
cursor	1.5.0	指定聚焦时的光标位置
cursor-spacing	1.0.0	指定光标与键盘的距离，取 input 距离底部的距离和 cursor-spacing 指定的距离的最小值作为光标与键盘的距离，主要用来解决键盘弹出时遮挡输入框的情况
hold-keyboard	2.8.2	聚焦时，点击页面的时候不收起键盘
safe-password-cert-path	2.18.0	安全键盘加密公钥的路径，仅支持包内路径
safe-password-length	2.18.0	安全键盘输入密码长度
safe-password-time-stamp	2.18.0	安全键盘加密时间戳
safe-password-nonce	2.18.0	安全键盘加密盐值
safe-password-salt	2.18.0	安全键盘计算 hash 盐值，若指定 custom-hash 则无效
safe-password-custom-hash	2.18.0	安全键盘计算 hash 的算法表达式，如 md5(sha1('foo'+sha256(sm3(password+'bar'))))
confirm-type	1.1.0	设置键盘右下角按钮的文字，仅在 type="text"时生效，默认值 done，按钮为“完成”；值为 send 时，按钮为“发送”；值为 search 时，按钮为“搜索”；值为 next 时，按钮是“下一个”；值为 go 时，按钮是“前往”
bindinput	1.0.0	键盘输入时触发对应的事件函数
bindfocus	1.0.0	输入框聚焦时触发对应的事件函数
bindblur	1.0.0	点击完成按钮时触发对应的事件函数
bindkeyboardheightchange	2.7.0	键盘高度发生变化时触发对应的事件函数

input 输入框组件 type 属性的值不同，输入信息时弹出的键盘样式也不同，具体的对应关系如表 4-18 所示。

表 4-18　type 属性对应的值及说明

值	说明
text	文本输入键盘
number	数字输入键盘
idcard	身份证输入键盘
digit	带小数点的数字键盘
safe-password	安全密码输入键盘

input 组件应用的示例代码如下所示。

```
//demo-1/pages/input/input.wxss
.input-view{
  margin-top: 20px;
}
.input{
  background-color:#faf6f6;
}

//demo-1/pages/input/input.wxml
<view class="input-view">
```

```
    <view>无限制文本框</view>
    <input class="input" placeholder="该输入框无特殊设置"/>
  </view>
  <view class="input-view">
    <view>设定最大长度的文本框</view>
    <input class="input" maxlength="10" placeholder="该输入框最大的输入长度为 10"/>
  </view>
  <view class="input-view">
    <view>密码格式的文本框</view>
    <input class="input" password placeholder="该输入框会将输入内容以*显示"/>
  </view>
  <view class="input-view">
    <view>text 类型的输入框</view>
    <input class="input" type="text" confirm-type="done" placeholder="设定弹出键盘样式的输入框"/>
  </view>
```

上述代码运行后，可以在输入框中输入数据，不同的输入框输入数据时的显示效果也不相同，具体的运行效果如图 4-8 所示。

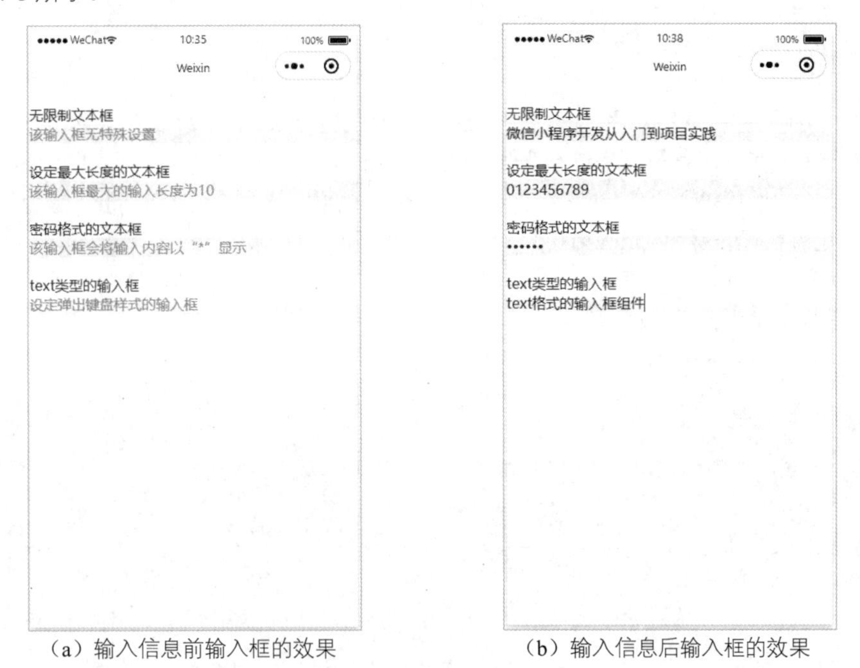

（a）输入信息前输入框的效果　　（b）输入信息后输入框的效果

图 4-8　输入框组件运行效果

input 输入框组件设置不同的 type 属性值，键盘的显示效果也不相同，键盘的具体显示效果如图 4-9 所示。

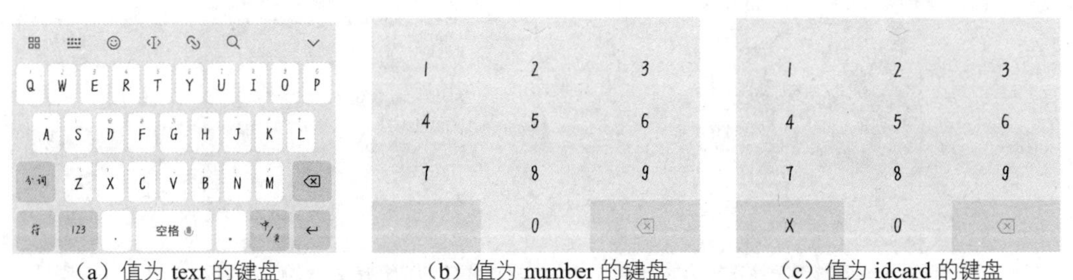

（a）值为 text 的键盘　　（b）值为 number 的键盘　　（c）值为 idcard 的键盘

图 4-9　不同 type 属性值的键盘显示效果

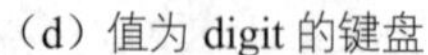

（d）值为 digit 的键盘

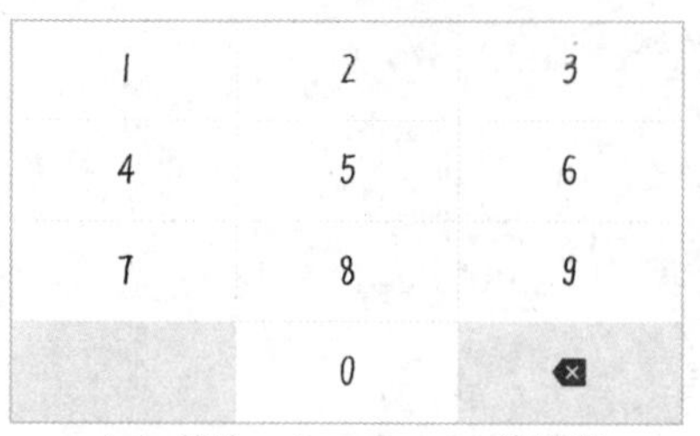

（e）值为 safe-password 的键盘

图 4-9　不同 type 属性值的键盘显示效果（续）

使用 input 组件时需要注意一些问题，因为 input 是微信应用的原生组件，所以在小程序中无法直接在 input 组件中设置弹出键盘的字体，其字体更改需要用户更改设备上的系统字体才能实现。并且键盘的实际显示效果与输入法相关，不同的输入法显示效果存在一定的差异性，部分安卓系统输入法和第三方输入法可能不完全支持 input 组件的 confirm-type 属性显示效果。

4.4.4　多行输入框

textarea 组件是小程序中的多行输入框，它与 input 组件的作用基本一致，都是用来信息输入，只是 input 组件只能显示单行文字信息，一般用来进行长度较短的信息输入，textarea 组件可以显示多行文字信息，一般用来进行长度较长的信息输入。与 input 组件相比，textarea 组件增添了 auto-height（是否设置自动增高）、fixed（若 textarea 组件位于一个 position:fixed 的区域，需要显示指定属性 fixed 为 true）、bindlinechange（当输入框内行数发生变化触发相应的事件函数）等属性，并且在 confirm-type 属性中新增了一个值 return，表示键盘右下角按钮的文字为换行。textarea 组件的示例代码如下所示。

```
//demo-1/pages/textarea/textarea.wxss
.text{
  background-color:#faf6f6;
}

//demo-1/pages/textarea/textarea.wxml
<view>
  <view>多行输入框</view>
  <textarea class="text"placeholder="可以输入多行文字（提示文字颜色是红色）"
placeholder-style="color:red;"/>
</view>
```

上述代码运行后，可以在输入框中进行多行文字的输入，具体效果如图 4-10 所示。

（a）多行输入框输入文字前效果

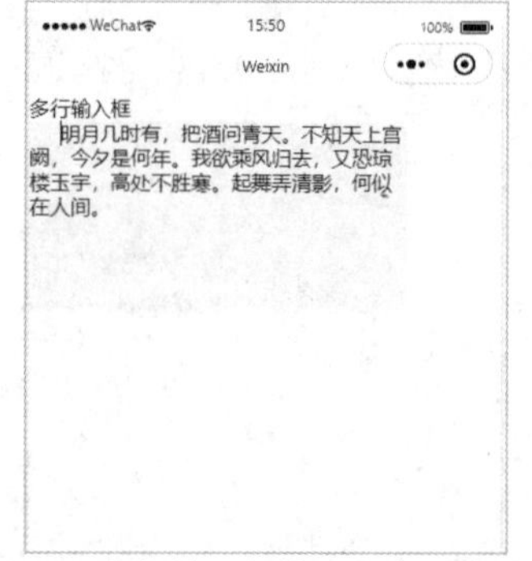

（b）多行输入框输入文字后效果

图 4-10　textarea 组件运行效果

4.4.5 滚动选择器

可以通过滚动选择器的选项来设置相应的值，小程序中的滚动选择器可以分为两种，一种是从页面底部弹出的选择器，通过 picker 组件实现，一种是嵌入页面当中的选择器，由 picker-view 和 picker-view-column 组件组合实现。这几个组件的常用属性如表 4-19 所示。

表 4-19 几种滚动选择器组件中的一些常用属性

组件名称	组件属性	版本库	说明
picker	header-text	2.11.0	选择器的标题，仅安卓设备支持
	mode	1.0.0	选择器的类型，默认值为 selector，表示为普通选择器；值为 multiSelector，表示为多列选择器；值为 time，表示为时间选择器；值为 date，表示为日期选择器；值为 region，表示为省市区选择器
	disabled	1.0.0	选择器是否被禁用，默认值为 false
	bindcancel	1.9.90	取消选择时触发
picker-view	value	1.0.0	值是一个数组，数组中的数字依次表示 picker-view 组件内选择的 picker-view-column 组件是第几项（下标从 0 开始），当下标数字大于 picker-view-column 组件的可选项长度时，默认选择最后一项
	indicator-style	1.0.0	设置选择器中间选中框的样式
	indicator-class	1.1.0	设置选择器中间选中框的类名
	mask-style	1.5.0	设置蒙层的样式
	mask-class	1.5.0	设置蒙层的类名
	bindchange	1.0.0	在选择器中进行滚动选择时触发 change 事件
	bindpickstart	2.3.1	当滚动选择开始的时候触发相应的事件函数
	bindpickend	2.3.1	当滚动选择结束的时候触发相应的事件函数

滚动选择器一般用来进行日期或者省市区的选择，页面底部弹出的滚动选择器与页面嵌入的滚动选择器的示例代码如下所示。

```
//demo-1/pages/picker/picker.wxss
.picker{
  background-color: #e9d3d3;
}

//demo-1/pages/picker/picker.js
//创建日期对象与年月日数组
const date = new Date()
const years = []
const months = []
const days = []
for (let i = 1990; i <= date.getFullYear(); i++) {
  years.push(i)
}
for (let i = 1; i <= 12; i++) {
  months.push(i)
}
//天数需要优化
for (let i = 1; i <=31; i++) {
```

```
    days.push(i)
  }
  Page({
  data: {
      region: ['---','---','---'],      //默认省市区
      years,                            //年份数组
      year: date.getFullYear(),         //当前年份
      months,                           //月份数组
      month:2,                          //默认月份
      days,                             //天数数组
      day:2,                            //默认天数
      value: [9999, 1, 1],
  },
  //更改日期
    bindChange(e) {
      const val = e.detail.value
      this.setData({
        year: this.data.years[val[0]],
        month: this.data.months[val[1]],
        day: this.data.days[val[2]],
      })
    },
    //设置省市区
    bindRegionChange(e){
      console.log('picker发送选择改变,携带值为', e.detail.value)
      this.setData({
        region: e.detail.value
      })
    },
  })

  //demo-1/pages/picker/picker.wxml
  <view>
    <view>页面嵌入的日期选择器</view>
    <view>当前选择日期: {{year}}年{{month}}月{{day}}日</view>
    <picker-view indicator-style="height: 50px;" style="width: 100%; height: 300px;" value="{{value}}"
  bindchange="bindChange">
      <picker-view-column>
        <view wx:for="{{years}}" style="line-height: 50px">{{item}}年</view>
      </picker-view-column>
      <picker-view-column>
        <view wx:for="{{months}}" style="line-height: 50px">{{item}}月</view>
      </picker-view-column>
      <picker-view-column>
        <view wx:for="{{days}}" style="line-height: 50px">{{item}}日</view>
      </picker-view-column>
    </picker-view>
  </view>

  <view class="section">
    <view class="section__title">省市区选择器</view>
    <picker mode="region" bindchange="bindRegionChange" value="{{region}}"
  custom-item="{{customItem}}">
      <view class="picker">
        当前选择: {{region[0]}},{{region[1]}},{{region[2]}}
      </view>
    </picker>
  </view>
```

上述代码运行后，可以通过滚动选择器设置日期与省市区的值，具体效果如图 4-11 所示。

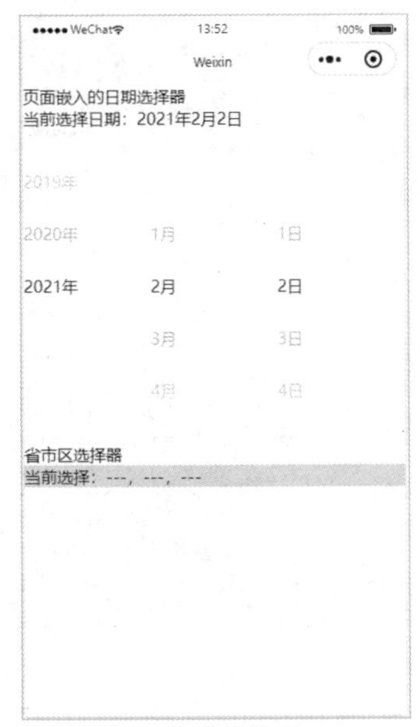

（a）修改前效果

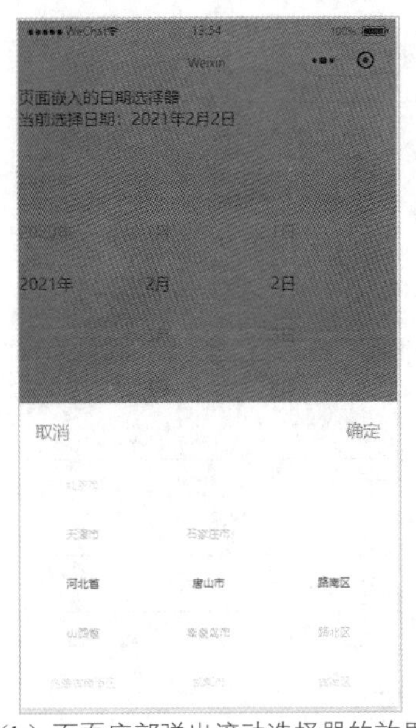

（b）页面底部弹出滚动选择器的效果

（c）修改后的效果

图 4-11　滚动选择器组件运行效果

4.4.6　滑动选择器

可以通过滑动选择器拖动滑块来改变值的大小，小程序中的滑动选择器可以通过 slider 组件实现，该组件的常用属性如表 4-20 所示。

表 4-20　slider 组件中的一些常用属性

组件属性	版本库	说　明
min	1.0.0	滑动选择器的最小值，默认值为 1
max	1.0.0	滑动选择器的最大值，默认值为 100
step	1.0.0	步长，每次滑动的增值，取值必须大于 0，且必须被（max-min）整除
disabled	1.0.0	滑动选择器组件是否被禁用，默认值为 false
value	1.0.0	当前取值，默认值为 0
backgroundColor	1.0.0	背景条颜色，默认值为#e9e9e9（白灰色）
activeColor	1.0.0	已选择的颜色，默认值为#1aad19（绿色）
block-size	1.9.0	设置滑块的大小，取值范围为 12~28，默认值为 28
block-color	1.9.0	滑块的颜色，默认值为#ffffff
show-value	1.0.0	是否显示当前的 value，默认值 false
bindchange	1.0.0	滑块发生滑动时触发的事件函数
bindchanging	1.7.0	滑块滑动过程中触发的事件函数

slider 组件实际应用的示例代码如下所示。

```
//demo-1/pages/slider/slider.wxml
<view class="section section_gap">
  <text class="section__title">默认设置</text>
  <view class="body-view">
    <slider/>
```

```
    </view>
  </view>
  <view class="section section_gap">
    <text class="section__title">设置 step</text>
    <view class="body-view">
      <slider step="5"/>
    </view>
  </view>
  <view class="section section_gap">
    <text class="section__title">显示当前 value</text>
    <view class="body-view">
      <slider show-value/>
    </view>
  </view>
  <view class="section section_gap">
    <text class="section__title">设置最小/最大值</text>
    <view class="body-view">
      <slider min="50" max="200" show-value/>
    </view>
  </view>
```

上述代码运行后的效果如图 4-12 所示。

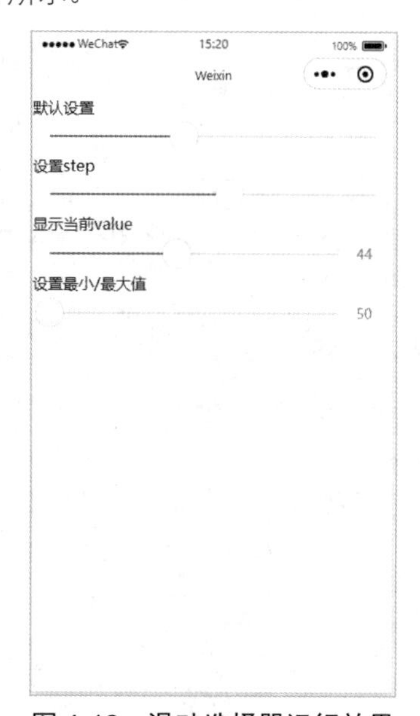

图 4-12　滑动选择器运行效果

4.4.7　form

form 组件主要用来收集其内部的 input、checkbox、slider、radio、picker 等组件的信息，并将这些信息进行提交。form 组件的常用属性如表 4-21 所示。

表 4-21　form 组件的常用属性

组件属性	版本库	说　明
report-submit	1.0.0	是否返回一个 formId，用来进行模板消息的发送，默认值为 false
report-submit-timeout	1.0.0	等待返回的时间间隔，单位是毫秒，用来确定 formId 是否生效，如果失败，将返回 requestFormId:fail 开头的 formId

续表

组件属性	版本库	说明
bindsubmit	1.0.0	当单击 form 中的 submit 按钮时触发对应的事件函数，进行数据提交
bindreset	1.0.0	当单击 form 中的 reset 按钮时触发对应的事件函数，将 form 中组件的信息进行清除

以个人信息为例创建一个简单的表单，具体实现代码如下所示。

```
//demo-1/pages/form/form.wxss
.title{
  font-size:xx-large;
  text-align: center;
}
.assembly{
  background-color: #d4d3d3;
  margin-top: 20rpx;
  border-radius: 10rpx;
}
.btn-area{
  text-align: center;
  margin-top: 20rpx;
}

//demo-1/pages/form/form.js
Page({
//提交事件函数
  formSubmit(e) {
    console.log('form 发生了 submit 事件,携带数据为：', e.detail.value)
  },
  //重置事件函数
  formReset(e) {
    console.log('form 发生了 reset 事件')
  },
})

//demo-1/pages/form/form.wxml
<view>
  <form catchsubmit="formSubmit" catchreset="formReset">
    <view class="title">个人信息表单</view>
    <view class="assembly">
      <view>姓名：</view>
      <input class="weui-input" name="name" placeholder="请输入姓名" />
    </view>
    <view class="assembly">
      <view>年龄：</view>
      <slider min="1" max="130" name="age" value="18" show-value></slider>
    </view>
    <view class="assembly">
      <view class="page-section-title">性别：</view>
      <radio-group name="radio">
        <label><radio value="man"/>男</label>
        <label><radio value="woman"/>女</label>
      </radio-group>
    </view>
    <view class="assembly">
      <view>爱好：</view>
      <checkbox-group name="checkbox">
        <label><checkbox value="Basketball"/>篮球</label>
```

```
        <label><checkbox value="Football"/>足球</label>
        <label><checkbox value="Swimming"/>游泳</label>
        <label><checkbox value="Skiing"/>滑雪</label>
      </checkbox-group>
    </view>
    <view class="assembly">
      <view>个人简介：</view>
      <textarea name="introduce" id="textarea" cols="30" rows="10" ></textarea>
    </view>
    <view class="btn-area">
      <button  type="primary" formType="submit">提交</button>
      <button  formType="reset">重置</button>
    </view>
  </form>
</view>
```

上述代码运行后的效果如图 4-13 所示。

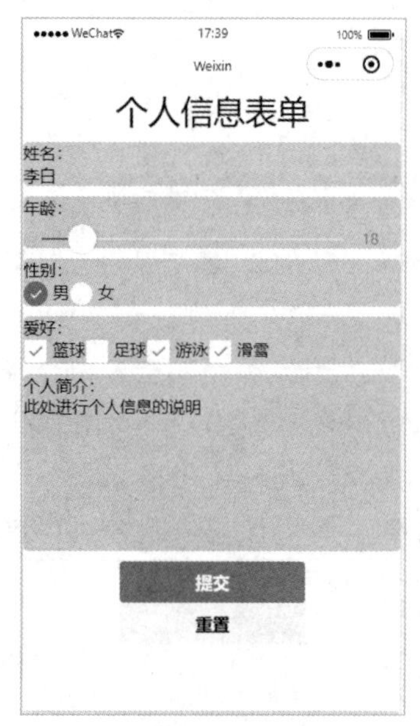

图 4-13　表单效果图

4.5　导航组件

小程序中的导航组件主要用来进行页面的跳转，根据实际应用的不同，可以分为插件功能页的跳转以及页面跳转。

4.5.1　插件功能页跳转

插件功能页是小程序中的一种特殊页面，开发者不能自定义这个页面的外观。小程序中通过 functional-page-navigator 组件实现插件功能页的跳转，并且该组件仅在插件中有效，需要注意该组件可以在微信开发者工具中使用，但无法显示插件功能页的跳转效果，实际使用时需要通过真机测试插件功能页的跳转是否正常，functional-page-navigator 组件应用的示例代码如下所示。

```
//demo-1/pages/functional-page-navigator/functional-page-navigator.wxml
```

```
<functional-page-navigator name="loginAndGetUserInfo" bind:success="loginSuccess">
  <button>跳转到指定的插件功能页中</button>
</functional-page-navigator>
```

上述代码中 bind:success 属性用来绑定插件功能页跳转成功的回调函数，name 属性用来指定要跳转到的插件功能页，小程序中支持的插件功能页有以下几种。

（1）loginAndGetUserInfo——用户信息功能页。

（2）requestPayment——支付功能页。

（3）chooseAddress——收货地址功能页。

（4）chooseInvoice——获取发票功能页。

（5）chooseInvoiceTitle——获取发票抬头功能页。

4.5.2　页面跳转

小程序中通过 navigator 组件实现页面跳转，该组件与 HTML 中的<a/>标签的效果相似，都是以链接方式进行页面跳转。navigator 组件不仅可以实现在当前小程序内部进行页面跳转，还可以实现从当前小程序页面跳转到其他小程序页面。navigator 组件的一些常用属性如表 4-22 所示。

表 4-22　navigator 组件的常用属性

组件属性	版本库	说明
target	2.0.7	在那个目标上发生跳转，默认值是 self，表示是当前小程序，值为 miniProgram 时，表示跳转到其他小程序
url	1.0.0	当前小程序内的跳转链接，例如：“/page/index/index”
open-type	1.0.0	页面的跳转方式，默认值为 navigate
delta	1.0.0	表示回退的层数，默认值为 1，当 open-type 属性的值为 navigateBack 时生效
app-id	2.0.7	将要跳转到的小程序的 appId，当 target="miniProgram"时生效
path	2.0.7	打开页面的路径，为空时表示打开首页，当 target="miniProgram"时生效
extra-data	2.0.7	要传递给目标小程序数据，当 target="miniProgram"时生效
version	2.0.7	要打开的小程序版本，当 target="miniProgram"时生效，分别为 develop，开发版；trial，体验版；release，正式版
short-link	2.18.1	链接通过“小程序菜单”—“复制链接”获取，无须设置 app-id 和 path 属性，但要 target 属性的值为 miniProgram
bindsuccess	2.0.7	跳转小程序成功时调用对应的回调函数，当 target="miniProgram"时生效
bindfail	2.0.7	跳转小程序失败时调用对应的回调函数，当 target="miniProgram"时生效
bindcomplete	2.0.7	跳转小程序完成时调用对应的回调函数，当 target="miniProgram"时生效

navigator 组件实际应用的示例代码如下所示。

```
//demo-1/pages/navigator/navigator.wxml
<!-- 保留当前页面跳转到非 tabbar 页面，页面上方有返回按钮，对应 wx.navigateTo 或
wx.navigateToMiniProgram 的功能 -->
<navigator url="/page/navigate/navigate?title=navigate" >跳转</navigator>

<!-- 关闭当前页面跳转到非 tabbar 页面，页面上方有返回上一页按钮，对应 wx.redirectTo 的功能-->
<navigator url="../../redirect/redirect/redirect?title=redirect" open-type="redirect" >重定向
</navigator>

<!-- 关闭所有非 tabbar 页面跳转到 tabbar 页面，页面上方有返回首页按钮，对应 wx.switchTab 的功能 -->
```

```
    <navigator url="/page/index/index" open-type="switchTab" >切换 Tab</navigator>

    <!-- 关闭所有页面,打开到应用内的某个页面,对应 wx.reLaunch 的功能 -->
    <navigator url="/page/index/index" open-type="reLaunch">打开某一页面</navigator>

    <!-- 关闭当前页面返回上一页,对应 wx.navigateBack 的功能 -->
    <navigator url="/page/index/index" open-type="navigateBack">返回上一页</navigator>

    <!-- 退出小程序,target 属性的值要为 miniProgram -->
    <navigator target="miniProgram" open-type="exit">退出小程序</navigator>

    <!-- 跳转到其他小程序页面 -->
    <navigator target="miniProgram" open-type="navigate" app-id="" path="" extra-data="" version=
"release">
    跳转到其他小程序页面</navigator>
```

4.6 媒体组件

媒体组件是用来操作使用音视频文件的相关组件，小程序中支持媒体组件有以下几种：

（1）audio——音频组件，用于音乐播放。

（2）camera——相机组件，调用系统相机，进行二维码扫描等操作。

（3）image——图片组件，用于图片显示。

（4）live-player——实时音视频播放组件，可以用于直播、客服等。

（5）live-pusher——实时音视频录制组件，也多用于直播、网上授课等。

（6）video——视频组件，用于视频的播放。

（7）voip-room——多人音视频通话，可以用于视频会议。

4.6.1 image

该组件主要用来显示图片，其作用与 HTML 中的<img/>标签相同，支持 JPG、PNG、SVG、WEBP、GIF 等多种图片格式，并且自基础库 2.3.0 版本起支持云文件 ID。image 组件应用的示例代码如下所示。

```
    //demo-1/pages/image/image.wxml
    <view>
        <image style="width: 200px; height: 200px; background-color: #eeeeee;" mode="{{item.mode}}"
        src="{{src}}"></image>
    </view>
```

上述代码中 src 属性用来设置图片资源，若图片存放在小程序中，则可以使用本地的文件路径；若图片是网络图片，则可以使用网络格式的图片链接。mode 属性用来设置图片的显示模式，小程序中一些常用的图片模式如下：

（1）scaleToFill——缩放模式，不保持纵横比缩放图片，使图片的宽高完全拉伸填满整个 image 组件。

（2）aspectFit——缩放模式，保持纵横比缩放图片，使图片在 image 组件中完整显示。

（3）aspectFill——缩放模式，保持纵横比缩放图片，但是仅能保证图片的短边可以完整显示。

（4）widthFix——缩放模式，宽度不变，高度自动变化，保持原图宽高比不变。

（5）heightFix——缩放模式，高度不变，宽度自动变化，保持原图宽高比不变。

（6）top——裁剪模式，不缩放图片，只显示图片的顶部区域。

（7）bottom——裁剪模式，不缩放图片，只显示图片的底部区域。

（8）center——裁剪模式，不缩放图片，只显示图片的中间区域。

4.6.2　camera

该组件的使用需要微信客户端版本在 6.7.3，并且需用进行 scope.camera 用户授权，使用该组件可以调用系统相机，进行拍照与扫码，camera 组件应用的示例代码如下所示。

```
//demo-1/pages/camera/camera.js
Page({
//调用系统相机的事件函数
  takePhoto() {
    const ctx = wx.createCameraContext()
    ctx.takePhoto({
      quality: 'high',
      success: (res) => {
        this.setData({
          src: res.tempImagePath
        })
      }
    })
  },
  error(e) {
    console.log(e.detail)
  }
})

//demo-1/pages/camera/camera.wxml
<!--相机组件 -->
<camera device-position="back" flash="off" binderror="error" style="width: 100%; height: 300px;">
</camera>
<button type="primary" bindtap="takePhoto">拍照</button>
<view>显示相机内容</view>
<image mode="widthFix" src="{{src}}"></image>
```

使用 camera 组件时需要注意，一个页面中只可以放置一个 camera 组件，并且相机图像的分辨率无法更改，与设备相机的像素有关，camera 组件中的 mode 属性默认值为 normal，表示拍照模式，可以使用系统相机进行拍照。值为 scanCode，表示扫码模式，可以使用系统相机进行二维码和小程序码的扫描。

4.6.3　audio

audio 组件是小程序的音频组件，主要用来进行音频的播放。该组件应用的示例代码如下所示。

```
//demo-1/pages/audio/audio.js
Page({
  data: {
    poster: '歌曲图片网络链接或本地文件路径',
    name: '歌曲名',
    author: '歌手名',
    src: '歌曲网络链接或本地文件路径',
  },
onReady: function (e) {
    //使用 wx.createAudioContext 获取 audio 上下文 context（创建歌曲对象）
    this.audioCtx = wx.createAudioContext('myAudio')
  },
//播放歌曲事件函数
  audioPlay: function () {
    this.audioCtx.play()
  },
//暂停播放歌曲事件函数
  audioPause: function () {
```

```
    this.audioCtx.pause()
  },
//从第几秒开始播放
  audio: function () {
    this.audioCtx.seek(3)
  },
//从头开始播放歌曲
  audioStart: function () {
    this.audioCtx.seek(0)
  },
})

//demo-1/pages/audio/audio.wxml
<!--音频组件 -->
<audio poster="{{poster}}" name="{{name}}" author="{{author}}" src="{{src}}" id="myAudio"
controls loop></audio>
<!—操作按钮 -->
<button type="primary" bindtap="audioPlay">播放</button>
<button type="primary" bindtap="audioPause">暂停</button>
<button type="primary" bindtap="audio">设置从第几秒开始播放歌曲</button>
<button type="primary" bindtap="audioStart">回到开头</button>
```

需要注意 audio 组件已经停止更新了，当前可以通过 wx.createInnerAudioContext 接口来实现功能更强的音频播放功能。

4.6.4 video

该组件是一个视频组件，主要用来进行小程序中视频的播放，该组件一般与 wx.createVideoContext 接口组合使用。video 组件中的一些常用属性如表 4-23 所示。

表 4-23 video 组件的常用属性

组件属性	版本库	说明
src	1.0.0	视频资源地址，支持网络路径、本地文件路径、云文件 ID
duration	1.1.0	用来指定视频的时长
controls	1.0.0	是否显示默认播放控件（播放/暂停按钮、播放进度、时间），默认值为 true
danmu-list	1.0.0	弹幕列表
danmu-btn	1.0.0	是否显示弹幕按钮，默认值为 false
enable-danmu	1.0.0	是否显示弹幕，默认值为 false
autoplay	1.0.0	是否自动播放，默认值为 false
loop	1.4.0	是否循环播放，默认值为 false
muted	1.4.0	是否静音播放，默认值为 false
poster	1.0.0	视频封面图片
title	2.4.0	视频标题
bindplay	1.0.0	视频开始/继续播放时触发的事件函数
bindpause	1.0.0	视频暂停时触发的事件函数
bindended	1.0.0	视频播放到末尾时触发的事件函数
bindtimeupdate	1.0.0	视频播放进度发生变化时触发的事件函数

video 组件默认宽度为 300px、高度为 225px，可以通过 WXSS 进行更改，该组件支持 mp4、m4v、3gp、avi 等多种视频格式。video 组件应用的示例代码如下所示。

```
//demo-1/pages/video/video.js
Page({
onReady: function () {
    //创建视频对象
    this.videoContext = wx.createVideoContext('myVideo')
  },
  //视频出错的回调函数
  videoErrorCallback(e) {
    console.log('视频错误信息:')
    console.log(e.detail.errMsg)
  },
})

//demo-1/pages/video/video.wxml
<!--视频组件 -->
<view>
  <video
    id="myVideo"
    src="http://wxsnsdy.tc.qq.com/105/20210/snsdyvideodownload?filekey=30280201010421301f020169
    0402534804102ca905ce620b1241b726bc41dcff44e00204012882540400&bizid=1023&hy=SH&
    fileparam=302c020101042530230204136ffd93020457e3c4ff02024ef202031e8d7f02030f4240020
    4045a320a0201000400"
    binderror="videoErrorCallback"
    show-play-btn="{{true}}"
    controls
    ></video>
</view>
```

4.7　地图组件

地图组件主要是用来显示地图的相关信息，小程序中通过 map 组件进行地图显示，该组件一般要与 wx.createMapContext 接口结合使用。map 组件中的一些基础属性如表 4-24 所示。

表 4-24　map 组件的常用属性

组件属性	版本库	说明
longitude	1.0.0	中心点的经度
latitude	1.0.0	中心点的纬度
scale	1.0.0	缩放级别，取值范围为 3~20，默认值为 16
markers	1.0.0	在地图上的绘制标记点
polyline	1.0.0	在地图上绘制路线
circles	1.0.0	在地图上绘制圆
polygons	2.3.0	在地图上绘制多边形
enable-overlooking	2.3.0	是否开启俯视，默认值为 false
enable-zoom	2.3.0	是否支持缩放，默认值为 true
enable-scroll	2.3.0	是否支持拖动，默认值为 true
enable-rotate	2.3.0	是否支持旋转，默认值为 false
bindtap	1.0.0	单击地图时触发对应的事件函数

map 组件应用示例代码如下所示。

```
//demo-1/pages/map/map.js
Page({
  onReady: function () {
    //创建地图对象
    this.mapCtx = wx.createMapContext('myMap')
    //通过定位设置地图中心点
    this.mapCtx.moveToLocation()
  },
})

//demo-1/pages/map/map.wxml
<!-- 地图组件 -->
<view >
  <map
    id="myMap"
    style="width: 100%; height: 300px;"
    latitude="{{latitude}}"
    longitude="{{longitude}}"
    markers="{{markers}}"
    covers="{{covers}}"
    show-location
  ></map>
</view>
```

上面代码运行效果如图 4-14 所示。

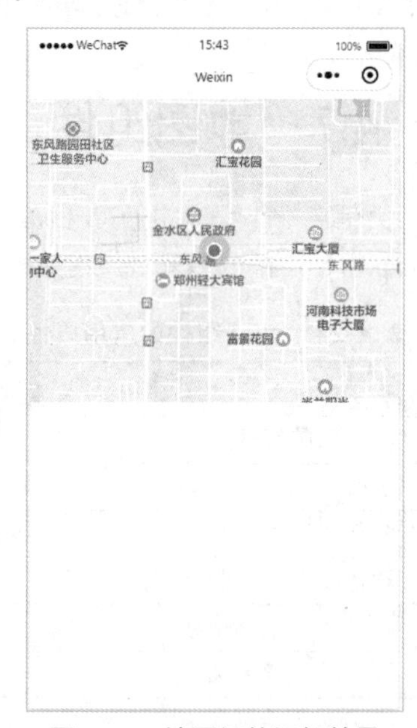

图 4-14　地图组件运行效果

4.8　画布组件

画布组件可以进行图形或者图案的绘制，小程序中通过 canvas 组件来实现画布功能。canvas 组件中的一些常用属性如表 4-25 所示。

表 4-25　canvas 组件的常用属性

组件属性	版本库	说明
type	1.0.0	指定 canvas 的类型，基础库 2.9.0 起支持 Canvas 2D，基础库 2.7.0 起支持 webgl
canvas-id	1.0.0	canvas 组件唯一的标识符号，当指定 type 属性后不用设置该属性
disable-scroll	1.0.0	当在 canvas 组件中移动时且有绑定手势事件时，禁止屏幕滚动以及下拉刷新
bindtouchstart	1.0.0	手指触摸动作开始
bindtouchmove	1.0.0	手指触摸后移动
bindtouchend	1.0.0	手指触摸动作结束
bindtouchcancel	2.3.0	手指触摸动作被打断，如来电提醒，弹窗
bindlongtap	2.3.0	手指长按屏幕 500ms 之后触发，触发了长按事件后进行移动不会触发屏幕的滚动事件
binderror	2.3.0	当发生错误时触发 error 事件

canvas 组件在不同接口使用方式有所不同，以绘制一个方块为例，示例代码如下所示。

```
//demo-1/pages/canvas/canvas.js
Page({
  //旧接口
  onLoad: function (options) {
    //使用 wx.createContext 获取绘图上下文 context
    var context = wx.createCanvasContext('firstCanvas')
    context.setStrokeStyle("#00ff00")
    context.setLineWidth(5)
    context.rect(0, 0, 100, 100)
    context.stroke()
    context.draw()
  },

  //Canvas 2D 接口
  onLoad: function (options) {
    const query = wx.createSelectorQuery()
    query.select('#myCanvas')
      .fields({ node: true, size: true })
      .exec((res) => {
        const canvas = res[0].node
        const ctx = canvas.getContext('2d')
        const dpr = wx.getSystemInfoSync().pixelRatio
        canvas.width = res[0].width * dpr
        canvas.height = res[0].height * dpr
        ctx.scale(dpr, dpr)
        ctx.fillRect(0, 0, 100, 100)
      })
  },

  //webgl 接口
  onLoad: function (options) {
    const query = wx.createSelectorQuery()
```

```
    query.select('#myCanvas').node().exec((res) => {
      const canvas = res[0].node
      const gl = canvas.getContext('webgl')
      gl.clearColor(1, 0, 1, 1)
      gl.clear(gl.COLOR_BUFFER_BIT)
    })
  },

})
//demo-1/pages/canvas/macanvasp.wxml
<!—画布组件 -->
<!-- 旧接口 -->
<canvas canvas-id="firstCanvas"></canvas>
<!-- Canvas 2D 接口 -->
<canvas type="2d" id="myCanvas"></canvas>
<!-- webgl 接口 -->
<canvas type="webgl" id="webglCanvas" style="width: 100px; height: 100px;"></canvas>
```

4.9 自定义组件

小程序中除了使用官方提供的组件，开发者还可以自定义一些组件，自定义组件是将一些官方提供的组件，按照一定的布局和样式进行组装，形成一个全新的组件，这样当其他页面需要使用相似的组件布局时，不必一个一个组合组件，直接使用创建好的自定义组件即可。使用自定义组件，可以提升代码的重用性，提高开发效率。

小程序中创建一个自定义组件需要经过以下几个步骤：

1. 创建自定义组件的文件夹

官方规定，小程序自定义组件的文件夹必须命名为 components，并且该文件夹必须在项目的根目录下，具体目录结构如图 4-15 所示。

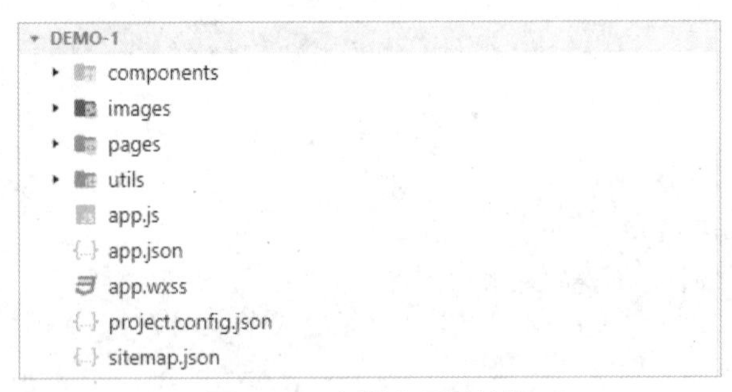

图 4-15　小程序项目结构

2. 创建自定义组件的文件

小程序中每个自定义组件都需要单独存放在 components 文件夹中，并且自定义组件文件夹的名称要与文件名称保持一致，自定义组件的文件与页面的文件组成相似，都有 WXML、WXSS、JSON、JS 四种文件。

自定义组件的 JSON 文件通过 component 来开启自定义组件，usingComponents 注册要使用自定义组件，需要填入要使用自定义组件的路径，具体代码如下所示。

```
//demo-1/components/count/count.json
{
```

```
  "component": true,
  "usingComponents": {}
}
```

自定义组件的 WXML 文件与页面文件中的 WXML 文件相同，用来自定义组件的布局，该文件中可以使用其他的常用组件，具体代码如下所示。

```
//demo-1/components/count/count.wxml
<!-- 自定义组件内容————计数器 -->
<view class='count'>
  <view class='del' bindtap='bindDel'> - </view>
  <view class='num'> {{num}} </view>
  <view class='add' bindtap='bindAdd'> + </view>
</view>
```

自定义组件的 WXSS 文件与页面文件中的 WXSS 文件相同，用来自定义组件的样式设置，具体代码如下所示。

```
//demo-1/components/count/count.wxss
.count {
  border: 1px solid #bbb;
  width: 400rpx;
  padding: 40rpx;
  display: flex;
  align-items: center;
  justify-content: center;
}
.count view {
  font-size: 36rpx;
  height: 80rpx;
  width: 80rpx;
  border: 1px solid #dfdcdc;
  display: flex;
  align-items: center;
  justify-content: center;
}
.del, .add {
  background: #dfdcdc;
}
.count .num {
  color: #000000
}
```

自定义组件的 JS 文件与页面的 JS 文件有所区别，自定义中 JS 文件通过 component 进行注册构造，组件属性在 properties 中设置，组件数据存放到 data 中，组件中没有生命周期函数，事件函数与方法要在 methods 中编写，具体代码如下所示。

```
//demo-1/components/count/count.js
Component({
   //组件的属性列表
  properties: {
    num: { //属性名
//类型（必填），目前接受的类型包括: String, Number, Boolean, Object, Array, Null（表示任意类型）
      type: Number,
      value: 0 //属性初始值
    },
  },
  //组件的初始数据
  data: {
  },
   //组件的方法列表
```

```
  methods: {
    //减少按钮的事件函数
    bindDel () {
      let {num} = this.data
      if (num < 1) {
        return
      }
      this.setData({
        num: num - 1
      })
      //自定义组件触发时,也触发父组件的事件函数,并传递参数
      this.triggerEvent('changeCount', this.data.num)
    },
    //增加按钮的事件函数
    bindAdd () {
      let { num } = this.data
      this.setData({
        num: num + 1
      })
      this.triggerEvent('changeCount', this.data.num)
    }
  }
})
```

3. 自定义组件的使用

使用自定义组件时，首先需要在要使用自定义组件页面的 JSON 文件中注册自定义组件；然后在 WXML 文件的合适位置引入自定义组件，最后通过 WSXX 和 JS 文件设置相应的样式、数据与事件函数。具体代码如下所示。

```
//demo-1/pages/count/count.json
{
  "usingComponents": {"count": "/components/count/count"}
}

//demo-1/pages/count/count.js
Page({
 data: {
    num: 1,
    price: 50
  },
  //数字更改时触发的事件函数
  onChangeCount (e) {
    this.setData({
      num: e.detail
    })
  },
})

//demo-1/pages/count/count.wxml
<!-- 父组件 -->
<view style="margin: 20rpx 0;"> ------ 购买水果 ------ </view>
<view>单价: {{price}}</view>
<view>总价: {{price * num}}</view>
<view style="margin: 180rpx 0 30rpx;"> ------ 计算价格 ------ </view>
<!-- 引入自定义组件-子组件 -->
<count num='{{num}}' bind:changeCount='onChangeCount'></count>
```

上述代码运行效果如图 4-16 所示。

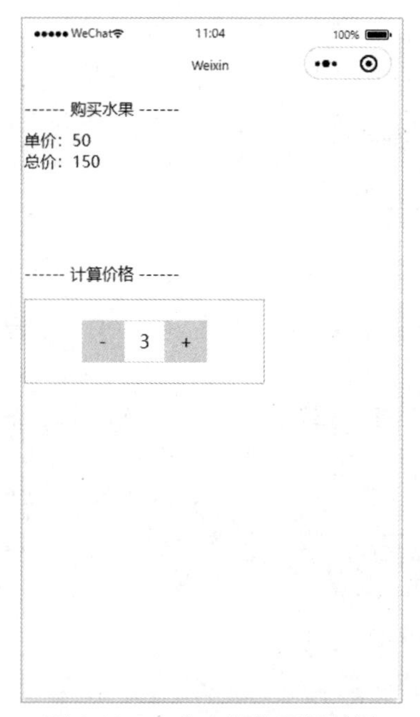

图 4-16　自定义组件运行效果

4.10　就业面试技巧与解析

本章学习了微信小程序组件的内容。通过对表单、媒体、画布、自定组件等的学习，巩固了小程序组件的基础知识，也为后续的小程序开发奠定了基础。通过一些经常出现的面试题，让我们来加深对组件相关知识的记忆。

4.10.1　面试技巧与解析（一）

面试官：小程序中设置颜色的方式有哪些？

应聘者：

进行应用开发时经常会遇到给一个组件或者界面设置一个背景颜色，微信小程序中需要进行颜色设置的地方也不少，微信小程序中设置颜色比较方便，支持大部分的颜色设置方式。

（1）通过英文单词设置颜色，小程序可以直接使用颜色对应的英文单词来设置颜色，目前支持大部分常见的颜色，例如，red、green、blue 等。

```
//使用英文单词设置颜色
background-color: red;
```

（2）通过 rgba 方式设置颜色，rgba 格式中对应 4 个参数，前三个参数对应红绿蓝，取值都为 0~255，通过红绿蓝数值的组合表示一种颜色，第四个参数表示颜色的透明度，值为 0 表示不透明，值为 1 表示完全透明，例如，rgba（0，0，0，0.5），表示颜色为黑色，透明度百分之五十。

```
//使用 rgba 方式设置颜色
background-color: rgba(0 ,0 ,0 , 0.5);
```

（3）通过 rgb 方式设置颜色，rgb 格式是以#开头的 6 位十六进制数进行表示，例如，#000000 表示黑色，#ffffff 表示白色。

```
//使用 agb 方式设置颜色
background-color: #000000;
```

4.10.2　面试技巧与解析（二）

面试官： 如何创建并使用自定义组件？

应聘者：

自定义组件的创建与使用主要分为以下几步。

（1）在项目根目录创建 components 文件夹，并且在该文件夹中创建自定文件夹与自定义组件所需的 JS、WXML、JSON、WXSS 四种文件。

（2）在自定义组件的 JS 文件中设置事件函数与方法，在 WXML 文件中进行自定义组件的布局，在 WXSS 文件中设置自定义组件样式，最重要的，必须在自定义组件的 JSON 文件中进行配置开启自定义组件。

```
{
  //开启自定义组件
  "component": true,
}
```

（3）在页面的 JSON 文件中注册要使用自定义组件。

```
{
  //注册自定义组件
  "usingComponents": {"自定义组件名称": "自定义组件路径"}
}
```

（4）在页面的 WXML 文件中引入自定义组件。

第3篇

高级应用

在本篇中，将向读者介绍小程序的API，其中包括网络API、文件API、数据缓存API、媒体API、界面与设备API、云开发等内容，使用这些API可以方便快速实现某些功能。通过高级应用的学习，可以使读者更深入地了解微信小程序开发。

- **第5章** 网络API
- **第6章** 文件API
- **第7章** 数据缓存API
- **第8章** 媒体API
- **第9章** 界面与设备API
- **第10章** 云开发

第5章

网络API

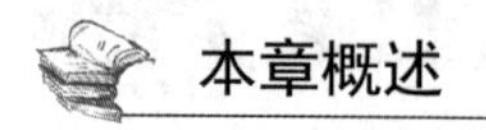

本章概述

本章我们来学习小程序的网络 API 的相关内容。小程序的网络 API 主要有网络请求、文件上传与下载、WebSocket、mDNS、TCP 通信、UDP 通信。通过这些网络 API 小程序可以同外部服务器进行数据交互，从而实现小程序的功能与数据动态变更。本章主要对网络请求、文件上传与下载相关的 API 进行讲解。

知识导读

本章要点（已掌握的在方框中打钩）

- ☐ 网络请求
- ☐ 文件上传
- ☐ 文件下载

5.1　域名设置

小程序项目同 Web 项目有所不同，Web 项目如果没有进行特殊的限制可以随意对不同域名进行请求，而小程序在发送请求时，只能向配置过的域名发送请求，没有配置过的域名会被拦截，无法成功请求。域名的设置要经过以下几个步骤。

1. 打开小程序管理后台

访问微信公众平台（https://mp.weixin.qq.com/），使用绑定小程序管理员或者开发人员的微信账号进行扫码登录。

2. 选择域名选项

登录小程序管理后台界面后，按照“开发—开发管理—开发设置—服务器域名设置”的顺序进入服务器域名配置项，具体界面如图 5-1 所示。

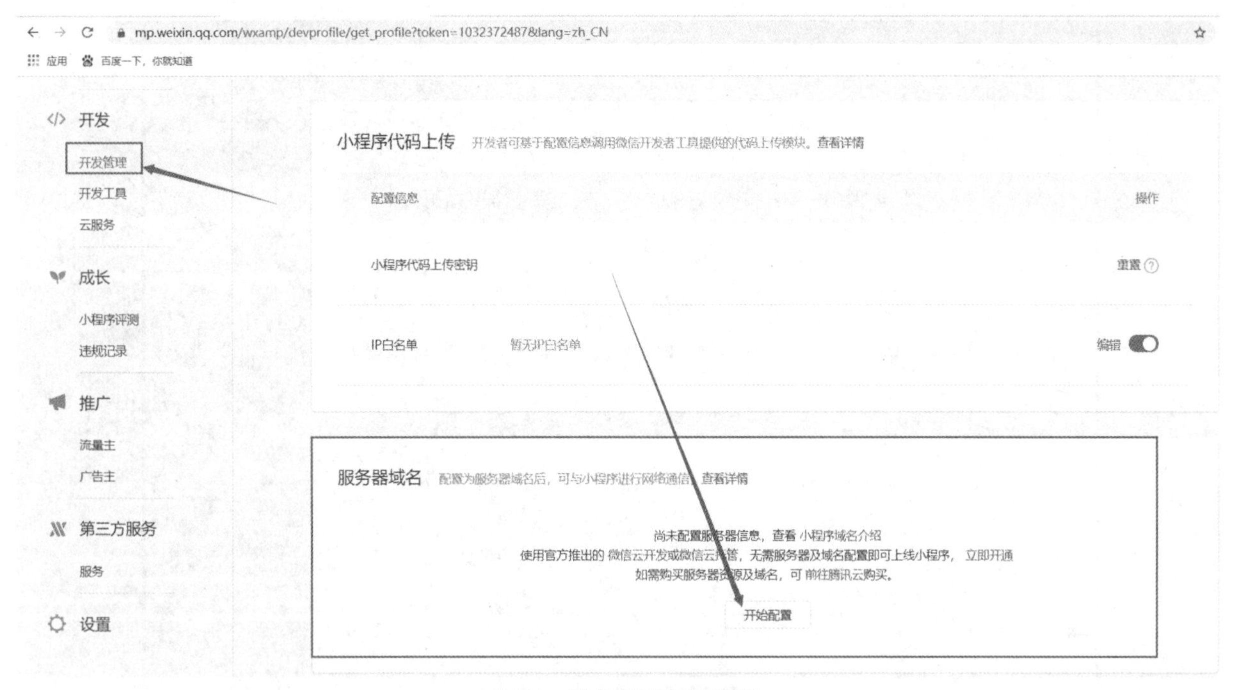

图 5-1　服务器域名配置项

3. 配置服务器域名

点击图 5-1 中的“开始配置”按钮，使用微信进行扫码认证，然后进入服务器域名配置界面，小程序的服务器域名根据作用可以分为 request（请求域名）、uploadFile（文件上传域名）、downloadFile（文件下载域名）、socket（网络连接域名）、udp（UDP 通信域名）、tcp（TCP 通信域名）。以 request 域名配置为例，具体配置方式如图 5-2 所示。

（a）微信认证

图 5-2　小程序服务器域名配置

配置服务器信息

① 身份认证 —— ② 配置服务器信息

如需购买服务器资源及域名，可 前往腾讯云购买。有可使用官方推出的 微信云开发或微信云托管，无需服务器及域名配置即可上线小程序，立即开通

request合法域名　以 https:// 开头。可填写多个域名，域名间请用 ; 分割

socket合法域名　以 wss:// 开头。可填写多个域名，域名间请用 ; 分割

uploadFile合法域名　以 https:// 开头。可填写多个域名，域名间请用 ; 分割

downloadFile合法域名　以 https:// 开头。可填写多个域名，域名间请用 ; 分割

udp合法域名　以 udp:// 开头。可填写多个域名，域名间请用 ; 分割

tcp合法域名　以 tcp:// 开头。可填写多个域名，域名间请用 ; 分割

保存并提交　取消

（b）服务器域名配置界面

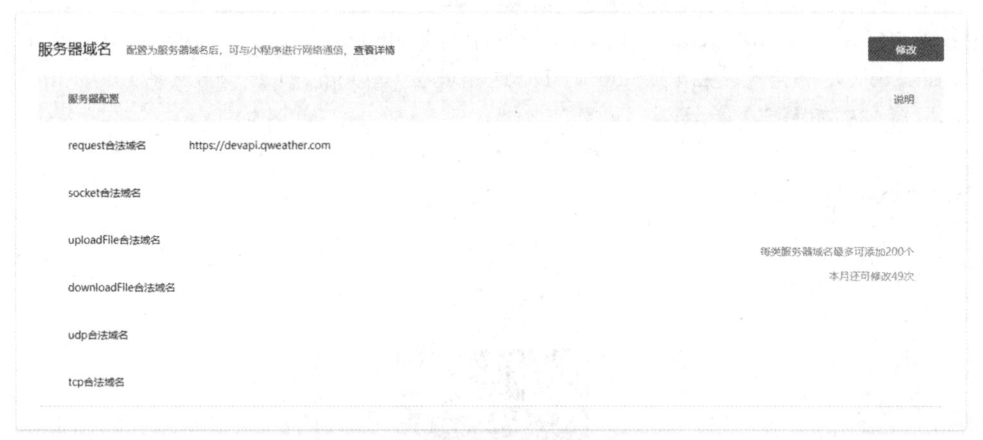

（c）服务器域名配置成功示意图

图 5-2　小程序服务器域名配置（续）

进行域名配置时 socket 类型的域名以 wss://开头，udp 类型的域名以 udp://开头，request、uploadFile、downloadFile 几种类型的域名都以 https://开头。小程序中最常使用的就是 wss://与 https://开头的域名，配置域名还需要满足以下要求。

（1）域名必须经过 ICP 备案。

（2）域名不能使用 IP 或者 localhost。

（3）使用个人服务器需要在服务器上安装 HTTPS 证书。

（4）使用第三方服务器需要保证 HTTPS 证书有效。

（5）配置的服务器域名必须同 HTTPS 或者 SSL 证书认证的域名保持一致。

填写域名时，会对填入的域名进行校验，只有符合要求且能够正常访问的 ICP 备案域名才能够保存，目前小程序进行域名配置时，每种类型的域名最多设置 50 个，并且每个月添加与修改域名的次数只有 50 次。

5.2　网络请求

小程序通过 wx.request API 向外部服务器发送 HTTPS 请求。该 API 接口中的常用参数如表 5-1 所示。

表 5-1　wx.request API 中的主要参数

参　数	是否必填	说　明
url	是	小程序要访问的外部服务器接口地址
data	否	发送请求时携带的参数，参数类型支持 string/object/ArrayBuffer
header	否	发送请求时的请求头，小程序中的请求头不能设置 Referer，content-type 的值默认为 application/json
timeout	否	请求的超时时间，单位为毫秒
method	否	请求的方法，默认值为 GET
dataType	否	接收服务器返回的数据格式，小程序通常使用 JSON 格式
responseType	否	响应的数据类型，默认类型为 text
success	否	请求成功时调用的回调函数，其内部可以获取 data（服务器返回的数据）、statusCode（服务器返回的状态码）、header（服务器返回的响应头）、cookies（服务器返回的 cookies）、profile（网络请求过程中的一些调试信息）
fail	否	请求失败调用的回调函数
complete	否	请求结束调用的回调函数（调用成功、失败都会执行）

小程序发送网络请求时，要根据不同的情景选用不同的请求方式，小程序中支持的请求方式有 OPTIONS、GET、HEAD、POST、PUT、DELETE、TRACE、CONNECT，其中 GET 与 POST 两种请求方式的使用频率最高，wx.request API 接口的代码结构如下所示。

```
//wx.request API 接口
wx.request({
  url: '服务器接口地址',                    //要请求访问的外部服务器接口地址
  method:'GET',                            //请求方式
  //请求要携带的参数
  data: {
    x: '',
    y: ''
  },
  header: {
    'content-type': 'application/json'   //默认值
  },
  //请求成功的回调函数
  success (res) {
    console.log("请求成功")
  },
  fail(res){
    console.log("请求失败")
  },
  complete(res){
```

```
    console.log("请求结束")
  }
})
```

小程序相当于一个 C/S（客户/服务器）架构应用程序，网络请求的过程是小程序向服务器发送一个 requset 请求后，经过服务器处理与查询数据库，将小程序所需的数据以 JSON 格式返回，小程序通过 success()回调函数来接收返回数据，然后经过页面渲染进行数据显示。如果请求失败，小程序会调用 fail()回调函数，具体的请求过程如图 5-3 所示。

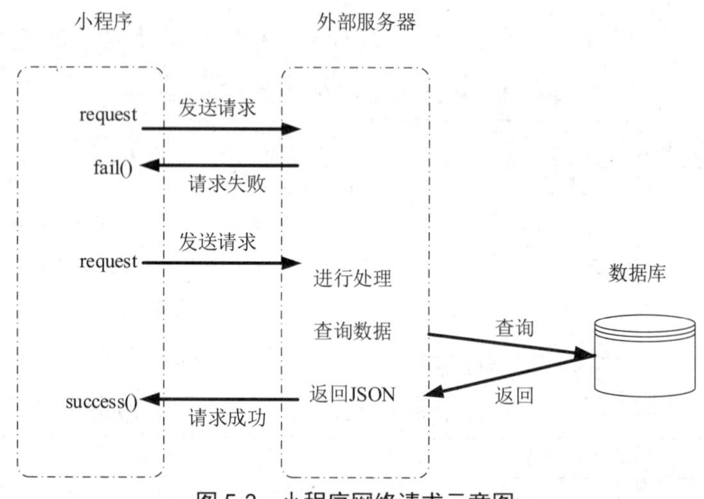

图 5-3　小程序网络请求示意图

通过 wx.request 接口访问一个第三方 API 接口实现简单的天气查询功能。首先在 WXML 页面中进行界面布局，界面中存在一个输入框，用来输入要查询天气的城市，一个按钮，当点击按钮时触发 get_weather 事件函数，向外部服务器发送请求，获取天气数据，然后进行渲染显示到页面中。具体的页面布局代码如下所示。

```
//demo-2/pages/request/request.wxss
.container{
  width: 400rpx;
  background-color: grey;
  border-radius: 20rpx;
  margin: auto;
}
.title{
  font-size: xx-large;
  margin-bottom: 40rpx;
  color: #ffffff;
}
input{
  border: 1rpx solid #cccccc;
  margin: 40rpx;
}
.text{
  margin-top: 40rpx;
  margin-right: 20rpx;
}

//demo-2/pages/request/request.wxml
<view class="container">
  <view class="title">天气查询</view>
```

```
    <input placeholder="请输入要查询的城市" bindblur="cityblur"/>
    <button type="primary" size="mini" form-type="submit" bindtap="get_weather">查询</button>
    <view class="text">今天天气：{{result}}</view>
  </view>
```

页面运行效果如图 5-4 所示。

图 5-4 天气查询界面运行效果

接下来需要在 JS 文件中通过 wx.request 接口访问和风天气提供的第三方 API 接口，获取天气数据，实现天气查询功能，具体代码如下所示。

```
//demo-2/pages/request/request.js
Page({
  data: {
    result:'待查询…',                                              //查询结果
    city:'',                                                        //要查询的城市
    location:'',                                                    //城市 ID
  },
  //获取城市 ID
  cityblur:function(e){
    var that=this
    var city=e.detail.value
    console.log('查询城市')
    //获取城市 ID
    wx.request({
      url: 'https://geoapi.qweather.com/v2/city/lookup',           //获取城市 ID
      method:'GET',                                                 //请求方式
      //请求要携带的参数
      data: {
        location:city,                                              //城市名称
        key:'e1667dccd0a24ddc9b220d884cb87952'                      //自己申请 API 接口的 key
      },
      header: {
        'content-type': 'application/json'                          //默认值
      },
      //请求成功的回调函数
      success (res) {
```

```
            console.log(res)
            //设置城市信息
            that.setData({
              location:res.data.location[0].id,
              city:city
            })
          },
          fail(res){
            console.log("请求失败")
          },
        })
      },
      //获取城市天气
      get_weather:function(){
        var that=this
        //要延时执行的代码
        setTimeout(function () {
          //获取城市 ID
          var location=that.data.location
         //判断是否输入城市
         if (location==''){
          //提示信息
          wx.showToast({
            title: '城市不能为空',
            icon:'none'                                            //图标
          })
        }else{
          console.log('查询天气')
          wx.request({
            url: 'https://devapi.qweather.com/v7/weather/now',      //访问和风天气提供的 API 接口
            method:'GET',
            //请求要携带的参数
            data: {
              location:location,                                  //城市 ID
              key:'e1667dccd0a24ddc9b220d884cb87952'
            },
            header: {
              'content-type': 'application/json'                  //默认值
            },
            success (res) {
              console.log(res)
              var weather='-'+res.data.now.text+'-'
              that.setData({
                result:weather
              })
            },
            fail(res){
              console.log("请求失败")
            },
          })
        }
        }, 1000)                                                  //延迟时间 这里是 1 秒
      },
    })
```

上面代码中主要有 cityblur()和 get_weather()两个事件函数，当输入框中焦点消失时触发 cityblur()事件函数，通过 wx.request API 访问第三方接口获取所查询城市的 ID 并保存到页面数据中。当点击查询按钮时触发 get_weather()事件函数，由于网络波动从第三方获取数据时会有一定的延时，所以在第二次使用 wx.request API 访问第三方接口获取城市天气时要借助 setTimeout()方法进行延时处理，确保在第一次请求

获取城市 ID 后，进行第二次请求来获取天气信息，具体效果如图 5-5 所示。

（a）天气查询成功效果

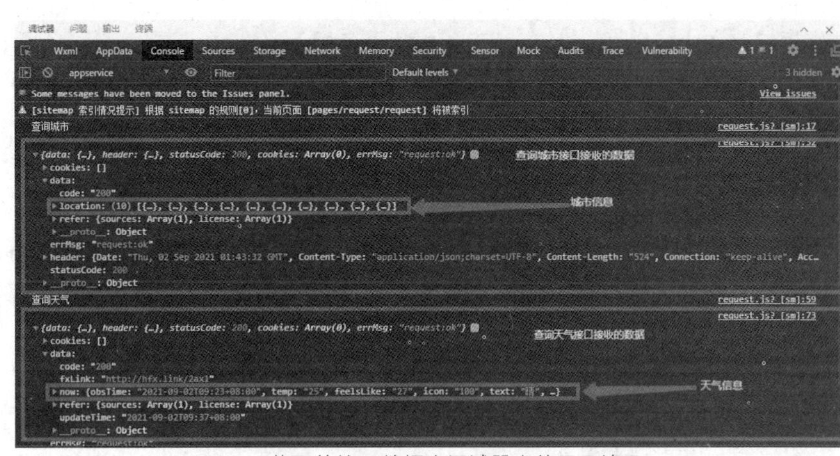

（b）获取的接口数据在调试器中的显示效果

图 5-5　天气查询效果

在小程序中发起请求时，不仅可以直接使用 wx.request API 发送一个请求，还可以通过 RequestTask（网络请求任务对象）对发送的 request 请求进行管理。RequestTask 对象进行 request 请求管理的方法如下所示。

（1）RequestTask.abort()——中断请求任务。

（2）RequestTask.onHeadersReceived(function callback)——监听 HTTP Response Header（请求响应）事件，会比请求完成事件更早。

（3）RequestTask.offHeadersReceived(function callback)——取消监听 HTTP Response Header（请求）事件。

RequestTask 对象应用的代码如下所示。

```
//为 request 请求创建一个 requestTask 对象
const requestTask = wx.request({
  url: '访问接口',
  data: {
    x: '' ,
    y: ''
  },
  header: {
    'content-type': 'application/json'
  },
  success (res) {
    console.log(res.data)
  }
})
//通过 requestTask 对象对 request 请求进行管理
```

5.3　文件上传与下载

文件的上传与下载是经常用到的功能，小程序提供了 wx.uploadFile 与 wx.downloadFile 两个 API 分别用来实现文件的上传与下载，在正式的小程序应用中使用这两个 API，都需要在小程序后台中配置相应的接口域名。

5.3.1 构建临时服务器

在小程序开发阶段，一般需要使用本地服务器来进行小程序的功能开发与测试。目前常用的服务器端开发语言有 PHP、Java、Python 等，本地服务器有 Apache、Tomcat、Nginx 等。但是不同编程语言都有其适用的本地服务器，选用合适的编程语言与本地服务器可以更好地进行开发。

1. PHP 开发

使用 PHP 语言进行服务器端开发时，使用最多的本地服务器是 Apache 服务器，某些情况下也会使用 Nginx 服务器。通常使用 phpStudy 构建 PHP 语言下的本地服务器，这是一个 PHP 调试环境的程序集成包，下载地址为 http://www.phpstudy.net/download.html，该程序集中集成了 Apache、PHP、MySQL、Nginx、phpMyAdmin 等内容，通过该程序集可以一次性安装、无须配置，可以控制本地服务器的启动停止与切换等功能。

2. Java 开发

使用 Java 语言进行服务器开发时，一般使用 Tomcat 作为本地服务器。Tomcat 服务器是 Apache 服务器的一种拓展，下载地址为 http://tomcat.apache.org/，在安装 Tomcat 服务器之前需要确保 Java 的开发环境已经安装并且配置成功，安装的 Tomcat 版本要与安装成功的 JDK 版本相适配，一般 JDK1.6 适配 Tomcat 7、JDK1.7 适配 Tomcat 8、JDK1.8 适配 Tomcat 9。

3. Python 开发

使用 Python 语言进行服务器开发时，一般使用 Nginx 服务器作为本地服务器，下载路径为 http://nginx.org/en/download.html，将下载文件解压后，需要进入 nginx.conf 配置文件中根据需求进行端口等本地服务配置。有时也可以通过 Pycharm 创建并运行一个 Flask 或 Django 项目作为临时服务器。

5.3.2 取消域名校验

在小程序开发阶段，有时候是使用本地服务器进行开发，没有合适的接口域名，无法进行域名配置，小程序也就无法正常访问接口。有时候业务功能不确定，接口改动频繁，每次更改接口都需要重新配置域名。在这些情景下小程序的开发与接口使用都很不方便，因此在小程序开发阶段，可以关闭域名校验功能。关闭小程序的域名校验功能需要在微信开发者工具的菜单栏的“详情—本地设置”中勾选校验域名选项，具体操作如图 5-6 所示。

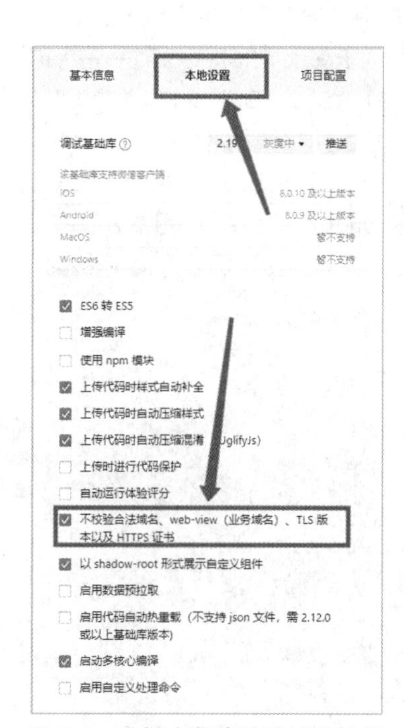

图 5-6 关闭小程序校验域名功能

5.3.3 文件上传

小程序通过 wx.uploadFile API 将本地资源上传至服务器上。该 API 接口中的主要参数如表 5-2 所示。

表 5-2　wx.uploadFile API 中的主要参数

参　数	是否必填	说　明
url	是	文件要上传的服务器地址
filePath	是	要上传文件资源的路径（本地路径）
name	是	文件对应的 key，开发者在服务器端可以通过这个 key 获取文件的二进制内容
header	否	上传文件时发送的网络请求的请求头，header 中不能设置 referer
formData	否	携带的额外参数
timeout	否	请求超时时间
success	否	接口调用成功的回调函数，其内部可以获取 data（服务器返回的数据）、statusCode（服务器返回的状态码）
fail	否	接口调用失败的回调函数
complete	否	接口调用结束的回调函数（调用成功、失败都会执行）

wx.uploadFile 本质也是一个 request 请求，只是这个请求用来进行文件传输，所以 content-type 的值要设为 multipart/form-data，为了文件的安全性，请求方式为 POST。以上传图片接口为例，wx.uploadFile API 接口的代码结构如下所示。

```
//图片上传
//wx.chooseImage()可以获取并返回图片的路径
wx.chooseImage({
  success (res) {
    //获取图片的本地路径
    const tempFilePaths = res.tempFilePaths
    //上传图片
    wx.uploadFile({
      url: '文件要上传的服务器地址',
      filePath: tempFilePaths[0],          //文件本地路径
      name: 'file',                        //文件的 key,服务器端用来获取文件的二进制内容,可以自由设置
      formData: {
        'user': 'test'
      },
      success (res){
        console.log("请求成功")
      },
      fail(res){
        console.log("请求失败")
      },
      complete(res){
        console.log("请求结束")
      }
    })
  }
})
```

通过 wx.uploadFile 接口来实现图片上传功能。首先要在 WXML 文件中进行文件上传的界面布局，界面中有一个 image 组件，可以将选择的图片进行显示。一个选择图片的按钮，点击后可以触发 chooseImage 事件函数，调用 wx.chooseImage 接口进行拍照或者从本地相册中获取图片。还有一个是上传文件的按钮，点击该按钮后触发 uploadFile 事件函数，调用 wx.uploadFile 接口将选择的图片上传到本地服务器上，具体的页面代码如下所示。

```
//demo-2/pages/uploadFile/uploadFile.wxss
.container{
```

```
  width: 500rpx;
  margin: auto;
  border:2rpx dotted green;
}
.title{
  font-size: xx-large;
  margin-bottom: 80rpx;
}
image{
  width:300rpx;
}
button{
  margin: 20rpx;
}

//demo-2/pages/uploadFile/uploadFile.wxml
<view class="container">
  <view class="title">图片上传</view>
  <!-- 图片显示区域 -->
  <image wx:if="{{img_src}}" src="{{img_src}}" mode="widthFix"></image>
  <button bindtap="chooseImage">选择图片</button>
  <button type="primary" bindtap="uploadFile">开始上传</button>
</view>
```

页面运行效果如图 5-7 所示。

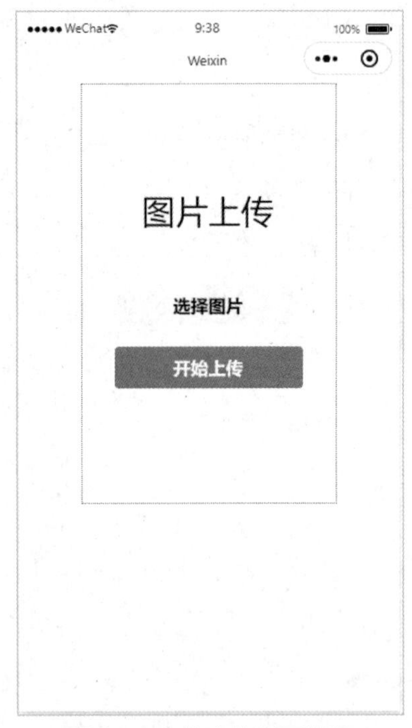

图 5-7　文件上传界面效果

下面在 JS 文件中分别完善 chooseImage 和 uploadFile 事件函数的代码，实现图片上传的功能，具体代码如下所示。

```
//demo-2/pages/uploadFile/uploadFile.js
Page({
  data: {
    img_src:'',                              //图片的本地路径
```

```
    },
  //选择图片
  chooseImage:function(){
    var that=this
    wx.chooseImage({
      count: 9,                                        //默认值为 9
      sizeType:['original','compressed'],              //图片是原图还是压缩图,默认两者均可
      sourceType:['album','camera'],                   //图片来源是相册还是相机,默认两者均可
      success(res){
        console.log(res)
        let img_src=res.tempFilePaths[0]               //获取图片路径
        that.setData({img_src:img_src})                //将图片路径设置到页面数据中
      }
    })
  },
  //上传图片
  uploadFile:function(){
    var that=this
    //获取图片路径
    var img_src=that.data.img_src
    //判断是否选择了图片
    if(img_src==''){
      //提示信息
      wx.showToast({
        title: '图片不能为空',
        icon:'none'                                    //图标
      })
    }else{
      //上传图片
      wx.uploadFile({
        url: 'http://localhost:8080/upload',           //文件上传的本地服务器地址
        filePath: img_src,                             //图片路径
        name: "img",                                   //服务器端用来接收图片二进制文件的 key
        method:'POST',                                 //请求方式
        header: {
          "content-type": "multipart/form-data",       //文件传输的类型
        },
        success(res){
          console.log(res)
          //文件上传成功时进行信息提示
          if(res.statusCode==200){
            wx.showToast({
              title: "上传成功!",
            })
          }
        }
      })
    }
  },
})
```

服务器端使用 Python 进行开发，为了方便测试创建一个 Flask 项目用于小程序图片上传的临时服务器，在服务器端需要接受小程序发送的图片上传请求，并将上传的图片进行保存，具体代码如下所示。

```
//demo2/demo2.py
#导入项目需要的包
from flask import Flask, request
import time,random,os,re,json

#配置文件存储路径和文件格式
UPLOAD_FOLDER=os.path.dirname(os.path.dirname(__file__))+'/demo2/static/uploads'
```

```
ALLOWED_EXTENSIONS=set(['tex','pdf','png','jpg','jpeg','gif'])

#创建Flask项目对象并应用配置
app = Flask(__name__)
app.config['UPLOAD_FOLDER']=UPLOAD_FOLDER

#文件上传的视图函数(接口)
@app.route('/upload',methods=['POST'])
def upload():
    #根据时间日期与随机数生成一个唯一的图片名称
    filename=time.strftime('%Y%m%d%H%M%S')+'_%d'%random.randint(10, 1000)+'.jpg'
    file=request.files['img']#获取图片的二进制文件
    path=os.path.join(app.config['UPLOAD_FOLDER'],filename)
    path=re.sub(r'\\', '/', path)#将路径中的反斜杠转化
    file.save(path)#保存图片
    # 返回数据
    return json.dumps(
        {
            "code": 200,
            "msg": "上传成功",
        },sort_keys=True, ensure_ascii=False)

# 项目运行入口
if __name__ == '__main__':
    #设置项目运行时的端口
    app.run(port=8080)
```

分别运行 Flask 项目与小程序项目，可以使用图片上传功能，将本地的图片上传的服务器进行保存，具体运行效果如图 5-8 所示。

（a）图片选择

（b）图片上传成功

图 5-8　文件上传功能效果

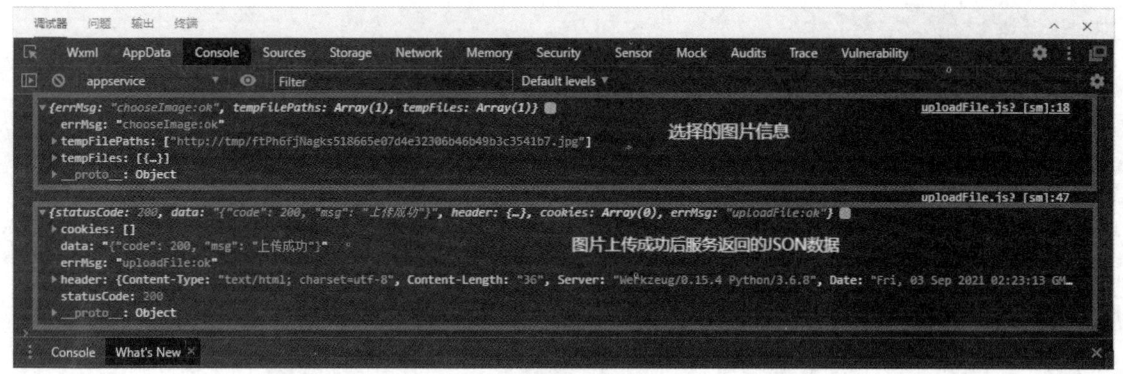

（c）调试器显示结果

图 5-8 文件上传功能效果（续）

wx.uploadFile 接口中有一个 UploadTask 对象，可以监听上传进度的变化与接口管理，其用法与 RequestTask 的用法一致，UploadTask 对象中的一些方法如下所示。

（1）UploadTask.abort()——中断上传任务。

（2）UploadTask.onProgressUpdate(function callback)——监听上传进度变化事件。

（3）UploadTask.offProgressUpdate(function callback)——取消监听上传进度变化事件。

（4）UploadTask.onHeadersReceived(function callback)——监听 HTTP Response Header（请求响应）事件，会比请求完成事件更早。

（5）UploadTask.offHeadersReceived(function callback)——取消监听 HTTP Response Header（请求响应）事件。

5.3.4 文件下载

小程序通过 wx.downloadFile API 从服务器上将所需资源下载到本地，该 API 接口中的常用参数如表 5-3 所示。

表 5-3 wx.downloadFile API 中的主要参数

参 数	是 否 必 填	说 明
url	是	所要下载资源的 url
filePath	否	文件下载成功后存储的路径（本地路径）
header	否	下载文件时发送的网络请求的请求头，header 中不能设置 referer
timeout	否	请求超时时间
success	否	接口调用成功的回调函数，其内部可以获取 tempFilePath（临时文件路径，通常是本地路径，当请求没有传入 filePath 文件指定路径时，会返回该字段内容）、filePath（用户指定的文件存储路径，通常是本地路径，请求时传入 filePath 时，会返回该字段内容）、statusCode（服务器返回的状态码）、profile（网络请求过程中的一些调试信息）
fail	否	接口调用失败的回调函数
complete	否	接口调用结束的回调函数（调用成功、失败都会执行）

wx.downloadFile 也是一个 request 请求，该请求的请求方式为 GET，wx.downloadFile API 接口的代码

结构如下所示。

```
//文件下载
wx.downloadFile({
  url: '文件在服务器上的地址',
//只要服务器有响应数据,就会把响应内容写入文件并进入 success 回调函数,然后自行判断是否下载到了想要的内容
  success (res) {
    if (res.statusCode == 200) {
      //根据文件类型,选用合适的接口方法保存文件
      //保存文件
      wx.saveFile({
          tempFilePath: 'tempFilePath',
          success(re){
            console.log('保存成功')
          }
        })
    }
  }
  fail(res){
    console.log("请求失败")
  },
  complete(res){
    console.log("请求结束")
  }
})
```

通过 wx.downloadFile 接口来实现图片下载功能。先在 WXML 文件中进行文件下载的界面布局，界面中放置一个文件下载的按钮，点击该按钮后触发 downloadFile 事件函数，调用 wx.uploadFile 接口将图片从服务器下载到本地，界面中还有一个 image 组件，可以将下载的图片进行显示，具体的页面代码如下所示。

```
//demo-2/pages/downloadFile/downloadFile.wxss
.container{
  width: 500rpx;
  margin: auto;
  border:2rpx dotted green;
}
.title{
  font-size: xx-large;
  margin-bottom: 80rpx;
}
image{
  width:300rpx;
  margin-top: 20rpx;
}

//demo-2/pages/downloadFile/downloadFile.wxml
<view class="container">
  <view class="title">图片下载</view>
  <button type="primary" bindtap="downloadFile">文件下载</button>
  <!-- 图片显示区域 -->
  <image wx:if="{{img_src}}" src="{{img_src}}" mode="widthFix"></image>
</view>
```

页面运行效果如图 5-9 所示。

图 5-9 图片下载界面效果

在 JS 文件中完善 downloadFile 事件函数，调用 wx.downloadFile 接口将图片从服务器下载到本地，保存图片时需要使用 saveImageToPhotosAlbum 接口方法，具体代码如下所示。

```
//demo-2/pages/downloadFile/downloadFile.js
Page({
  data: {
    istrue:false,                          //文件是否下载成功的标志
    img_src:'',                            //图片的本地路径
  },
  //下载图片
  downloadFile:function(){
    var that=this
    //设置本地路径
    var filePath=`${wx.env.USER_DATA_PATH}/..images/${Date.parse(new Date())/1000}.jpg`
    wx.downloadFile({
      url: 'http://127.0.0.1:8080/static/images/scgf.jpg',    //文件在服务器上的路径
      filePath:filePath,                   //设置文件本地路径
      success(res){
        console.log(res)
        if(res.statusCode==200){
          //保存图片
          wx.saveImageToPhotosAlbum({
            filePath:filePath,             //图片存储的本地路径
            success(re){
              //提示信息
              wx.showToast({
                title: '下载成功',
              })
              that.setData({
                istrue:true,
                img_src:filePath
```

```
                    })
                  }
                })
              }
            },
            fail(res){
              console.log('请求失败')
            }
          })
        },
      })
```

运行 Flask 项目与小程序项目可以使用图片下载功能，具体情况如图 5-10 所示。

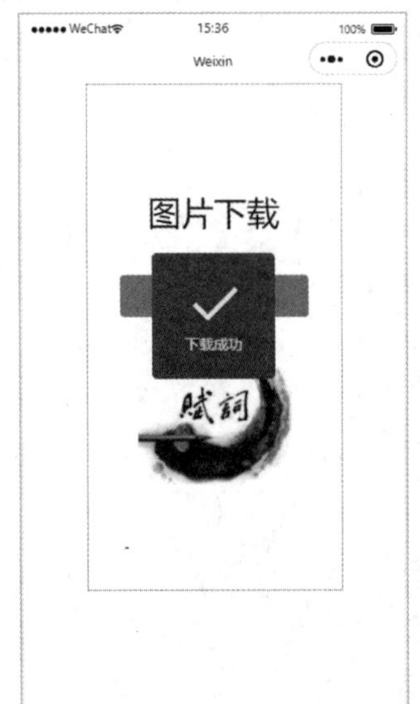

（a）图片下载成功效果

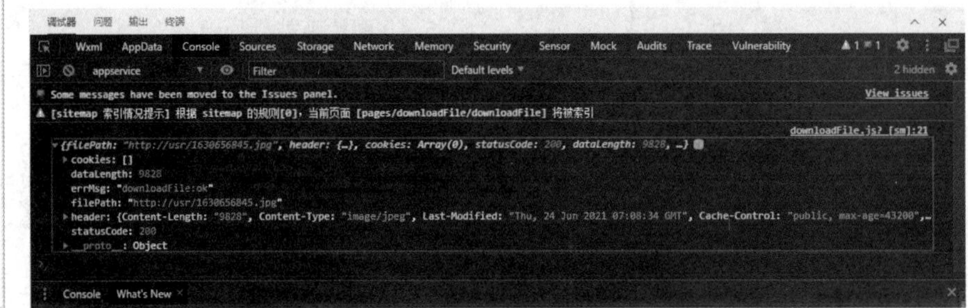

（b）文件下载成功调试器显示内容

图 5-10　图片下载功能效果

使用 wx.downloadFile 接口下载文件时需要注意，保存文件时文件的类型不同使用的接口方法也不同，例如保存图片文件时要使用 saveImageToPhotosAlbum 接口，保存音视频文件要使用 saveVideoToPhotosAlbum 接口。并且在保存文件时如果不在请求中设置 filePath 字段或返回一个 tempFilePath（临时文件路径），这个临时文件路径在小程序运行过程中可以正常使用，但是小程序重新启动后这个临时路径就无法使用了。下载的文件的大小也有限制，单次下载的文件最大为 200MB。

wx.downloadFile 接口中的 UploadTask 对象，用来监听下载进度的变化与接口管理，UploadTask 对象中的一些方法如下所示。

（1）DownloadTask.abort()——中断下载任务。

（2）DownloadTask.onProgressUpdate(function callback)——监听下载进度变化事件。

（3）DownloadTask.offProgressUpdate(function callback)——取消监听下载进度变化事件。

（4）DownloadTask.onHeadersReceived(function callback)——监听 HTTP Response Header（请求响应）事件，会比请求完成事件更早。

（5）DownloadTask.offHeadersReceived(function callback)——取消监听 HTTP Response Header（请求）事件。

5.4 就业面试技巧与解析

本章主要学习微信小程序的网络 API，通过对 wx.request、wx.uploadFile 和 wx.downloadFile 几个接口的讲解，可以深入了解小程序发送请求与接收服务器返回数据的过程，下面通过一些面试题，来加深对网络 API 的认识。

5.4.1 面试技巧与解析（一）

面试官：wx.request 请求的结构？

应聘者：

wx.request 请求主要分为两部分，一部分是与发送请求相关的内容，例如，url（请求地址）、data（请求参数）、method（请求方式）、header（请求头）；第二部分是回调函数，主要用来接收服务器返回的数据，例如，success（请求成功的回调函数）、fail（请求失败的回调函数）。

5.4.2 面试技巧与解析（二）

面试官：如何封装微信小程序的数据请求？

应聘者：

封装小程序的数据请求一般要经过三步：

（1）将所有的接口放在统一的 js 文件中并导出。

（2）在 app.js 中创建封装请求数据的方法。

（3）在子页面中调用封装的方法请求数据。

示例代码如下所示。

```
var app = getApp();
//设置接口
var host = 'http://localhost:8080/项目接口/';

//封装 POST 请求接口
function request(url, postData, doSuccess, doFail) {
 wx.request({
  //项目的真正接口,通过字符串拼接方式实现
  url: host + url,
  header: {
   "content-type": "application/json;charset=UTF-8"
  },
  data: postData,
  method: 'POST',
  success: function (res) {
   //参数值为 res.data,直接将返回的数据传入
   doSuccess(res.data);
  },
  fail: function () {
   doFail();
  },
 })
}

//封装 GET 请求
function getData(url, doSuccess, doFail) {
 wx.request({
```

```
    url: host + url,
    header: {
      "content-type": "application/json;charset=UTF-8"
    },
    method: 'GET',
    success: function (res) {
      doSuccess(res.data);
    },
    fail: function () {
      doFail();
    },
  })
}

//向外部共享封装的接口
module.exports.request = request;
module.exports.getData = getData;
```

第 6 章 文件 API

本章概述

本章节我们学习小程序的文件 API 的相关内容，文件 API 中有保存文件接口、获取文件列表接口、获取文件信息接口、删除文件接口、打开文件接口等。通过这些接口可以实现对文件的管理。

知识导读

本章要点（已掌握的在方框中打钩）

- ☐ 文件保存接口
- ☐ 获取文件接口
- ☐ 打开文件接口
- ☐ 文件管理器

6.1 文件保存接口

小程序中用来进行文件存储的接口有 4 种，包括 wx.saveFile、wx.saveFileToDisk、wx.saveImageToPhotosAlbum 和 wx.saveVideoToPhotosAlbum，这几个接口都可以保存文件，但是具体用法有所区别。

6.1.1 wx.saveFileToDisk

wx.saveFileToDisk 是一个文件存储接口，使用该接口可以将文件保存到用户磁盘上，不过该接口目前仅支持在 PC 端使用，存储文件的大小不能超过 10M，wx.saveFileToDisk 接口的一些常用参数如表 6-1 所示。

表 6-1 wx.saveFileToDisk API 中的主要参数

参　数	是否必填	说　明
filePath	是	待保存文件的路径
success	否	接口调用成功的回调函数
fail	否	接口调用失败的回调函数
complete	否	接口调用结束的回调函数（调用成功、失败都会执行）

wx.saveFileToDisk 接口的代码结构如下所示。

```
//wx. saveFileToDisk API 接口
wx.saveFileToDisk({
  //文件在用户磁盘保存的路径
  filePath: `${wx.env.USER_DATA_PATH}/文件名.文件类型`,
  success(res) {
    console.log(res)
  },
  fail(res) {
    console.error(res)
  }
})
```

使用 wx.saveFileToDisk 接口来存储图片，具体应用代码如下所示。

```
//demo-3/pages/saveFileToDisk/saveFileToDisk.js
Page({
  data: {
  },
//保存图片
saveFileToDisk:function(){
    //要保存图片的路径
    let path = `https://wx.qlogo.cn/mmhead/IlxmQLqA0RZDeU1R6Teo7yuvwIiaEf9P1xicPib3CfonUU/0`
    //下载要存储的图片
    wx.downloadFile({
      url: path,
      success (res) {
        if (res.statusCode === 200) {
          //使用 saveFileToDisk 接口将下载的图片进行存储
          wx.saveFileToDisk({
            filePath: res.tempFilePath, //文件在用户磁盘保存的路径
            success: function(res) {
              console.log('文件存储成功')
              wx.showToast({
                title: '存储成功',
              })
            },
            fail:function(res) {
             console.log('文件存储失败')
            }
          })
        }
      }
    })
  },
})

//demo-3/pages/saveFileToDisk/saveFileToDisk.wxml
<button bindtap="saveFileToDisk">点击保存</button>
```

上述代码仅在 PC 端可以运行，点击“保存”按钮后会自动获取微信应用的文件目录，然后将下载的图片进行存储，具体运行效果如图 6-1 所示。

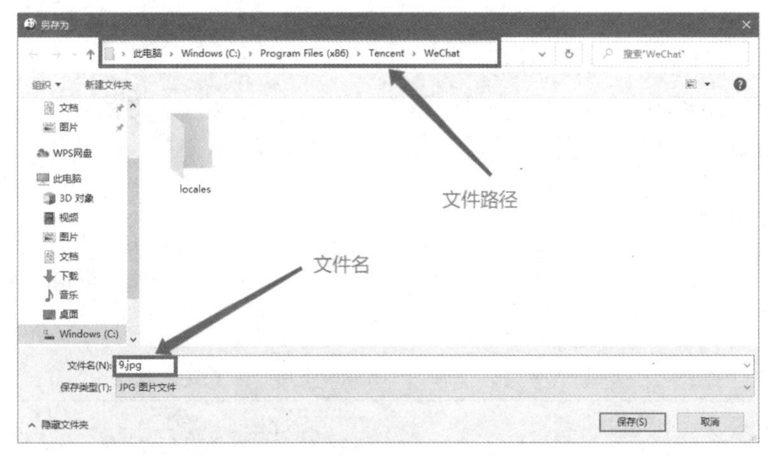

图 6-1　wx.saveFileToDisk 接口存储图片

6.1.2　wx.saveFile

wx.saveFile 接口可以将文件保存到本地，但是在保存文件时会将获取的临时文件进行移动，因此调用成功后，之前获取的临时文件路径 tempFilePath 将会失效，存储文件的大小也不能超过 10M，wx.saveFile 接口的一些常用参数如表 6-2 所示。

表 6-2　wx.saveFile API 中的主要参数

参　数	是否必填	说　明
tempFilePath	是	需要保存的文件的临时路径（本地路径）
success	否	接口调用成功的回调函数
fail	否	接口调用失败的回调函数
complete	否	接口调用结束的回调函数（调用成功、失败都会执行）

wx.saveFile 接口的结构代码如下所示。

```
//wx. saveFile API 接口
wx.saveFile({
  tempFilePath: tempFilePaths[0],   //文件存储的临时路径
  success(res) {
    //文件存储的路径
    const savedFilePath = res.savedFilePath
    console.log(savedFilePath)
  },
  fail(res) {
    console.error(res)
  }
})
```

在上述代码中，wx.saveFile 接口调用成功的 success 回调函数中有一个返回值，通过 savedFilePath 这个返回值可以获取文件保存成功后的路径。

6.2　获取文件与文件信息

在小程序的文件 API 中，其中一些可以用来获取本地文件或者文件信息。常用的一些获取文件信息的

API 如下所示。

（1）wx.getSavedFileList()——获取本地文件列表。

（2）wx.getSavedFileInfo()——获取本地文件信息。

（3）wx.getFileInfo()——获取文件信息。

6.2.1 wx.getSavedFileList

该接口可以用来获取小程序下已经保存的本地缓存文件列表，wx.getSavedFileList 接口中的一些常用属性如表 6-2 所示。

表 6-2　wx. getSavedFileList API 中的主要参数

参　数	是否必填	说　明
success	否	接口调用成功的回调函数，其内部一个 fileList 参数，用来存储获取的文件列表信息，具体内容如表 6-3 所示
fail	否	接口调用失败的回调函数
complete	否	接口调用结束的回调函数（调用成功、失败都会执行）

wx.getSavedFileList 接口的 success 回调函数中的 fileList 参数的常用属性如表 6-3 所示。

表 6-3　fileList 参数的常用属性

属　性	类　型	说　明
filePath	string	文件路径（本地路径）
size	number	文件的大小，单位是字节
createTime	number	文件保存时的时间戳，时间戳是指从 1970 年 1 月 1 日 08:00:00 起到当前时间的秒数

wx.getSavedFileList 接口应用的示例代码如下所示。

```
//demo-3/pages/getSavedFileList/getSavedFileList.js
Page({
  data: {
  },
  //获取存储的文件列表
  getSavedFileList:function(){
    wx.getSavedFileList({
      success(res){
        console.log('获取成功')
        console.log(res)
      },
      fail(res){
        console('获取失败')
      }
    })
  },
})

//demo-3/pages/getSavedFileList/getSavedFileList.wxml
<button bindtap="getSavedFileList">获取</button>
```

上述代码运行后，点击“获取”按钮可以获取小程序在本地存储的文件列表，具体效果如图 6-2 所示。

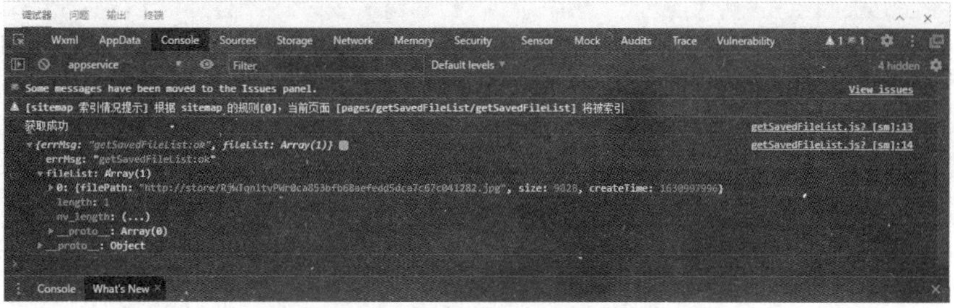

图 6-2 获取本地存储文件列表

6.2.2 wx.getSavedFileInfo

该接口主要用来获取小程序已经保存在本地缓存文件信息，wx.getSavedFileInfo 接口中的一些常用参数如表 6-4 所示。

表 6-4 wx.getSavedFileInfo API 中的主要参数

参 数	是否必填	说 明
filePath	是	文件路径（本地路径）
success	否	接口调用成功的回调函数，其内部存在一些参数，size 文件的大小，单位是 B；createTime 文件保存时的时间戳
fail	否	接口调用失败的回调函数
complete	否	接口调用结束的回调函数（调用成功、失败都会执行）

该接口需要同 wx.getSavedFileList()接口结合使用，通过 wx.getSavedFileList()接口获取本地存储文件列表，然后使用文件列表中获取文件路径通过 wx.getSavedFileInfo()接口查询文件信息，具体实现代码如下所示。

```
//demo-3/pages/getSavedFileInfo/getSavedFileInfo.js
Page({
  data: {
  },
  //获取文件信息
  getSavedFileInfo:function(){
    //获取本地存储的文件列表
    wx.getSavedFileList({
      success(res){
        console.log('获取文件列表')
        console.log(res)
        //获取文件路径
        var filePath=res.fileList[0].filePath
        //获取本地存储的文件信息
        wx.getSavedFileInfo({
          filePath:filePath,//要查询文件的路径
          success(res){
            console.log('获取文件信息')
            console.log(res)
          },
          fail(res){
            console.log('获取文件信息失败')
          }
        })
      },
      fail(res){
```

```
          console('获取文件列表失败')
        }
      })
    },
  })

  //demo-3/pages/getSavedFileInfo/getSavedFileInfo.wxml
  <button bindtap="getSavedFileInfo">获取文件信息</button>
```

运行上述代码，点击获取文件信息按钮，可以查询到本地缓存中的文件信息，具体运行效果如图 6-3 所示。

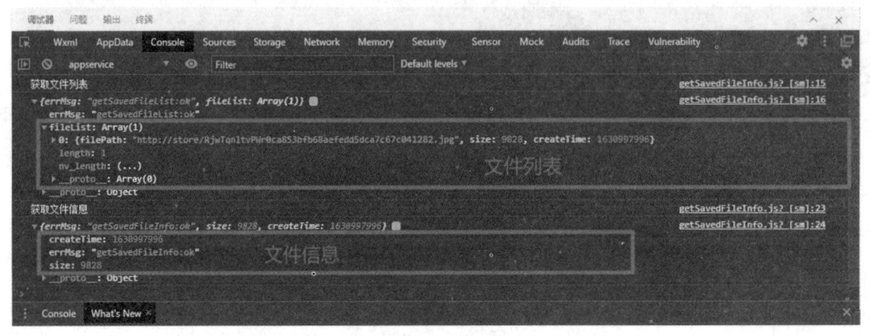

图 6-3　查询本地缓存中的文件信息

6.2.3　wx.getFileInfo

该接口也可以获取文件信息，但是主要用来获取小程序的临时文件信息，wx.getFileInfo 接口中有一个 digestAlgorithm 参数，可以通过某种加密算法计算出文件摘要，wx.getFileInfo 接口的一些常用参数如表 6-5 所示。

表 6-5　wx.getFileInfoAPI 中的参数及说明

参　　数	是 否 必 填	说　　明
filePath	是	要查询的文件路径（本地路径）
digestAlgorithm	否	用来计算文件摘要的算法，默认算法为 md5，也可以使用 sha1 算法
success	否	接口调用成功的回调函数，其内部包含 size，文件的大小，以字节为单位；digest 按照传入的 digestAlgorithm 计算得出的文件摘要
fail	否	接口调用失败的回调函数
complete	否	接口调用结束的回调函数（调用成功、失败都会执行）

使用 wx.getFileInfo 接口获取文件信息时，其调用成功的回调函数 success 中，会返回一个 digest 字段，这个字段是文件经过某种加密算法计算出的文件摘要。wx.getFileInfo 接口具体应用的代码如下所示。

```
//demo-3/pages/getFileInfo/getFileInfo.js
Page({
  data: {
  },
  //获取文件信息
  getFileInfo:function(){
    //获取文件列表
    wx.getSavedFileList({
      success(res){
        console.log('获取文件列表')
        console.log(res)
```

```
        //获取文件路径
        var filePath=res.fileList[0].filePath
        //获取文件信息
        wx.getFileInfo({
          filePath:filePath,//要查询文件的路径
          success(res){
            console.log('获取文件信息')
            console.log(res)
            console.log(res)

          },
          fail(res){
            console.log('获取文件信息失败')
          }
        })
      },
      fail(res){
        console.log('获取文件列表失败')
      }
    })
  },
})

//demo-3/pages/getFileInfo/getFileInfo.wxml
<button bindtap="getSavedFileInfo">获取文件信息</button>
```

上述代码运行后，调试其中输出的信息如图 6-4 所示。

图 6-4　使用 wx.getFileInfo 接口获取文件信息

6.3　删除文件

小程序还提供一个 wx.removeSavedFile()接口，通过该接口可以将用户文件（本地缓存的文件）或者临时文件进行删除。wx.removeSavedFile()接口中的一些常用参数如表 6-6 所示。

表 6-6　wx.removeSavedFile API 中的主要参数

参　数	是 否 必 填	说　明
filePath	是	需要删除的文件路径（本地路径）
success	否	接口调用成功的回调函数
fail	否	接口调用失败的回调函数
complete	否	接口调用结束的回调函数（调用成功、失败都会执行）

使用 wx.removeSavedFile()接口实现删除图片的功能，功能界面上有两个按钮，一个用来选择要删除的图片，一个用来删除图片，界面具体实现代码如下所示。

```
//demo-3/pages/removeSavedFile/removeSavedFile.wxss
.container{
  width: 500rpx;
  margin: auto;
  border:2rpx dotted green;
}
.title{
  font-size: xx-large;
  margin-bottom: 80rpx;
}
image{
  width:300rpx;
  margin-top: 20rpx;
}

//demo-3/pages/removeSavedFile/removeSavedFile.wxml
<view class="container">
  <view class="title">删除文件</view>
  <!-- 文件显示区域 -->
  <image wx:if="{{img_src}}" src="{{img_src}}" mode="widthFix"></image>
  <button bindtap="chooseImage">选择图片文件</button>
  <button type="primary" bindtap="removeSavedFile">删除文件</button>
</view>
```

删除文件界面运行效果如图 6-5 所示。

图 6-5　删除文件界面

在 JS 文件中使用 wx.removeSavedFile()接口完成文件删除功能，具体代码如下所示。

```
//demo-3/pages/removeSavedFile/removeSavedFile.js
Page({
  data: {
    img_src:'',
```

```
  },
  //选择图片文件
  chooseImage:function(){
    var that=this
    wx.chooseImage({
      count: 9,//默认值为 9
      sizeType:['original','compressed'],            //图片是原图还是压缩图,默认两者均可
      sourceType:['album','camera'],                 //图片来源相册还是相机,默认两者均可
      success(res){
        console.log('选择图片')
        console.log(res)
        let img_src=res.tempFilePaths[0]             //获取图片路径
        wx.saveFile({
          tempFilePath: img_src,
          success(res){
            console.log('存储图片')
            console.log(res)
            that.setData({img_src:res.savedFilePath}) //将图片路径设置到页面数据中
            //提示信息
            wx.showToast({
              title: '保存成功',
              icon:'none'                            //图标
            })
          },
          fail(res){
            console.log('保存失败')
          },
        })
      }
    })
  },
  //删除图片
  removeSavedFile:function(){
    var that=this
    //获取图片路径
    var img_src=that.data.img_src
    //判断是否选择了图片
    if(img_src==''){
      //提示信息
      wx.showToast({
        title: '图片不能为空',
        icon:'none'                                  //图标
      })
    }else{
      //删除图片
      wx.removeSavedFile({
        filePath: img_src,                           //图片路径
        success(res){
          console.log('删除图片')
          console.log(res)
          //提示信息
          wx.showToast({
            title: '删除成功',
            icon:'none'                              //图标
          })
        },
        fail(res){
          console.log('删除失败')
        }
      })
```

```
      }
    },
  })
```

运行上述代码，点击“选择图片文件”按钮可以选择要删除的文件，选择“删除文件”按钮可以删除选择的图片，具体运行效果如图 6-6 所示。

（a）选择图片成功效果

（b）删除图片成功效果

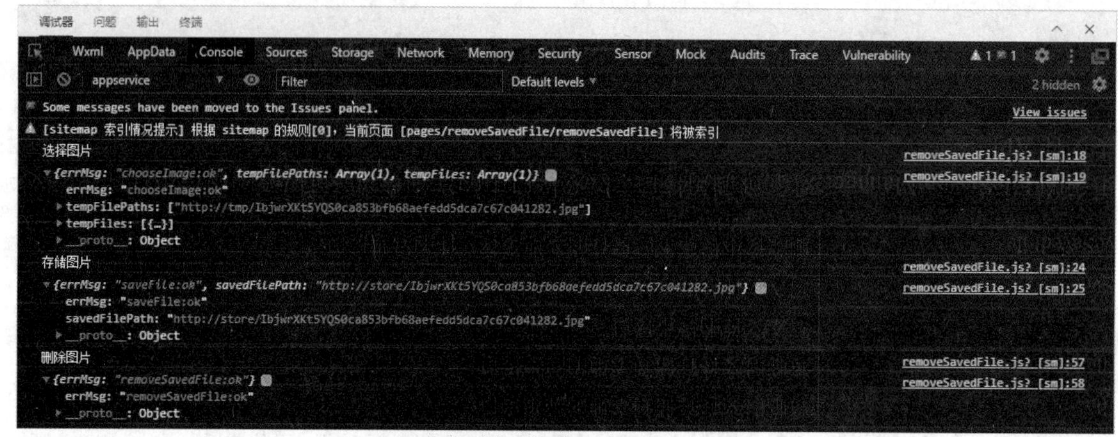

（c）文件删除功能的调试器输入的信息

图 6-6　文件删除功能的运行效果

在实现文件删除功能时需要注意，使用 wx.chooseImage 接口选择图片后获取的图片路径并不真实存在，需要将选择的图片进行保存后该路径才会真实存在，如果不将选择的图片进行保存，那么就无法使用 wx.removeSavedFile 接口删除选中的图片。

6.4　打开文件

在小程序中可以通过 wx.openDocument 接口来打开文档类型的文件，该接口支持打开的文档格式有

doc、docx、xls、xlsx、ppt、pptx、pdf。在微信客户端 7.0.12 版本之前，打开文档时会在文档显示界面默认显示右上角的菜单按钮，之后的版本取消了菜单按钮的默认显示，需要主动设置 showMenu 属性。wx.openDocument 接口中的一些常用参数如表 6-7 所示。

表 6-7 wx.openDocumentAPI 中的主要参数

参数	是否必填	说明
filePath	是	文件路径（本地路径），可以通过 wx.downloadFile 接口获取文件路径
showMenu	否	是否显示右上角菜单按钮，默认值为 false
fileType	否	文件的类型，用来打开指定类型的文件
success	否	接口调用成功的回调函数
fail	否	接口调用失败的回调函数
complete	否	接口调用结束的回调函数（调用成功、失败都会执行）

创建一个 test.docx 文件，并在文件中随意编写一些文本信息，然后将 test.docx 文件放置到 Flask 项目的 static 文件夹，运行 Flask 项目。在 WXML 文件中进行打开文件界面设置，界面中一个按钮用来从服务器上下载文件，一个按钮用来打开文件。具体代码如下所示。

```
//demo-3/pages/openDocument/openDocument.wxss
.container{
  width: 500rpx;
  margin: auto;
  border:2rpx dotted green;
}
.title{
  font-size: xx-large;
  margin-bottom: 80rpx;
}
image{
  width:300rpx;
  margin-top: 20rpx;
}

//demo-3/pages/openDocument/openDocument.wxml
<view class="container">
  <view class="title">打开文档</view>
  <button bindtap="downloadFile">下载文档</button>
  <button type="primary" bindtap="openDocument">打开文档</button>
</view>
```

图 6-7 打开文件的界面

打开文件界面的效果如图 6-7 所示。

在 JS 文件中实现文件打开功能，需要先通过 wx.downloadFile 接口将文件进行下载，然后再在调用 wx.openDocument 接口将文件打开，具体实现代码如下所示。

```
//demo-3/pages/openDocument/openDocument.js
Page({
  data: {
    filePath:'',                              //文件路径
  },
  //下载文档
  downloadFile:function(){
    var that=this
```

```
    wx.downloadFile({
      url: 'http://localhost:8080/static/test.docx',  //文件在服务器上的路径
      success(res){
        if(res.statusCode==200){
          console.log('下载成功')
          console.log(res)
          //提示信息
          wx.showToast({
            title: '下载成功',
          })
          that.setData({
            filePath:res.tempFilePath,                   //设置文件路径
          })
        }
      },
      fail(res){
        console.log('下载失败')
      },
    })
  },

  //打开文档
  openDocument:function(){
    var that=this
    var filePath=that.data.filePath
    if(filePath==''){
      //提示信息
      wx.showToast({
        title: '未下载文件',
        icon:'none',
      })
    }else{
      wx.openDocument({
        filePath: this.data.filePath,                    //文档路径
        fileType: 'docx',                                //文档类型
        showMenu: true,                                  //是否显示菜单按钮
        success(res){
          console.log('打开成功')
          console.log(res)
        },
        fail(res){
          console.log('打开失败')
        },
      })
    }
  },
})
```

运行上面代码，先点击“下载文档”按钮将文件进行下载，然后点击“打开文档”按钮，使用微信自带的预览工具或者其他软件来打开文件进行显示，具体效果如图 6-8 所示。

（a）下载文件

（b）打开文件

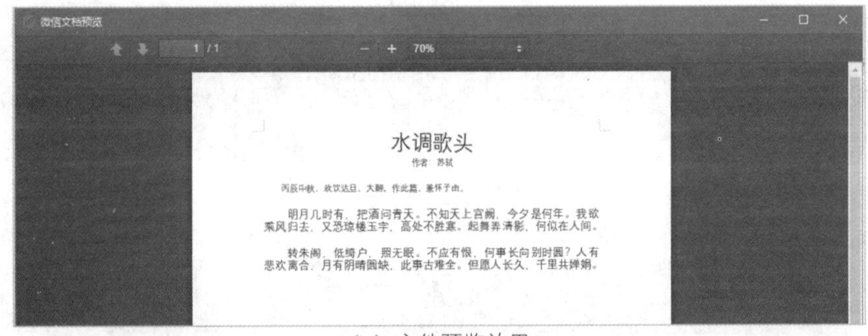

（c）文件预览效果

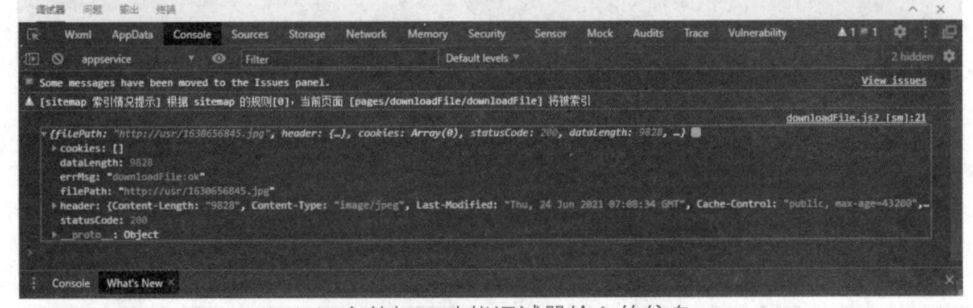

（d）文件打开功能调试器输入的信息

图 6-8 文件打开功能的运行效果

打开其他类型的文件需要借助其他接口，例如，wx.playBackgroundAudio 接口用来播放背景音乐，wx.playVoice 接口用来播放音频。

6.5 文件管理器

小程序的文件接口，实质上就是一套以小程序和用户维度进行存储隔离以及管理的文件系统提供的接口。这个文件系统有一个文件管理器（FileSystemManager），通过这个文件管理器，可以调用一些接口实现对文件系统的管理。

1. 获取小程序文件管理器

使用 wx.getFileSystemManager()接口时会返回一个 FileSystemManager 对象，这个对象就是小程序全局唯一的文件管理器，获取文件管理器的示例代码如下所示。

```
//获取文件管理器对象
var fs = wx.getFileSystemManager()
```

2. 文件管理器可以调用的接口

小程中的文件接口分为同步接口与异步接口两种，以 Sync 结尾的是同步接口，没有的都是异步接口，其中异步接口的效率要高于同步接口，但是异步接口代码没有同步接口代码的可读性高，不熟悉该接口的情况下容易出现问题，而同步接口的安全性相对较高，因此在涉及缓存的时候，更建议使用同步接口。

以文件管理器中判断文件/目录是否存在接口为例，演示同步接口与异步接口的代码结构，示例代码如下所示。

```
//获取文件管理器对象
fs = wx.getFileSystemManager()
//通过文件管理器对象调用判断文件/目录是否存在的异步接口
fs.access({
  path: `${wx.env.USER_DATA_PATH}/文件名.文件类型`,
  success(res) {
    //文件存在
    console.log(res)
  },
  fail(res) {
    //文件不存在或其他错误
    console.error(res)
  }
})

//同步接口调用
try {
  fs.accessSync(`${wx.env.USER_DATA_PATH}/文件名.文件类型`)
} catch(e) {
  console.error(e)
}
```

FileSystemManager 对象中常用的一些接口如表 6-8 所示。

表 6-8　FileSystemManager 对象常用的一些接口

接口名称	说　明
access	判断文件/目录是否存在的异步接口
accessSync	判断文件/目录是否存在的同步接口
appendFile	在文件结尾追加内容的异步接口
appendFileSync	在文件结尾追加内容的同步接口
close	关闭文件的异步接口
closeSync	关闭文件的同步接口
copyFile	复制文件的异步接口
copyFileSync	复制文件的同步接口

续表

接口名称	说明
mkdir	创建目录的异步接口
mkdirSync	创建目录的同步接口
open	打开文件，返回一个文件描述符，异步接口
openSync	打开文件，返回一个文件描述符，同步接口
read	读文件的异步接口
readSync	读文件的同步接口
saveFile	将临时文件存储到本地的异步接口
saveFileSync	将临时文件存储到本地的同步接口
write	写入文件的异步接口
writeSync	写入文件的同步接口
removeSavedFile	删除该小程序下已保存的本地缓存文件的异步接口

更多的 FileSystemManager 对象可调用接口，以及接口中的详细参数，可以查阅微信小程序开发文档中的相关文件 API。

6.6 就业面试技巧与解析

本章主要学习微信小程序的文件 API，通过文件保存、获取文件与文件信息、删除文件等接口以及文件管理的讲解，可以使读者对小程序中文件系统有较全面的认识，对基础的文件操作也有一定的了解与掌握，下面通过一些面试题，来加深读者对小程序文件系统的理解。

6.6.1 面试技巧与解析（一）

面试官：同步接口与异步接口的区别有哪些？

应聘者：

小程序中以 Sync 结尾的 API 都是同步接口，其他没有特殊说明的一般都是异步接口，例如 wx.createWorker 和 wx.getBackgroundAudioManager 接口没有以 Sync 结尾就属于异步接口。

同步接口，使用同步接口时如果调用成功会返回一个返回值，如果调用失败会直接抛出调用失败的信息，同步接口的代码结构比较简单容易理解。并且同步接口会阻塞当前线程，只有任务执行完毕，线程才能运行其他任务。

异步接口，使用异步接口时无论接口调用成功与否都不会返回相应的返回值，想要获取返回的信息需要传入一个回调函数进行接收，例如，success 回调函数用来获取接口调用成功的信息，fail 回调函数用来获取接口调用失败的信息，因此异步接口的代码结构相对而言比较复杂，不便于阅读与理解。并且异步接口不会阻塞当前线程，在任务执行完毕之前，线程可以切至优先度更高的任务运行。

同步接口与异步接口各有特点各有优势，异步接口效率高，但是使用不熟悉的接口容易出现未知错误，同步接口效率相对较慢，但是不容易出现错误比较安全。在涉及缓存方面更推荐使用同步接口，尽量不要使用异步接口。

6.6.2 面试技巧与解析（二）

面试官：简单介绍一下微信小程序的文件系统。

应聘者：

小程序的文件系统是小程序提供的一套以小程序和用户维度隔离的存储以及一套相应的管理接口。所有文件系统的管理操作通过 FileSystemManager 文件管理器对象来调用。小程序中的文件可以分为两大类。

（1）代码包文件：代码包文件指的是在项目目录中添加的文件。

由于小程序体积的限制，因此代码包文件的大小也会受到限制，所以代码包中通常存放一些用于首次加载所需的文件，那些内容较大或需要动态更换的文件一般不存放在代码包中，而是在小程序启动后通过下载接口下载到本地。

（2）本地文件：通过调用接口本地产生，或通过网络下载下来，存储到本地的文件。

本地文件指的是小程序被用户添加到手机后，会有一块独立的文件存储区域，以用户维度隔离。本地文件通常可以分为三类。

①本地临时文件：临时产生，随时会被回收的文件。不限制存储大小。

②本地缓存文件：小程序通过接口把本地临时文件缓存后产生的文件，不能自定义目录和文件名。除非用户主动删除小程序，否则不会被删除。跟本地用户文件共计，普通小程序最多可存储 10MB，游戏类目的小程序最多可存储 50MB。

③本地用户文件：小程序通过接口把本地临时文件缓存后产生的文件，允许自定义目录和文件名。除非用户主动删除小程序，否则不会被删除。跟本地缓存文件共计，普通小程序最多可存储 10MB，游戏类目的小程序最多可存储 50MB。

第7章

数据缓存 API

本章概述

本章学习小程序数据缓存的相关 API，每个小程序都有自己的本地缓存，可以和官方提供的 API 结合使用。例如，wx.setStorage、wx.getStorage、wx.clearStorage 等接口，对小程序缓存进行设置、获取、清除等操作。

知识导读

本章要点（已掌握的在方框中打钩）

- ☐ 设置缓存
- ☐ 获取缓存
- ☐ 清除缓存

7.1　设置小程序缓存

每个小程序都有自己的本地缓存，并且每个小程序的本地缓存是独立的。小程序被用户通过使用加载到手机后，会有一块独立的文件存储区域，这个存储区域是以用户维度进行隔离的，使用一部手机登录不同的微信账号，这些微信账号的本地缓存并不共享，每个账号只能访问各自账号下的本地缓存，同一个微信账号使用不同的小程序，每个小程序访问的本地缓存也不共享，每个小程序只能访问各自的本地缓存。微信客户端、微信账号、小程序三者之间本地缓存关系如图 7-1 所示。

小程序的缓存结构类似于 JSON 字符串，是 key-Value 形式的，可以在缓存中设置一个特定的 Key 来进行数据存储。目前缓存中可以存储的数据，只支持原生类型、Date 以及能够通过 JSON.stringify 序列化的对象。

设置小程序缓存时根据使用接口的不同，还可以分为异步本地缓存设置与同步本地缓存设置。其中异步方式不会阻塞当前线程，无论数据是否保存成功，程序都可以继续执行；而同步方式会阻塞当前线程，只有任务完成（数据存储成功），程序才能继续执行。因此异步本地缓存设置的数据性能较好，同步本地缓存设置的数据安全性较好。

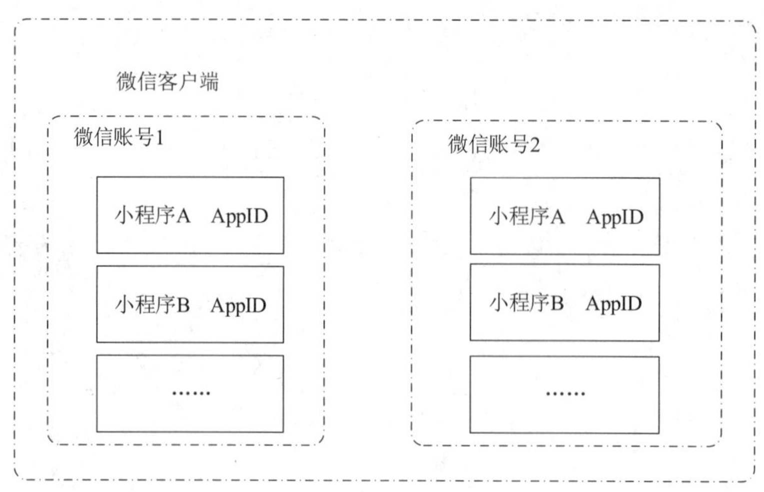

图 7-1 微信客户端、微信账号、小程序三者之间本地缓存关系

7.1.1 异步本地缓存设置

小程序中用来进行异步本地缓存设置的 API 是 wx.setStorage(Object object)，该接口中的一些常用参数如表 7-1 所示。

表 7-1 wx.setStorage API 中的常用参数

参 数	是否必填	说 明
key	是	本地缓存中指定的 key
data	是	需要存储的数据内容
success	否	接口调用成功的回调函数
fail	否	接口调用失败的回调函数
complete	否	接口调用结束的回调函数（调用成功、失败都会执行）

wx.setStorage()接口的示例代码如下所示。

```
//wx.setStorage API
wx.setStorage({
  key:"name",       //用来从本地缓存中查询数据的键
  data:"小明",      //要存储到本地缓存中的数据
  success(res){
    console.log('本地缓存数据设置成功')
    console.log(res)
  },
  fail(res){
    console.log('本地缓存数据设置失败')
  },
  complete(res){
    console.log('调用完毕')
  }
})
```

7.1.2 同步本地缓存设置

小程序中用来进行同步本地缓存设置的 API 是 wx.setStorageSync(string key, any data)，该接口主要有两

个参数，其中一个 String 类型的参数用来指定本地缓存中特定的 Key，另一个参数没有指明具体的数据类型，主要用来存储本地缓存中的数据。

wx. setStorageSync()接口的示例代码如下所示。

```
//wx.setStorageSync API
try {
  wx.setStorageSync('key', 'value')//使用 wx.setStorageSync API 并传入相应的参数
}
catch (e) {
  //进行异常处理的代码
}
```

7.1.3　本地缓存设置的实例

无论使用异步本地缓存设置方式还是同步本地缓存设置方式，都需要注意小程序中的本地缓存是有限制的，一个小程序本地缓存中单个 Key 可以存储的数据最大长度为 1MB，所有 Key 中存放的数据总和不能超过 10MB。如果不是用户主动删除或者因为存储空间原因被系统清除，那么在小程序本地缓存中存放的数据一般来说可以一直使用。本地缓存中指定 Key 是唯一的，如果先后两次设置同一 Key，那么后设置的数据覆盖先设置的数据。

通过 wx.setStorage()接口来实现一个简单的通信录，这个通信录由 contacts（联系人）、details（详情）两个页面构成，其中联系人界面要填写一个电话号码来创建一个联系人，通过填写电话号码后会跳转到详情界面，在详情界面可以填写姓名、性别、年龄等个人信息，填写完成后可以将电话号码作为 Key，个人信息作为数据保存到本地缓存中，具体代码如下所示。

```
//联系人界面代码
//demo-4/pages/contacts/contacts.wxss
.container{
  width: 500rpx;
  margin: auto;
  border:2rpx dotted green;
}
.title{
  font-size: xx-large;
  margin-bottom: 80rpx;
}
input{
  height: 80rpx;
  border:2rpx dotted red;
  margin: 40rpx;
}

//demo-4/pages/contacts/contacts.wxml
<view class="container">
  <view class="title">添加联系人</view>
  <input type="number" name="tel" placeholder="请输入手机号" bindblur="getInput"/>
  <button type="primary" bindtap="addUser">添加用户</button>
</view>

//详情界面代码
//demo-4/pages/details/details.wxss
.container{
  width: 600rpx;
  margin: auto;
  border:2rpx dotted green;
}
```

```
input{
  height: 80rpx;
  border:2rpx dotted red;
  margin: 40rpx;
}

//demo-4/pages/details/details.wxml
<view class="container">
  <form bindsubmit="formSubmit">
    <view class="iview">
      <text>姓名: </text>
      <input type="text" name="name" placeholder="请输入姓名"/>
      <text>年龄: </text>
      <input type="number" name="age" placeholder="请输入年龄"/>
      <text>性别: </text>
      <input type="text" name="sex" placeholder="请输入性别"/>
      <text>电话: </text>
      <input type="number" name="tel" placeholder="请输入电话"/>
    </view>
    <button type="primary" form-type="submit" >保存</button>
  </form>
</view>
```

简易通信录界面的效果如图 7-2 所示。

(a) 联系人界面效果

(b) 详情界面效果

图 7-2　简易通信录的界面

接着需要分别在联系人界面与详情界面的 JS 文件中完善代码，在 contacts.js 文件中的 getInput()事件函数会将用户填写的手机号保存到页面数据中，当用户点击“添加用户”按钮时会触发 addUser()事件函数，将用户填写的手机号设置为本地缓存指定的 Key，设置成功后携带着 Key 跳转到详情界面。在 details.js 文件中要分别获取 Key 和用户填写的信息，然后根据 Key 将用户信息保存到本地缓存中，具体代码如下所示。

```
//demo-4/pages/contacts/contacts.js
Page({
  data: {
    tel:'',    //联系人电话(Key)
  },
```

```
  //获取输入的值
  getInput:function(e){
    console.log(e.detail.value)
    this.setData({
      tel:e.detail.value
    })
  },
  //添加联系人
  addUser:function(){
    var tel=this.data.tel
    if(tel.length==0){
      //提示信息
      wx.showToast({
        title: '不能为空',
        icon:'none',
      })
    }
    else{
      //设置本地缓存
      wx.setStorage({
        key:tel,    //本地缓存中指定的 Key
        data:'',    //存储的数据
        success(res){
          console.log('存储成功')
          console.log(res)
          //提示信息
          wx.showToast({
            title: '添加成功',
          })
          //携带参数跳转到详情页
          wx.navigateTo({
            url: '/pages/details/details?key='+tel,
          })
        },
        fail(res){
          console.log('存储失败')
        }
      })
    }
  },
})

//demo-4/pages/details/details.js
Page({
  data: {
    key:'',         //本地缓存中指定的 Key
  },
  //向本地存储中设置用户信息
  formSubmit:function(e){
    //获取本地存储中指定的 Key
    var key=this.data.key
    //获取用户数据
    var data=e.detail.value
    console.log(data)
    //判断用户信息是否完整
    if(data.name.length==0 || data.age.length==0 || data.sex.length==0 || data.tel.length==0){
      //提示信息
      wx.showToast({
```

```
        title: '用户信息不完整！',
        icon:'none',
      })
    }
    else{
      //将用户信息设置到本地缓存中
      wx.setStorage({
        key:key,           //指定的 Key
        data:data,         //用户信息
        success(res){
          console.log('用户信息存储成功')
          console.log(res)
          //提示信息
          wx.showToast({
            title: '存储成功',
          })
        }
      })
    }
  },
  onLoad: function (options) {
    //获取携带的 Key
    var key=options.key
    //设置数据
    this.setData({
      key:key
    })
  },
})
```

运行上述代码，简易通信录运行效果如图 7-3 所示。

（a）添加用户

（b）填写用户信息

图 7-3　简易通信录运行效果

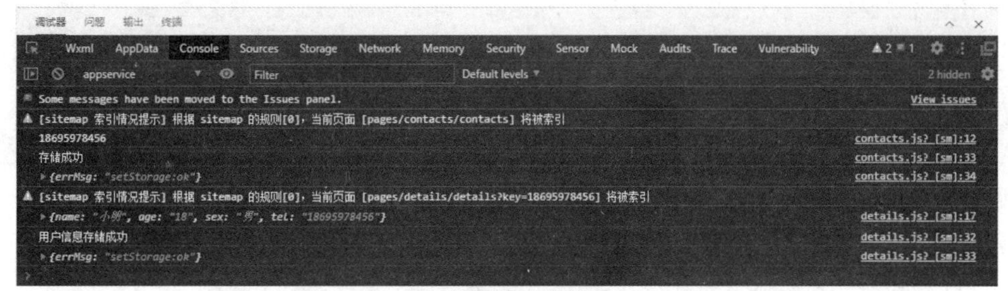

（c）调试器输出信息

图 7-3　简易通信录运行效果（续）

7.2　获取小程序缓存

小程序通过向本地缓存中指定一个特殊的 Key 来存储信息，这个 Key 是唯一的，因此可以通过这个 Key 来查询本地缓存中存储的信息。小程序中常用的获取本地缓存中信息的方法有以下几种。

（1）wx.getStorage(Object object)——从本地缓存中异步获取指定 Key 的内容。

（2）wx.getStorageSync(string key)——从本地缓存中同步获取指定 Key 的内容。

（3）wx.getStorageInfo(Object object)——异步获取当前本地缓存中的信息。

（4）wx.getStorageInfoSync()——同步获取当前本地缓存中的信息。

7.2.1　wx.getStorageInfo

该接口是一个异步接口，通过该接口可以获取当前本地缓存中的所有信息，查询时不需要指定特定的 Key，wx.getStorageInfo 接口中的一些常用参数如表 7-2 所示。

表 7-2　wx.getStorageInfo API 中的常用参数

参　数	是否必填	说　明
success	否	接口调用成功的回调函数，具体返回内容如表 7-3 所示
fail	否	接口调用失败的回调函数
complete	否	接口调用结束的回调函数（调用成功、失败都会执行）

使用 wx.getStorageInfo 接口，调用成功后 success 回调函数会返回本地缓存中指定的 Key、已使用的存储空间、限制的存储空间等信息，具体属性说明如表 7-3 所示。

表 7-3　wx.getStorageInfo API success 回调函数中的常用属性

属　性	类　型	说　明
keys	Array.<string>	当前本地缓存中所有的 Key
currentSize	number	当前已使用的空间大小，单位是 KB
limitSize	number	限制的空间大小，单位是 KB

wx.getStorageInfo 接口的示例代码如下所示。

```
//wx.getStorageInfo API
wx.setStorage({
  success(res){
```

```
        //本地缓存中所有的 Key
        console.log(res.keys)
        //已使用的存储空间
        console.log(res.currentSize)
        //限制的存储空间
        console.log(res.limitSize)
      },
      fail(res){
        console.log('调用失败')
      },
      complete(res){
        console.log('调用完毕')
      }
    })
```

7.2.2 wx.getStorageInfoSync

该接口是一个同步接口，作用与 wx.getStorageInfo 接口一致，都是获取当前本地缓存中的所有信息，只是使用方法有所区别，wx.getStorageInfoSync 接口的示例代码如下所示。

```
//wx.getStorageSync API
try {
  //创建一个获取本地缓存的对象
  const res = wx.getStorageInfoSync()
  console.log(res.keys)
  console.log(res.currentSize)
  console.log(res.limitSize)
} catch (e) {
  //进行异常与错误处理
}
```

7.2.3 wx.getStorage

该接口是一个异步接口，需要使用本地缓存中指定的 Key 来查询缓存中存储的信息，wx.getStorage 接口中的一些常用参数如表 7-4 所示。

表 7-4　wx.getStorage API 中的常用参数

参　数	是否必填	说　明
key	是	本地缓存中指定的 Key
success	否	接口调用成功的回调函数，其返回值中有一个 data 参数，是指定 Key 对应的数据信息
fail	否	接口调用失败的回调函数
complete	否	接口调用结束的回调函数（调用成功、失败都会执行）

wx.getStorage 接口的示例代码如下所示。

```
//wx.getStorage API
wx.getStorage ({
  key: ' ',//本地缓存中指定的 Key
  success(res){
    //指定 Key 对应的数据信息
    console.log(res.data)
  },
  fail(res){
    console.log('调用失败')
  },
  complete(res){
```

```
    console.log('调用完毕')
  }
})
```

7.2.4 wx.getStorageSync

该接口是 wx.getStorage 接口的同步版本，使用时需要将本地缓存指定的 Key 作为参数传入，Key 对应缓存中的数据信息会以返回值形式返回。wx.getStorageSync 接口的示例代码如下所示。

```
//wx.getStorageSync API
try {
  //创建一个获取指定 Key 对应数据信息的对象
  const value= wx.getStorageSync('指定的 Key')
  if(value){
    console.log(value.data)
  }
} catch (e) {
  //进行异常与错误处理
}
```

7.2.5 获取本地缓存的实例

借助 wx.getStorage()与 wx.getStorageInfo()接口实现小程序缓存的查看功能，可以查询缓存中所有的 Key，以及这些 Key 对应的数据信息。获取本地缓存的界面代码如下所示。

```
//demo-4/pages/getStorage/getStorage.wxss
.container{
  width: 500rpx;
  margin: auto;
  border:2rpx dotted green;
}
.title{
  font-size: xx-large;
  margin-bottom: 80rpx;
}
._view{
  background-color: darkgrey;
  width: 450rpx;
}
button{
  margin: 20rpx;
}

//demo-4/pages/getStorage/getStorage.wxml
<view class="container">
  <view class="title">查询本地缓存</view>
  <button type="primary" bindtap="queryKey">查询 Key</button>
  <view>显示 key</view>
  <view class="_view" wx:if="{{keys}}">
    <radio-group bindchange="radioChange">
        <label wx:for="{{keys}}" wx:key="{{index}}">
          <view>
            <radio value="{{item}}" />{{item}}
          </view>
        </label>
      </radio-group>
  </view>
  <button type="primary" bindtap="queryInfo">查询信息</button>
  <view>显示信息</view>
```

```
  <view class="_view" wx:if="{{istrue}}">{{data}}</view>
</view>
```

查询本地缓存界面效果如图 7-4 所示。

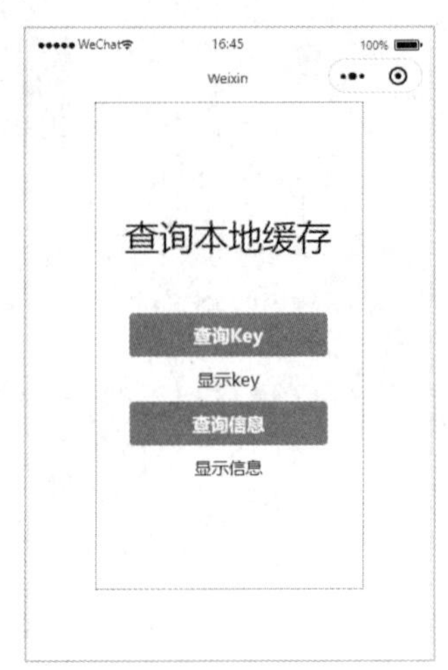

图 7-4　查询本地缓存界面

点击“查询 Key”按钮时会触发 queryKey 事件函数，调用 wx.getStorageInfo 接口获取当前本地缓存所有 Key 的列表，并将这些 Key 的列表保存到页面数据中。当 Key 的列表存在时，会通过 for 循环将这些 Key 以单选框的形式显示在界面上。选择指定的 Key 后，点击“查询信息”按钮，会触发 queryInfo 事件函数，调用 wx.getStorage 接口通过选择的 Key 查询本地缓存中的数据信息，最终将查询到的信息显示在页面上。getStorage.js 页面中的具体实现代码如下所示。

```
//demo-4/pages/getStorage/getStorage.js
Page({

  /**
   * 页面的初始数据
   */
  data: {
    keys:[],   //当前本地缓存中的所有 Key
    key:'',    //指定的 Key
    data:{},   //Key 对应的数据信息
    istrue:false,
  },
  //查询 Key
  queryKey:function(){
    var that=this
    wx.getStorageInfo({
      success(res) {
        console.log('查询成功')
        console.log(res)
        that.setData({
          keys:res.keys
        })
      },
    })
  },
  //更改选中的 Key
  radioChange:function(e){
    var key=e.detail.value
    console.log(key)
```

```
    this.setData({
      key:key
    })
  },

  //查询信息
  queryInfo:function(){
    var that=this
    //获取 Key
    var key=that.data.key
    //判断是否选择了 Key
    if(key==''){
      //提示信息
      wx.showToast({
        title: '未选择 Key',
        icon:'none',
      })
    }else{
    //查询信息
    wx.getStorage({
      key:key,//查询的 key
      success(res){
        console.log('查询成功')
        console.log(res)
        //设置查询信息
        that.setData({
          data:res.data,
          istrue:true
        })
      }
    })
    }
  },
})
```

查询本地缓存运行效果如图 7-5 所示。

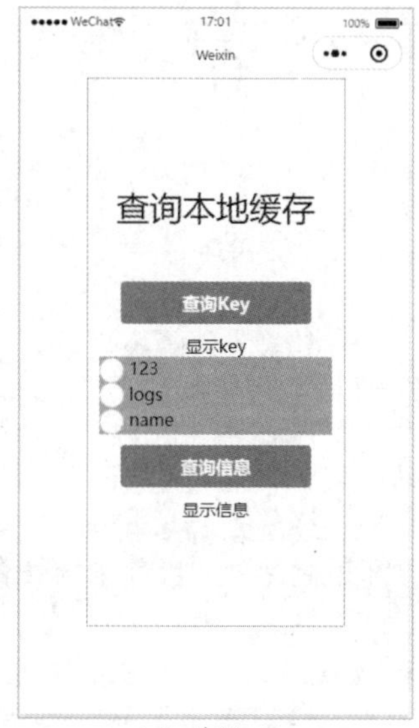

（a）查询 Key

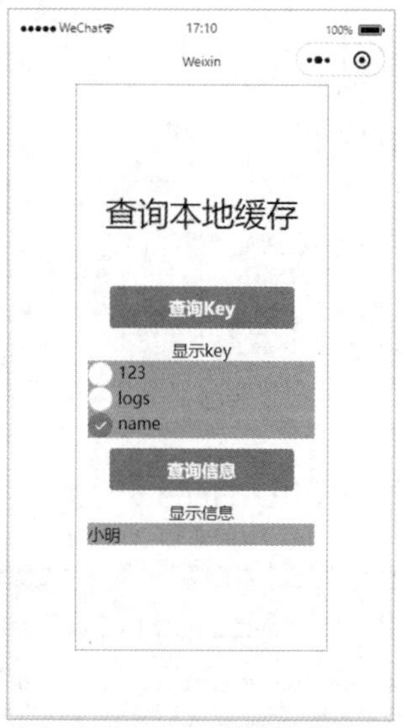

（b）查询 Key 对应的数据信息

图 7-5　查询本地缓存运行效果

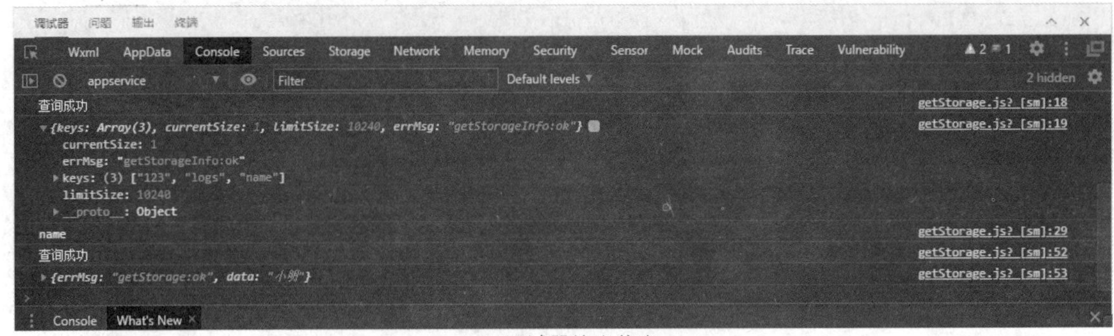

（c）调试器输出信息

图 7-5　查询本地缓存运行效果（续）

7.3　清除小程序缓存

清除小程序缓存的方式有两种，一种是将小程序缓存中的内容全部清除，另一种是通过 Key 针对性地删除小程序的缓存。小程序中常用的清除本地缓存中信息的方法有以下几种。

（1）wx.removeStorage(Object object)——从本地缓存中异步清除指定 Key 的内容。

（2）wx.removeStorageSync(string key)——从本地缓存中同步清除 Key 的内容。

（3）wx.clearStorage(Object object)——异步清除当前本地缓存中的所有内容。

（4）wx.clearStorageSync()——同步清除当前本地缓存中的所有内容。

7.3.1　wx.clearStorage

该接口是一个异步接口，无须使用 Key，可以使用该接口直接清除当前本地缓存中的所有内容，wx.clearStorage 接口的示例代码如下所示。

```
//wx.clearStorage API
wx. clearStorage ({
  success(res){
    console.log('清空全部缓存')
  },
  fail(res){
    console.log('调用失败')
  },
  complete(res){
    console.log('调用完毕')
  }
})
```

7.3.2　wx.clearStorageSync

该接口是一个同步接口，作用与 wx.clearStorage 接口一致，都是直接清空当前本地缓存中的所有信息，只是使用方法有所区别，wx.clearStorageSync 接口的示例代码如下所示。

```
//wx. clearStorageSync API
try {
  //清空当前本地缓存中的所有内容
  wx. clearStorageSync ()
} catch (e) {
```

```
    //进行异常与错误处理
  }
```

7.3.3　wx.removeStorage

该接口是一个异步接口，需要使用本地缓存中的 Key 来删除缓存中指定的存储信息，wx.removeStorage 接口中的一些常用参数如表 7-5 所示。

表 7-5　wx.removeStorage API 中的常用参数

参　　数	是否必填	说　　明
key	是	本地缓存中指定的 Key
success	否	接口调用成功的回调函数
fail	否	接口调用失败的回调函数
complete	否	接口调用结束的回调函数（调用成功、失败都会执行）

wx.removeStorage 接口的示例代码如下所示。

```
//wx.removeStorage API
wx.removeStorage ({
  key: ' ',//本地缓存中指定的 Key
  success(res){
    console.log('删除成功')
  },
  fail(res){
    console.log('调用失败')
  },
  complete(res){
    console.log('调用完毕')
  }
})
```

7.3.4　wx.removeStorageSync

该接口是 wx.removeStorage 接口的同步版本，使用时需要将本地缓存指定的 Key 作为参数传入，从而删除缓存中的指定信息。wx.removeStorageSync 接口的示例代码如下所示。

```
//wx.removeStorageSync API
try {
  //通过 Key 来删除缓存中指定的内容
  wx.removeStorageSync('指定的 Key')
  if(value){
    console.log(value.data)
  }
} catch (e) {
  //进行异常与错误处理
}
```

7.3.5　清除本地缓存的实例

主要使用 wx.clearStorage()与 wx.removeStorage()接口来实现小程序缓存清除的功能，可以查询缓存中所有的 Key，选择这些 Key 进行针对性删除也可以直接清除全部内容。清除本地缓存的界面代码如下所示。

```
//demo-4/pages/clearStorage/clearStorage.wxss
.container{
  width: 500rpx;
```

```
  margin: auto;
  border:2rpx dotted green;
}
.title{
  font-size: xx-large;
  margin-bottom: 80rpx;
}
._view{
  background-color: darkgrey;
  width: 450rpx;
}
button{
  margin: 20rpx;
}

//demo-4/pages/clearStorage/clearStorage.wxml
<view class="container">
  <view class="title">清除本地缓存</view>
  <button type="primary" bindtap="queryKey">查询 Key</button>
  <view>显示 key</view>
  <view class="_view" wx:if="{{keys}}">
    <radio-group bindchange="radioChange">
        <label wx:for="{{keys}}" wx:key="{{index}}">
          <view>
            <radio value="{{item}}" />{{item}}
          </view>
        </label>
      </radio-group>
  </view>
  <button type="primary" bindtap="delKey">清除 Key</button>
  <button type="primary" bindtap="delAll">清除全部</button>
</view>
```

图 7-6　清除本地缓存界面效果

清除本地缓存界面效果如图 7-6 所示。

在 clearStorage.js 文件中通过 wx.clearStorage()与 wx.removeStorage()接口来实现小程序缓存的清除功能，其中 delKey()事件函数会调用 wx.removeStorage()接口来删除本地缓存中指定的 Key，使用该事件函数前需要先使用 queryKey()事件函数来查询当前所有的 Key，从中选择一个进行删除。delAll()事件函数可以调用 wx.clearStorage()接口，无须获取本地缓存中的 Key 就可以清除缓存中的全部内容。具体的实现代码如下所示。

```
//demo-4/pages/clearStorage/clearStorage.js
Page({

  /**
   * 页面的初始数据
   */
  data: {
    keys:[],  //当前本地缓存中的所有 Key
    key:'',   //指定的 Key
  },
  //查询 Key
  queryKey:function(){
    var that=this
    wx.getStorageInfo({
      success(res) {
        console.log('查询成功')
        console.log(res)
        that.setData({
```

```
          keys:res.keys
        })
      },
    })
  },
  //更改选中的 Key
  radioChange:function(e){
    var key=e.detail.value
    console.log(key)
    this.setData({
      key:key
    })
  },
  //清除选中的 Key
  delKey:function(){
    var that=this
    //获取 Key
    var key=that.data.key
    //判断是否选择了 Key
    if(key==''){
      wx.showToast({
        title: '未选择 Key',
        icon:'none',
      })
    }
    else{
      //删除本地缓存中指定的 Key
      wx.removeStorage({
        key: key,
        success(res){
          console.log('删除成功')
          console.log(res)
          //提示信息
          wx.showToast({
            title: '删除成功',
          })
          //重新加载 Key
          that.queryKey()
        },
        fail(res){
          console.log('删除失败')
        }
      })
    }
  },
  //清除全部
  delAll:function(){
    wx.clearStorage({
      success(res){
        console.log('删除成功')
        console.log(res)
        //提示信息
        wx.showToast({
          title: '删除成功',
        })
      },
      fail(res){
        console.log('删除失败')
```

```
        }
      })
    },
})
```

清除本地缓存运行效果如图 7-7 所示。

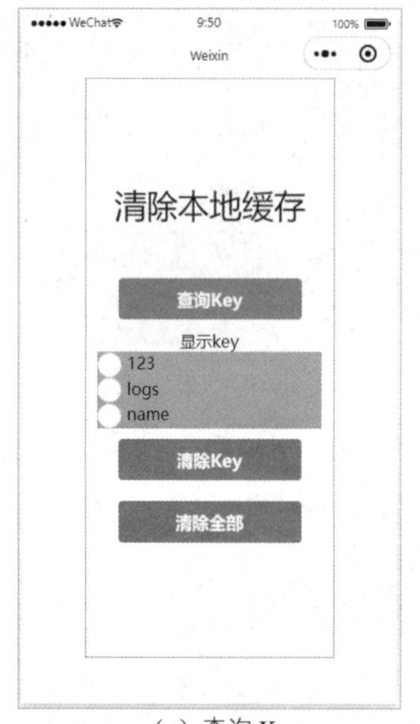

（a）查询 Key

（b）删除指定 Key

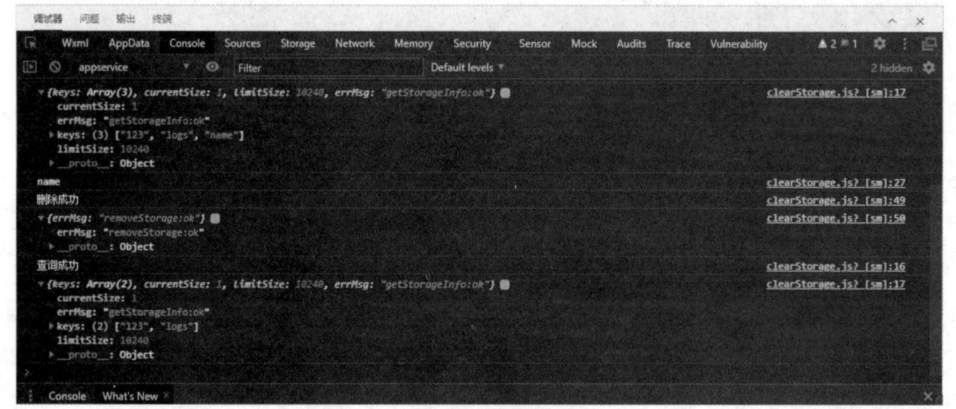

（c）调试器输出信息

图 7-7　清除本地缓存运行效果

7.4　就业面试技巧与解析

本章主要学习微信小程序数据缓存 API，通过 wx.setStorage、wx.getStorage、wx.removeStorage 等接口的学习，可以加深读者对小程序缓存数据结构的理解，提高对存储、获取、删除操作的熟练程度，为后续开发过程中的应用奠定基础。

7.4.1 面试技巧与解析（一）

面试官：小程序中数据缓存的特点有哪些？

应聘者：

小程序缓存在实际开发中经常使用，它有以下特点。

（1）小程序缓存有限制，不能用来存储大量的数据，单个 Key 存储最大数据长度为 1MB，总数据存储上限为 10MB。

（2）小程序缓存除非用户主动清除或者由于存储空间原因被系统清理，其中的数据一直可以使用。

（3）小程序缓存中的数据是以 key-value 形式存储的。

（4）小程序缓存中的 Key 是唯一的，如果使用同一个 Key 进行多次存储，那么最后一次存储的内容将覆盖之前存储的内容。

7.4.2 面试技巧与解析（二）

面试官：小程序页面之间有哪些数据传递方式？

应聘者：

小程序中的页面是独立的、有作用域的，每个页面的数据仅能由这个页面使用，其他页面无法使用，要想将某一个页面的数据传递到其他页面可以采用以下方式。

（1）使用全局变量，在小程序中全局变量作用于整个小程序，因此所有页面都可以进行访问。

（2）页面跳转或重定向时，使用 url 携带参数。

（3）使用组件模板 template 传递参数。

（4）使用缓存传递参数，缓存与全局变量类似，是整个小程序共享的，所有页面都可以使用。

（5）使用数据库传递数据，数据库中的数据是共享的，不同的页面都可以通过数据库接口访问相同的数据。

第 8 章

媒体 API

本章概述

本章带领读者学习小程序媒体相关的 API，小程序中的媒体 API 主要用来进行相机、图片、音频、视频、地图等方面的处理与操作。通过这些接口可以实现调用原生相机进行拍照、保存图片、录音、播放音视频等操作。

知识导读

本章要点（已掌握的在方框中打钩）

□ 图片 API
□ 视频 API
□ 音频 API
□ 相机 API
□ 地图 API

8.1　图片 API

图片 API 是小程序中使用频率最高的媒体接口，例如在进行用户注册或认证时，往往需要上传头像或者证件照，这种情况就是通过图片 API 来实现的。小程序中与图片相关的接口有以下几种。

（1）wx.chooseImage(Object object)——从本地相册中选择图片，或者通过相机拍照。

（2）wx.saveImageToPhotosAlbum(Object object)——将图片保存到系统相册中。

（3）wx.getImageInfo(Object object)——获取图片信息。

（4）wx.compressImage(Object object)——压缩图片，用来设置图片压缩后的质量。

（5）wx.previewMedia(Object object)——预览图片或者视频。

（6）wx.previewImage(Object object)——打开一个新页面并且全屏预览图片，在预览的过程中用户可以进行保存、分享图片等操作。

8.1.1 wx.chooseImage

该接口有两种用途，一种从本地相册中选取图片，一种是调用相机拍照获取图片。wx.chooseImage 接口中常用的一些参数如表 8-1 所示。

表 8-1 wx.chooseImage API 中的常用参数

参 数	是否必填	说 明
count	否	可以选择的照片数量，默认值为 1
sizeType	否	选择图片的尺寸，默认值为['original','compressed']，其中'original'表示选择图片为原图，'compressed'表示选择图片为压缩后的图片
sourceType	否	图片的来源，默认值为['album','camera']，其中'album'表示图片从本地相册中获取，'camera'表示图片通过相机拍照获取
success	否	接口调用成功的回调函数，其中的 tempFilePaths 参数是选择图片在本地的临时文件路径列表，tempFiles 参数是图片的本地临时文件列表，存放着本地临时文件路径（path）和本地临时文件大小（size，单位为 B）
fail	否	接口调用失败的回调函数
complete	否	接口调用结束的回调函数（调用成功、失败都会执行）

wx.chooseImage 接口的示列代码如下所示。

```
//wx.chooseImage API
wx.chooseImage({
  count: 1,//设置可以选择的照片张数
  sizeType: ['original', 'compressed'], //设置图片质量,可以选择原图或者压缩图
  sourceType: ['album', 'camera'],       //设置图片来源,可以选择本地相册或者相机拍照
  success (res) {
    console.log('选择图片成功')
    console.log(res)
    //tempFilePath 图片的临时路径,可以作为 image 组件的 src 属性来显示图片
    const tempFilePaths = res.tempFilePaths
  },
  fail(res){
    console.log('选择图片失败')
  },
  complete(res){
    console.log('调用完毕')
  }
})
```

通过 wx.chooseImage 接口来实现一个更换头像功能，在 WXML 文件中主要有一个头像显示区域与一个头像更换按钮，点击按钮后可以选择图片进行头像更换，页面具体代码如下所示。

```
//demo-5/pages/chooseImage/chooseImage.wxss
.container{
  width: 500rpx;
  margin: auto;
  border:2rpx dotted green;
}
.title{
  font-size: xx-large;
  margin-bottom: 80rpx;
}
image{
  width: 150rpx;
  height: 150rpx;
```

```
  border-radius: 50rpx;
}
button{
  margin: 20rpx;
}

//demo-5/pages/chooseImage/chooseImage.wxss
<view class="container">
  <view class="title">选择图片</view>
  <view>
      <image src="{{img_src}}"></image>
  </view>
  <button type="primary" bindtap="changeImg">更换头像</button>
</view>
```

图 8-1　更换头像界面效果

更换头像界面效果如图 8-1 所示。

在 JS 文件中完善功能代码，当用户点击“更换头像”按钮后会触发 changeImg()事件函数，调用 wx.chooseImage 接口进行图片选择，最终实现界面上头像的更换，具体实现代码如下所示。

```
//demo-5/pages/chooseImage/chooseImage.js
Page({
  data: {
    img_src:'',                              //头像路径
  },
  //更换头像
  changeImg:function(){
    var that=this
    wx.chooseImage({
      count: 1,                              //可以选择照片的张数
      sizeType:['original','compressed'],    //可以选择原图或者压缩图
      sourceType:['album','camera'],         //可从相册中选择或者拍照
      success(res){
        console.log('选择成功')
        console.log(res)
       var tempFilepath= res.tempFilePaths[0]
        //将图片保存到缓存中
        wx.setStorage({
          key:'img_src',
          data:tempFilepath,
          success(res){
            console.log('更换成功')
            console.log(res)
            //设置图片信息
            that.setData({img_src:tempFilepath})
            //提示信息
            wx.showToast({
              title: '更换成功',
            })
          }
        })
      }
    })
  },
  onLoad: function (options) {
    var that=this
    //获取头像
    wx.getStorage({
      key:'img_src',
      success(res){
```

```
        console.log(res)
        that.setData({img_src:res.data})
      },
      fail(res){
        that.setData({
          img_src:'../../images/head.jpg',
        })
      }
    })
  },
})
```

上述代码中 onload()生命周期函数会通过 wx.getStorage 接口在页面加载时从缓存中查询 img_src，然后在 success 回调函数中设置图片在缓存中的路径，在 fail 回调函数中设置图片的默认路径，这样当查询到图片时会使用缓存中的图片作为头像，查询不到图片时会使用默认的图片作为头像。changeImg()事件函数是用户点击“更换头像”按钮时触发，调用 wx.chooseImage 接口来选择图片，并将选择的图片保存在缓存中，方便后续的使用。选择图片的运行效果如图 8-2 所示。

（a）从相册选择图片

（b）选择一张图片

（c）头像更换成功

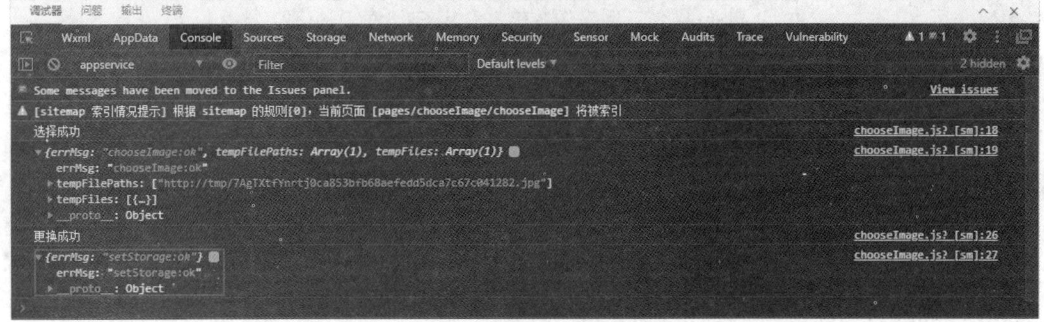

（d）调试器输出的信息

图 8-2　图片选择功能运行效果

8.1.2 wx.saveImageToPhotosAlbum

通过该接口可以将图片保存到本地系统相册中，一般情况下该接口不单独使用，需要与 wx.chooseImage 或 wx.downloadFile 接口结合使用。wx.saveImageToPhotosAlbum 接口的示例代码如下所示。

```
//wx.saveImageToPhotosAlbum API
wx.saveImageToPhotosAlbum({
  filePath: 'filePath',//图片的路径,可以是本地路径或者临时路径,不支持网络路径
  success(res) {
    console.log('调用成功')
  },
  fail(res){
    console.log('调用失败')
  },
    complete(res){
    console.log('调用结束')
  },
})
```

8.1.3 wx.getImageInfo

该接口是用来获取图片信息，可以获取本地路径、临时路径、网络路径等的图片信息，但是获取网络图片的信息需要先在小程序后台进行 download 域名的配置。wx.getImageInfo 接口的一些常用参数如表 8-2 所示。

表 8-2 wx. getImageInfo API 中的常用参数

参数	是否必填	说明
src	是	图片的路径，可以使用本地路径、临时路径、代码包路径、网络路径
success	否	接口调用成功的回调函数，返回的参数有 width、height，图片的原始宽度、高度，单位为 px；path，图片的本地路径；orientation，拍照时的设备方向；type，图片格式
fail	否	接口调用失败的回调函数
complete	否	接口调用结束的回调函数（调用成功、失败都会执行）

success 回调函数返回的参数 orientation 有一些合法值，具体的说明如表 8-3 所示。

表 8-3 参数 orientation 的合法值及说明

合法值	说明
up	默认方向（手机横持拍照），对应 Exif 库中的 1
up-mirrored	与 up 类似，但镜像翻转，对应 Exif 库中的 2
down	旋转 180 度，对应 Exif 库中的 3
down-mirrored	与 down 类似，但镜像翻转，对应 Exif 库中的 4
left	逆时针旋转 90 度，对应 Exif 库中的 5
left-mirrored	与 left 类似，但镜像翻转，对应 Exif 库中的 6
right	顺时针旋转 90 度，对应 Exif 库中的 7
right-mirrored	与 right 类似，但镜像翻转，对应 Exif 库中的 8

wx.getImageInfo 接口的示例代码如下所示。

```
//wx.getImageInfo API
wx.getImageInfo ({
  src: '图片路径',                    //可以是本地路径、临时路径，网络路径以及代码包路径
  success (res) {
    console.log('调用成功')
    console.log(res.width)        //原始图片的宽度
    console.log(res.height)       //原始图片的高度
  },
  fail(res){
    console.log('调用失败')
  },
  complete(res){
    console.log('调用结束')
  },
})
```

8.1.4　wx.compressImage

该接口是一个压缩图片接口，可以将一些本地图片进行压缩，降低图片质量，减少占用的存储空间，提高上传下载的速度。wx.compressImage 接口中的一些常用参数如表 8-4 所示。

表 8-4　wx.compressImageAPI 中的常用参数

参　数	是否必填	说　明
src	是	图片的路径，可以使用本地路径、临时路径、代码包路径、网络路径
quality	否	图片压缩质量，范围 0～100，默认值为 80，质量越高，压缩率越低（仅支持 jpg 类型的图片）
success	否	接口调用成功的回调函数，返回的参数有 tempFilePath，图片压缩后的临时路径（本地路径）
fail	否	接口调用失败的回调函数
complete	否	接口调用结束的回调函数（调用成功、失败都会执行）

wx.compressImage 接口的示例代码如下所示。

```
//wx.compressImage API
wx.compressImage ({
  src: '图片路径',
  quality: 80                          //图片压缩质量
  success (res) {
    console.log('调用成功')
    console.log(res.tempFilePath)      //图片压缩后的临时路径
  },
  fail(res){
    console.log('调用失败')
  },
  complete(res){
    console.log('调用结束')
  },
})
```

8.1.5　wx.previewMedia 与 wx.previewImage

这两个接口都可用来预览图片，只是应用时的效果有所区别，wx.previewMedia 接口可以用来预览图片和视频，而 wx.previewImage 接口是打开一个新界面全屏预览图片，并且用户在预览过程中可以保存图片或者将图片发送给朋友。这两个接口中的一些常用参数如表 8-5 和表 8-6 所示。

表 8-5　wx.previewMedia 接口中的常用参数

参　　数	是 否 必 填	说　　明
sources	是	需要预览的资源列表，其结构由 url（图片或视频的路径）、type（资源类型，默认值为 image，表示为图片类型，视频类型为 video）、poster（视频的封面）几个字段组成
current	否	当前显示资源的编号，默认值为 0
showmenu	否	是否显示长按菜单选项，默认值为 true
success	否	接口调用成功的回调函数
fail	否	接口调用失败的回调函数
complete	否	接口调用结束的回调函数（调用成功、失败都会执行）

表 8-6　wx.previewImage 接口中的常用参数

参　　数	是 否 必 填	说　　明
urls	是	预览的图片路径列表，自基础库 2.2.3 版本起支持云文件 ID
current	否	当前显示图片的路径，默认值为 urls 中的第一张
showmenu	否	是否显示长按菜单选项，默认值为 true
success	否	接口调用成功的回调函数
fail	否	接口调用失败的回调函数
complete	否	接口调用结束的回调函数（调用成功、失败都会执行）

wx.previewMedia 和 wx.previewImage 接口的示例代码如下所示。

```
//wx.previewMedia API
wx.previewMedia({
  sources: [
    {url:'图片地址',type:'image'},
    {url:'视频地址',type:'video'},
  ],                                //文件资源列表
  current: 0,                       //当前资源序号
  showmenu: true,                   //显示长按菜单选项
  success (res) {
    console.log('调用成功')
  },
  fail(res){
    console.log('调用失败')
  },
  complete(res){
    console.log('调用结束')
  },
})

//wx.previewImage API
wx.previewImage({
  urls: ['图片路径','…'],           //图片路径
  current: 'current',               //当前显示的图片
  showmenu: true,                   //显示长按菜单选项按钮
  success (res) {
    console.log('调用成功')
  },
  fail(res){
    console.log('调用失败')
  },
```

```
    complete(res){
      console.log('调用结束')
    },
  })
```

8.2 视频 API

视频 API 主要用来进行小程序中视频文件的选择、拍摄、保存、压缩、获取、编辑等操作，常用的视频 API 如下所示。

（1）wx.chooseVideo(Object object)——从本地相册中选择视频，或者通过相机拍摄。

（2）wx.chooseMedia(Object object)——拍摄或从手机相册中选择图片或视频。

（3）wx.saveVideoToPhotosAlbum(Object object)——将视频保存到系统相册中。

（4）wx.getVideoInfo(Object object)——获取视频详细信息。

（5）wx.compressVideo(Object object)——压缩视频的接口。

（6）wx.openVideoEditor(Object object)——打开视频编辑器。

（7）wx.createVideoContext(Object object)——创建视频上下文对象，用来管理视频。

8.2.1 wx.chooseVideo 与 wx.chooseMedia

这两个接口都是用来选择视频的，都可以从相册中选择视频或者通过相机来拍摄视频，但是 wx.chooseVideo 接口只能用来选择视频类型的文件，而 wx.chooseMedia 接口既可以用来选择视频又可以用来选择图片。wx.chooseVideo 接口的常用参数如表 8-7 所示。

表 8-7 wx.chooseVideo 接口中的常用参数

参数	是否必填	说明
sourceType	否	视频的来源，默认值为['album','camera']，表示可以从相册选择或者通过相机拍摄
compressed	否	是否压缩所选择的视频文件。默认值为 true
maxDuration	否	可以拍摄视频的最大时长，单位 s，默认值 60
camera	否	拍摄的方式，默认值是 back，表示使用后置摄像头拍摄；值为 front，表示使用前置摄像头拍摄。需要注意部分 Android 手机由于 ROM 原因不支持
success	否	接口调用成功的回调函数，具体的返回参数如表 8-8 所示
fail	否	接口调用失败的回调函数
complete	否	接口调用结束的回调函数（调用成功、失败都会执行）

wx.chooseVideo 接口中 success 回调函数返回的一些参数如表 8-8 所示。

表 8-8 success 回调函数中返回的参数

参数	说明
tempFilePath	选择视频的临时文件路径（本地路径）
duration	选择视频的时长
size	选择视频的大小（存储大小）
width	选择视频的宽度
height	选择视频的高度

wx.chooseMedia 接口中的参数与 wx.chooseVideo 基本一致，只是 wx.chooseMedia 接口中没有 compressed 参数，多了 count（可选择文件个数参数）与 mediaType（文件类型参数），可以选择 image 或 video 文件类型。并且 wx.chooseMedia 接口 success 回调函数的返回参数是 type（文件类型）和 tempFiles（本地临时文件列表），tempFiles 中包含了 tempFilePath（文件路径）、size（文件大小）、duration（视频的时长）、width（视频的宽度）、height（视频的高度）、thumbTempFilePath（视频缩略图的临时路径）。

wx.chooseVideo 接口与 wx.chooseMedia 接口的示例代码如下所示。

```
//wx.chooseVideo API
wx.chooseVideo({
  camera: 'back',                      //使用后置摄像头拍摄
  compressed: true,                    //压缩视频
  maxDuration: 60,                     //拍摄时长
  sourceType: ['album','camera'],      //视频来源
  success(res) {
    console.log(res.tempFilePath)      //视频临时路径
    console.log(res.height)            //视频高度
    console.log(res.width)             //视频宽度
  },
  fail(res){
    console.log('调用失败')
  },
  complete(res){
    console.log('调用结束')
  },
})

//wx.chooseMedia API
wx.chooseMedia({
  count:1,                             //选择文件个数
  camera: 'back',
  maxDuration:60,
  mediaType:['image','video'],         //文件类型
  sourceType:['album','camera'],
  success(res){
    console.log(res.tempFiles)         //本地临时文件列表
    console.log(res.type)              //文件类型
  }
  fail(res){
    console.log('调用失败')
  },
  complete(res){
    console.log('调用结束')
  },
})
```

8.2.2 wx.saveVideoToPhotosAlbum

该接口是用来将视频文件存储到本地相册中，与 wx.saveImageToPhotosAlbum 接口的作用相似，只是一个用来存储图片文件一个用来存储视频文件。wx.saveVideoToPhotosAlbum 接口的示例代码如下所示。

```
//wx.saveVideoToPhotosAlbum API
wx.saveVideoToPhotosAlbum({
  filePath: 'filePath',                //视频的本地路径
  success(res) {
    console.log('调用成功')
  },
  fail(res){
```

```
    console.log('调用失败')
  },
  complete(res){
    console.log('调用结束')
  },
})
```

8.2.3 wx.getVideoInfo

该接口用来获取视频文件的详细信息，同图片的 wx.getImageInfo 接口所需的参数一样，需要填入视频文件的本地路径，但是 wx.getVideoInfo 接口 success 回调函数返回的参数同 wx.getImageInfo 接口返回的参数有所区别，wx.getVideoInfo 接口 success 回调函数返回的参数如表 8-9 所示。

表 8-9 wx.getVideoInfo 接口 success 回调函数中返回的参数

参 数	说 明
orientation	视频画面的方向，同表 8-3 中的图片方向一致
type	视频格式
duration	视频的时长
size	选择视频的大小（存储大小）
width	选择视频的宽度
height	选择视频的高度
fps	视频帧率
bitrate	视频码率，单位是 kbps

wx.getVideoInfo 接口的示例代码如下所示。

```
//wx.getVideoInfo API
wx.getVideoInfo({
  src: 'src',                    //视频本地路径
  success(res){
    console.log(res.size)        //视频大小
    console.log(res.fps)         //视频帧率
    console.log(res.orientation) //画面方向
  },
  fail(res){
    console.log('调用失败')
  },
  complete(res){
    console.log('调用结束')
  },
})
```

8.2.4 wx.compressVideo

该接口可以将视频文件进行压缩，通过 quality 参数对视频压缩质量进行设置，但是使用 quality 参数时，一些与视频相关的其他配置参数会被忽略，如果想要对压缩视频进行精细的设置时，不能使用 quality 参数，而应该使用 bitrate、fps、resolution 等参数对压缩视频进行详细设置。wx.compressVideo 接口中的一些常用参数如表 8-10 所示。

表 8-10　wx.compressVideo 接口中的常用参数

参　　数	是否必填	说　　明
src	是	视频文件的路径，可以是本地的永久文件路径或者临时文件路径
quality	是	视频的压缩质量，可以填写的值为低（low），中（medium），高（high）
bitrate	是	视频的码率，单位为 kbps
fps	是	视频的帧率
resolution	是	压缩后视频相对于原视频的分辨率比例，取值范围是（0，1]
success	否	接口调用成功的回调函数，会返回两个参数，分别是压缩后视频文件的临时路径（tempFilePath），压缩后视频文件的大小（size）
fail	否	接口调用失败的回调函数
complete	否	接口调用结束的回调函数（调用成功、失败都会执行）

wx.compressVideo 接口的示例代码如下所示。

```
//wx.compressVideo API
wx.compressVideo ({
  quality: 'low',                    //视频压缩质量
  src: 'src',                        //视频文件路径
  success(res){
    console.log(res.size)            //压缩后视频文件的大小
    console.log(res.tempFilePath)    //视频文件的本地临时路径
  },
  fail(res){
    console.log('调用失败')
  },
  complete(res){
    console.log('调用结束')
  },
})
```

8.2.5　wx.openVideoEditor

该接口可以打开一个视频编辑器，通过该接口可以自动对视频文件进行剪辑、编辑、压缩等操作。wx.openVideoEditor 接口中的一些常用参数如表 8-11 所示。

表 8-11　wx.openVideoEditor 接口中的常用参数

参　　数	是否必填	说　　明
filePath	是	视频文件的路径，目前仅支持本地路径
success	否	接口调用成功的回调函数，会返回一些参数，分别是 tempFilePath 编辑后生成视频文件的临时路径，tempThumbPath 编辑后生成视频缩略图文件的临时路径，size 剪辑后生成视频文件的大小，duration 剪辑后生成视频文件的时长
fail	否	接口调用失败的回调函数
complete	否	接口调用结束的回调函数（调用成功、失败都会执行）

wx. openVideoEditor 接口的示例代码如下所示。

```
//wx.openVideoEditor API
wx.openVideoEditor ({
  filePath: 'filePath',                 //视频文件路径（本地路径）
  success(res){
```

```
    console.log(res.tempThumbPath)        //编辑后生成视频缩略图文件的临时路径
    console.log(res.tempFilePath)         //编辑后生成视频文件的临时路径
    console.log(res.size)                 //剪辑后生成视频文件的时长
  },
  fail(res){
    console.log('调用失败')
  },
  complete(res){
    console.log('调用结束')
  },
})
```

8.2.6 wx.createVideoContext

该接口属于一个同步接口，调用后会返回一个 VideoContext 对象，这是一个 video 组件的上下文对象，可以通过 video 组件的 id 与该对象进行绑定，从而控制视频文件的播放、暂停、停止、跳转、弹幕等功能。wx.createVideoContext 接口的示例代码如下所示。

```
//wxml 文件
//使用 video 组件
<video id="Video1" src="{{视频文路径}} "></video>

//js 文件
//创建视频对象,并与 video 组件进行绑定
var videoObj=wx.createVideoContext('Video1')
```

VideoContext 对象对于视频文件常用的操作如下所示。

（1）VideoContext.play()——播放视频。

（2）VideoContext.pause()——暂停视频播放。

（3）VideoContext.stop()——停止视频播放。

（4）VideoContext.seek(number position)——跳转到指定位置进行播放。

（5）VideoContext.playbackRate(number rate)——设置视频播放倍速。

（6）VideoContext.sendDanmu(Object data)——发送视频弹幕。

8.2.7 视频播放功能应用实例

通过 wx.chooseVideo、wx.createVideoContext 等接口实现一个简易的视频播放，功能界面上有三个按钮，分别用来实现选择视频、播放视频、暂停视频功能。界面的具体实现代码如下所示。

```
//demo-5/pages/video/video.wxss
.container{
  width: 650rpx;
  margin: auto;
  border:2rpx dotted green;
}
.title{
  font-size: xx-large;
  margin-bottom: 80rpx;
}
button{
  margin: 20rpx;
}

//demo-5/pages/video/video.wxml
<view class="container">
```

```
    <view class="title">视频播放</view>
    <button type="primary" bindtap="chooseVideo">选择视频</button>
    <!-- 视频显示区域 -->
    <view wx:if="{{video}}">
      <video src="{{tempFilePath}}" id="myVideo" controls></video>
    </view>
    <button type="primary" bindtap="play">播放</button>
    <button type="warn" bindtap="pause">暂停</button>
  </view>
```

视频播放界面效果如图 8-3 所示。

用户点击“选择视频”按钮后触发 chooseVideo()事件函数，调用 wx.chooseVideo 接口，可以通过相册或者相机拍摄两种途径获取视频文件。想要控制视频的播放与暂停，需要在 onReady()页面初次渲染的生命周期函数中进行 VideoContext 对象的创建。单击“播放”按钮时触发 play 事件函数，通过 VideoContext 对象控制视频播放；单击“暂停”按钮时触发 pause 事件函数，通过 VideoContext 对象控制视频暂停。视频播放功能具体的逻辑代码如下所示。

图 8-3　视频播放界面效果

```
//demo-5/pages/video/video.js
Page({
  data: {
    video:false,
    tempFilePath: '',        //视频文件临时路径
    thumbTempFilePath:'',    //视频的缩略图文件临时路径
  },
  //选择视频文件
  chooseVideo:function(){
    var that=this
    //加载弹窗
    wx.showLoading({
      title: '正在加载中…',
      mask: true,
    })
    wx.chooseVideo({
      camera: 'back',                                  //使用后置摄像头拍摄
      compressed: true,                                //压缩视频
      maxDuration: 60,                                 //拍摄时长
      sourceType: ['album','camera'],                  //视频来源
      success(res){
        console.log('选择成功')
        console.log(res)
        that.setData({
          video:true,
          duration:res.duration,                       //视频时长
          tempFilePath:res.tempFilePath,               //视频文件临时路径
          thumbTempFilePath:res.thumbTempFilePath,     //视频的缩略图文件临时路径
        })
        //隐藏弹窗
        wx.hideLoading({})
      },
      fail(res){
        console.log('选择失败')
      },
    })
  },
```

```
  //播放视频
  play:function(){
    this.data.videoObj.play()
  },
  //暂停视频
  pause:function(){
    this.data.videoObj.pause()
  },
  //生命周期函数--监听页面初次渲染完成
  onReady: function () {
    //创建视频对象
    var videoObj=wx.createVideoContext('myVideo')
    //设置视频对象
    this.setData({
      videoObj:videoObj
    })
  },
})
```

视频播放功能运行效果如图 8-4 所示。

（a）选择视频

（b）视频播放

（c）视频暂停

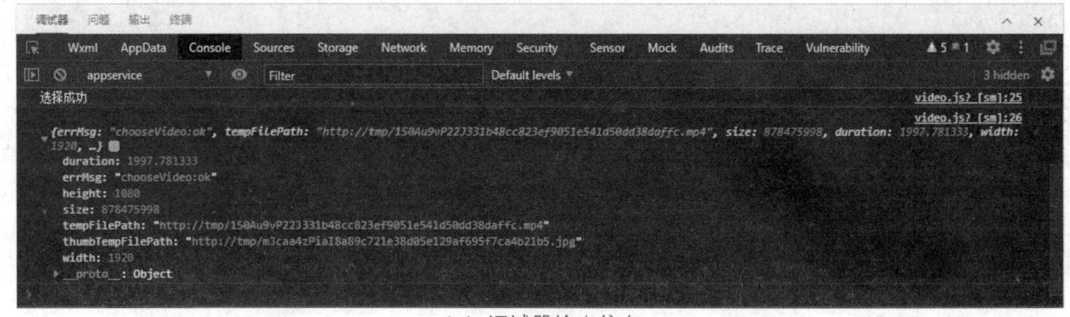

（d）调试器输出信息

图 8-4 视频播放功能运行效果

8.3 音频 API

音频 API 主要用来进行小程序中音频文件的播放、暂停、获取等操作，常用的音频 API 如下所示。

（1）wx.playVoice(Object object)——播放音频文件。

（2）wx.pauseVoice(Object object)——暂停正在播放的音频文件。

（3）wx.stopVoice(Object object)——终止正在播放的音频文件。

（4）wx.getAvailableAudioSources (Object object)——获取当前支持的音频输入源。

（5）wx.createAudioContext(string id, Object this)——创建 AudioContext 对象。

8.3.1 wx.playVoice

该接口用来播放音频文件，同一时间只能播放一个音频文件，如果播放其他音频文件，会中断之前正在播放的音频文件，wx.playVoice 接口中的一些常用参数如表 8-12 所示。

表 8-12　wx.playVoice 接口中的常用参数

参　　数	是否必填	说　　明
filePath	是	音频文件的路径（本地路径）
duration	否	音频文件的播放时长，到达指定的时长后会自动停止音频的播放，默认时长为 60s
success	否	接口调用成功的回调函数
fail	否	接口调用失败的回调函数
complete	否	接口调用结束的回调函数（调用成功、失败都会执行）

wx.playVoice 接口的示例代码如下所示。

```
//wx.playVoice API
wx.playVoice({
  filePath: 'filePath',     //音频文件路径（本地路径）
  success(res){
    console.log('调用成功')
  },
  fail(res){
    console.log('调用失败')
  },
  complete(res){
    console.log('调用结束')
  },
})
```

8.3.2 wx.pauseVoice

该接口用来暂停正在播放的音频文件，如果使用 wx.playVoice 接口再次播放暂停的同一文件，音频文件会从之前暂停的地方进行播放。wx.pauseVoice 接口的示例代码如下所示。

```
//wx.pauseVoice API
wx.pauseVoice()
```

8.3.3 wx.stopVoice

该接口用来终止正在播放的音频文件，如果使用 wx.playVoice 接口再次播放终止的同一文件，音频文件会从头进行播放。wx.stopVoice 接口的示例代码如下所示。

```
//wx.stopVoice API 接口
wx.stopVoice ()
```

8.3.4 wx.createAudioContext

该接口会返回一个 AudioContext 对象，可以通过 audio 组件的 id 属性将 AudioContext 对象与 audio 组件进行绑定，使用 AudioContext 对象可以实现对音频文件的播放、暂停等操作。AudioContext 对象的一些常用方法如下所示。

（1）AudioContext.play()——播放音频，相当于 wx.playVoice 接口。

（2）AudioContext.pause()——暂停音频播放，相当于 wx.pauseVoice 接口。

（3）AudioContext.setSrc()——设置音频源。

（4）VideoContext.seek(number position)——跳转到指定位置进行播放。

8.3.5 wx.createInnerAudioContext

需要注意的是自小程序基础库版本 1.6.0 起，wx.playVoice、wx.pauseVoice、wx.stopVoice、wx.createAudioContext 等接口都已经停止维护了，如果要使用最新的接口功能可以使用 wx.createInnerAudioContext 接口进行替换。wx.createInnerAudioContext 接口与 wx.createAudioContext 接口的效果相似，会创建一个 InnerAudioContext 对象来对音频文件进行操作，只是 wx.createInnerAudioContext 接口中多了一个参数，这个参数是 useWebAudioImplement，表示是否使用 WebAudio 作为底层的音频驱动，默认值是 false，表示不开启。如果操作的音频文件是长文件则不推荐开启此选项，对于短音频或者播放频繁的音频可以开启此选项，获取更好的性能。InnerAudioContext 对象的一些常用方法如下所示。

（1）InnerAudioContext.play()——播放音频。

（2）InnerAudioContext.onPlay(function callback)——监听音频播放事件。

（3）InnerAudioContext.pause()——暂停音频播放。

（4）InnerAudioContext.onPause(function callback)——监听音频暂停事件。

（5）InnerAudioContext.stop()——终止音频播放。

（6）InnerAudioContext.onStop (function callback)——监听音频终止事件。

（7）InnerAudioContext.seek(number position)——跳转到指定位置进行播放。

（8）InnerAudioContext.onSeeked(function callback)——监听音频跳转完成事件。

8.3.6 音频播放功能应用实例

通过 wx.createAudioContext 接口实现一个简易的音频播放，功能界面上有两个按钮，分别用来播放音频、暂停音频。界面的具体实现代码如下所示。

```
//demo-5/pages/audio/audio.wxss
.container{
  width: 650rpx;
  margin: auto;
  border:2rpx dotted green;
}
.title{
  font-size: xx-large;
  margin-bottom: 80rpx;
}
```

```
button{
  margin: 20rpx;
}

//demo-5/pages/audio/audio.wxml
<view class="container">
  <view class="title">音频播放</view>
  <!-- 音频显示区域 -->
  <view>
    <audio poster="{{poster}}" name="{{audioName}}" author="{{author}}" src="{{audioSrc}}"
id="myAudio" controls></audio>
  </view>
  <button type="primary" bindtap="play">播放</button>
  <button type="warn" bindtap="pause">暂停</button>
</view>
```

音频播放界面效果如图 8-5 所示。

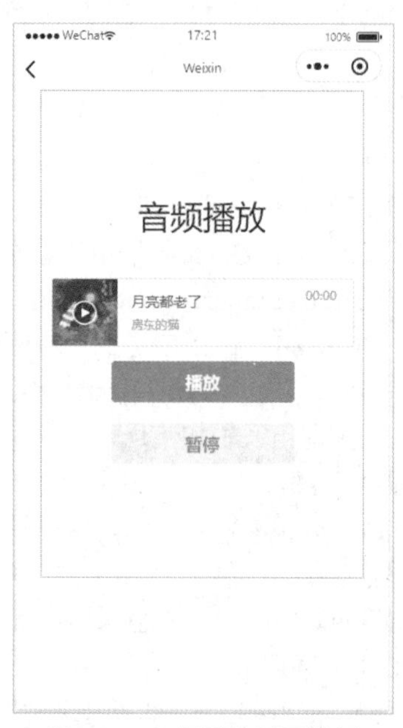

图 8-5　音频播放界面效果

首先要在 onReady()页面初次渲染的生命周期函数中创建一个 AudioContext 对象。用户单击“播放”按钮时触发 play 事件函数，通过 AudioContext 对象的 play()方法控制音频播放，单击“暂停”按钮时触发 pause 事件函数，通过 AudioContext 对象的 pause()方法控制音频暂停。音频播放功能具体的逻辑代码如下所示。

```
//demo-5/pages/audio/audio.js
Page({
  data: {
    audioSrc:'http://music.163.com/song/media/outer/url?id=1879641033.mp3',      //音频文件路径
    audioName:'月亮都老了',        //歌曲名
    author:'房东的猫',             //歌手
    poster:'https://p2.music.126.net/I_jzR4TZMFo1kLhuDAKGOA==/109951166444290209.jpg',//歌曲图片路径
  },
  //生命周期函数--监听页面初次渲染完成
  onReady: function () {
    //创建音频对象
    this.audioObj=wx.createAudioContext('myAudio')
  },
  //播放音频
```

```
    play:function(){
      //播放音频
      this.audioObj.play()
    },
    //暂停播放音频
    pause:function(){
      //暂停播放
      this.audioObj.pause()
    },
  })
```

音频播放功能运行效果如图 8-6 所示。

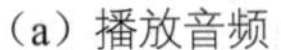
（a）播放音频

（b）暂停播放

图 8-6　音频播放功能运行效果

8.4　录音 API

录音 API 的本质是小程序借助微信接口，通过微信客户端调用设备上的麦克风硬件，进行音频录制。常用的一些录音 API 如下。

（1）wx.startRecord(Object object)——开始录音。

（2）wx.stopRecord(Object object)——停止录音。

（3）wx.getRecorderManager()——获取全局唯一的录音管理器。

8.4.1　wx.startRecord

调用该接口会开始进行音频的录制，调用成功后在 success 回调函数中返回一个 tempFilePath 参数，这个参数中保存着录制的音频文件的临时路径。需要注意 wx.startRecord 接口录制音频文件的时长有限制，当录制时长超过 1 分钟后会自动停止录制，而且该接口无法在后台使用，当用户退出小程序后接口就失效了。wx.startRecord 接口的示例代码如下所示。

```
//wx.startRecord API
wx.startRecord({
  success (res) {
    //录制音频文件的临时路径
    var tempFilePath = res.tempFilePath
  }
})
```

8.4.2 wx.stopRecord

该接口用来停止音频的录制，需要同 wx.startRecord 接口配合使用，一般情况下这两个接口是成对出现的。wx.stopRecord 接口的示例代码如下所示。

```
//wx.stopRecord API
//开始录制音频
wx.startRecord({
  success (res) {
    var tempFilePath = res.tempFilePath
  }
})

//定时结束录制音频
setTimeout(function () {
  wx.stopRecord()      //结束录音
},5000)                //时间间隔是 ms
```

8.4.3 wx.getRecorderManager

自小程序基础库版本 1.6.0 起，wx.startRecord、wx.stopRecord 接口已经停止维护，想要体验最新的录音接口可使用 wx.getRecorderManager 接口进行替代，该接口是一个同步接口，调用后会返回一个 RecorderManager 对象，这是全局唯一的录音管理器，借助 RecorderManager 对象可以实现音频录制、暂停录音、结束录音等操作。RecorderManager 对象中的常用方法如下所示。

（1）RecorderManager.start(Object object)——开始录制音频，可以设置录制的时长、采样率、录音通道数、音频格式等参数，其中音频的录制时长默认为 60000ms，最大时长可以设置为 10min。

（2）RecorderManager.onStart(function callback)——监听录音开始事件。

（3）RecorderManager.pause()——暂停录音。

（4）RecorderManager.onPause(function callback)——监听暂停录音事件。

（5）RecorderManager.stop()——停止录音。

（6）RecorderManager.onStop(function callback)——监听停止录音事件。

（7）RecorderManager.resume()——继续录音。

（8）RecorderManager.onResume(function callback)——监听继续录音事件。

8.4.4 录音功能应用实例

通过 wx.getRecorderManager 接口实现一个简易的录音控制器，功能界面上有 4 个按钮，分别用来实现开始录音、暂停音频、停止录音、继续录音等功能。界面的具体实现代码如下所示。

```
//demo-5/pages/Recorder/Recorder.wxss
.container{
  width: 650rpx;
  margin: auto;
  border:2rpx dotted green;
```

```
}
.title{
  font-size: xx-large;
  margin-bottom: 80rpx;
}
button{
  margin: 20rpx;
}

//demo-5/pages/Recorder/Recorder.wxml
<view class="container">
  <view class="title">录音</view>
  <button type="primary" bindtap="start">开始</button>
  <button type="warn" bindtap="pause">暂停</button>
  <button type="primary" bindtap="resume">继续</button>
  <button type="warn" bindtap="stop">停止</button>
</view>
```

简易录音控制器界面效果如图 8-7 所示。

当用户初次使用小程序点击功能按钮时会弹出麦克风授权弹窗，用户确认授权后小程序可以正常使用录音功能，如果取消授权则小程序无法使用录音功能，并且小程序也不会再次弹出授权窗口，想要进行授权，需要清除小程序的缓存，或者将小程序从手机中彻底清除后重新打开，麦克风授权界面如图 8-8 所示。

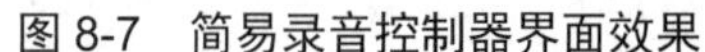

图 8-7　简易录音控制器界面效果

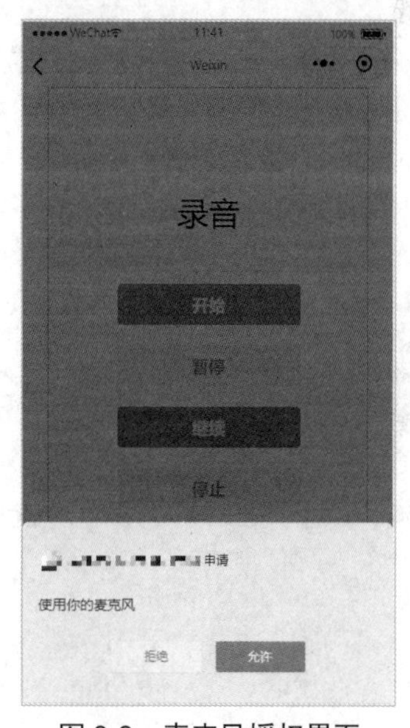

图 8-8　麦克风授权界面

首先要在页面的 onReady()生命周期函数中创建一个 RecorderManager 录音管理器对象。用户单击“播放”按钮时触发 start 事件函数，通过 RecorderManager 对象的 start()方法开始音频录制，调用 start()方法时可以传入时长、音频格式、音频源等参数用于录音文件的设置。单击“暂停”按钮时触发 pause 事件函数，通过 RecorderManager 对象的 pause()方法来暂停音频录制。单击“继续”按钮时触发 resume 事件函数，通过 RecorderManager 对象的 resume()方法来继续录音。单击“停止”按钮时触发 stop 事件函数，通过 RecorderManager 对象的 stop()方法来停止录音，停止录音后会将录音文件的临时路径、时长、大小等信息在 onStop()方法中返回。简易录音控制器具体的逻辑代码如下所示。

```
//demo-5/pages/Recorder/Recorder.js
Page({
```

```
//生命周期函数--监听页面初次渲染完成
onReady: function () {
  //创建录音对象
  this.recordObj=wx.getRecorderManager()
},
//开始录音
start:function(){
  //开始录音
  this.recordObj.start({
    duration:60000,              //设置录音时长1分钟
    format:'mp3',                //设置音频格式,目前支持mp3、aac、wav、PCM几种格式
    audioSource:'auto',          //音频源,默认是手机麦克风,插入耳机后自动切换为耳机麦克风,全平台通用
    success(res){
      //console.log('开始录音')
      console.log(res)
       //提示信息
      wx.showToast({
        title: '录音开始',
        icon: 'none'
      })
    }
  })
  //监听录音开始事件
  this.recordObj.onStart(()=>{
    //提示信息
    console.log('开始录音')
  })
},
  //暂停录音
  pause:function(){
    //暂停录音
    this.recordObj.pause()
    //监听暂停录音事件
    this.recordObj.onPause(()=>{
      console.log('暂停录音')
       //提示信息
       wx.showToast({
        title: '暂停录音',
        icon: 'none'
      })
    })
  },
//继续录音
resume:function(){
  //继续录音
  this.recordObj.resume()
  //监听继续录音事件
  this.recordObj.onResume(()=>{
    console.log('继续录音')
     //提示信息
     wx.showToast({
      title: '继续录音',
      icon: 'none'
    })
  })
```

```
    },
    //停止录音
    stop:function(){
      //停止录音
      this.recordObj.stop()
      //监听录音停止事件
      this.recordObj.onStop((res)=>{
        console.log('停止录音')
        console.log(res)              //返回的录音文件信息
         //提示信息
         wx.showToast({
          title: '结束录音',
          icon: 'none'
        })
      })
    },
})
```

简易录音控制器运行效果如图 8-9 所示。

（a）开始录音　（b）暂停录音　（c）继续录音　（d）停止录音

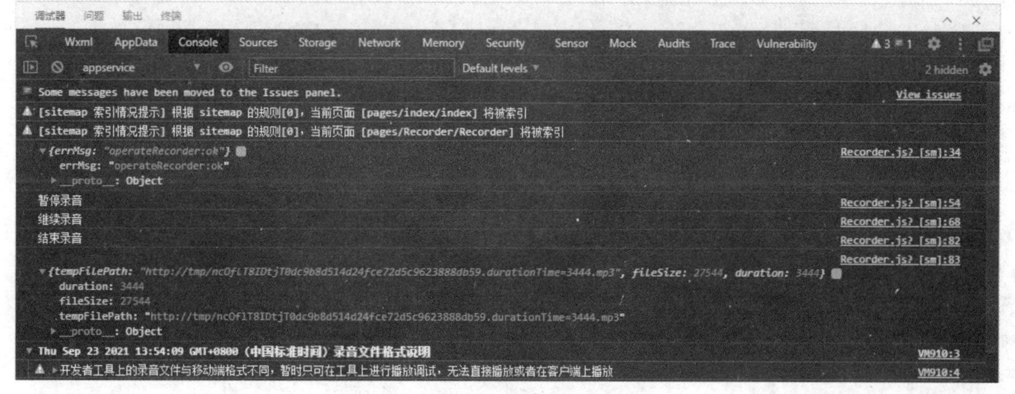

（e）录音功能调试器输出信息

图 8-9　简易录音控制器运行效果

8.5　相机 API

相机 API 使用时，需要先通过 wx.createCameraContext 接口创建一个 CameraContext 对象，将这个对象同页面上唯一的 camera 组件进行绑定，从而操纵相机硬件，实现拍摄功能。CameraContext 对象的一些常用方法如下所示。

（1）CameraContext.takePhoto(Object object)——拍摄照片，可以通过 quality 参数设置照片的质量。

（2）CameraContext.setZoom(Object object)——设置缩放级别。

（3）CameraContext.startRecord(Object object)——拍摄视频，当拍摄时长超过 30s 或者切换到后台后会触发 timeoutCallback 回调函数终止视频拍摄，并返回视频文件的临时路径与视频封面图片的临时路径。

（4）CameraContext.stopRecord(Object object)——结束视频拍摄，调用时可以传入 compressed 参数进行视频压缩。在 success 回调函数中会返回拍摄视频文件的临时路径与视频封面的临时路径。

（5）CameraContext.onCameraFrame(function callback)——该接口可以获取 Camera 的实时帧数据，并且会返回一个帧数据监听器对象，通过 CameraFrameListener 对象可以开启或者结束对帧数据的监控。

通过 wx.createCameraContext 接口实现相机拍摄功能，功能界面上有 3 个按钮，分别用来实现拍摄照片、拍摄视频、结束视频拍摄等功能。照片或者视频拍摄成功后可以进行预览，界面的具体实现代码如下所示。

```
//demo-5/pages/camera/camera.wxss
.container{
  width: 650rpx;
  margin: auto;
  border:2rpx dotted green;
}
.title{
  font-size: xx-large;
  margin-bottom: 80rpx;
}
button{
  margin: 20rpx;
}

//demo-5/pages/camera/camera.wxml
<view class="container">
  <view class="title">拍摄</view>
  <!-- 相机画面----相机组件设置使用后置摄像头 -->
  <camera device-position="back" flash="off" binderror="error" style="width: 50%; height:150px;">
  </camera>
  <button type="primary" bindtap="play">拍摄照片</button>
  <button type="primary" bindtap="start">拍摄视频</button>
  <button type="warn" bindtap="stop">停止拍摄</button>
  <!-- 图片视频预览区域 -->
  <view class="preview-tips">预览</view>
  <image wx:if="{{image}}" mode="widthFix" src="{{src}}"></image>
  <video wx:if="{{video}}" class="video" src="{{videoSrc}}"></video>
</view>
```

相机拍摄功能界面效果如图 8-10 所示。

图 8-10 相机拍摄功能界面效果

用户初次使用小程序需要进行相机授权，完成授权后可以进行图片与视频的拍摄，在 camera 组件处会实时显示相机的画面，点击“拍摄照片”按钮后触发 play 事件函数，调用 takePhoto()方法进行拍照。单击“拍摄视频”按钮会调用 startRecord()方法进行视频拍摄。点击“停止拍摄”按钮会调用 stopRecord()方法结束视频拍摄，并返回拍摄视频的信息。拍摄成功的照片或者视频都可以在预览区域进行显示。相机拍摄功能的具体逻辑代码如下所示。

```
//demo-5/pages/camera/camera.js
Page({
  data: {
    image:false,
    video:false,
  },
  //生命周期函数--监听页面初次渲染完成
  onReady: function () {
    //创建相机对象
    this.cameraContext=wx.createCameraContext()
  },
  //拍摄照片
  play:function(){
    this.cameraContext.takePhoto({
      quality: 'high',                    //设置图片质量
      success: (res) => {
        console.log('拍摄照片')
        console.log(res)
        //提示信息
        wx.showToast({
          title: '拍摄图片',
          icon: 'none',
        })
        //设置数据
        this.setData({
          src: res.tempImagePath,         //拍摄图片的临时路径
          image:true,
          video:false
```

```
        })
      }
    })
  },
  //开始拍摄视频
  start:function() {
    this.cameraContext.startRecord({
      success: (res) => {
        console.log('拍摄视频')
         //提示信息
         wx.showToast({
          title: '拍摄视频',
          icon: 'none',
        })
      }
    })
  },
  //结束视频拍摄
  stop:function(){
    this.cameraContext.stopRecord({
      success: (res) => {
        console.log('结束拍摄')
        //提示信息
        wx.showToast({
          title: '结束拍摄',
          icon: 'none',
        })
        //设置信息
        this.setData({
          src: res.tempThumbPath,
          videoSrc: res.tempVideoPath,
          image:false,
          video:true,
        })
      }
    })
  },
})
<view class="container">
  <view class="title">拍摄</view>
  <!-- 相机画面----相机组件设置使用后置摄像头 -->
  <camera device-position="back" flash="off" binderror="error" style="width: 50%; height:150px;">
  </camera>
  <button type="primary" bindtap="play">拍摄照片</button>
  <button type="primary" bindtap="start">拍摄视频</button>
  <button type="warn" bindtap="stop">停止拍摄</button>
  <!-- 图片视频预览区域 -->
  <view class="preview-tips">预览</view>
  <image wx:if="{{image}}" mode="widthFix" src="{{src}}"></image>
  <video wx:if="{{video}}" class="video" src="{{videoSrc}}"></video>
</view>
```

相机拍摄功能运行效果如图 8-11 所示。

（a）相机授权

（b）拍摄照片

（c）拍摄视频

图 8-11 相机拍摄功能运行效果

8.6 地图 API

地图 API 主要是用来显示地图信息，实现导航、移动轨迹绘制等功能，使用时需要先通过 wx.createMapContext 接口创建一个 MapContext 对象，借助 map 组件的 id 属性将 MapContext 对象同 map 组件进行绑定。MapContext 对象中的一些常用方法如下所示。

（1）MapContext.getCenterLocation(Object object)——获取当前地图中心点的经纬度，返回的是 gcj02 坐标系数据。

（2）MapContext.getRegion(Object object)——获取当前地图的视野范围。

（3）MapContext.getScale(Object object)——获取当前地图的缩放级别。

（4）MapContext.moveToLocation(Object object)——将地图中心移动到当前定位点。

（5）MapContext.on(string event, function callback)——监听地图事件。

（6）MapContext.addCustomLayer(Object object)——添加个性化图层。

（7）MapContext.addCustomLayer(Object object)——创建自定义图层。

（8）MapContext.addMarkers(Object object)——添加标记点。

（9）MapContext.removeMarkers(Object object)——移除标记点。

（10）MapContext.moveAlong(Object object)——沿指定轨迹移动标记点，可以用于轨迹回放。

使用 wx.createMapContext 接口来简单实现一个地图功能，可以获取当前定位、移动标记、设置标记等，界面具体代码如下所示。

```
//demo-5/pages/map/map.wxss
map{
  width: 100%;
  height: 300px;
}
```

```
button{
  margin: 20rpx;
}

//demo-5/pages/map/map.wxml
<view class="container" >
  <map
    id="myMap"
    class="map"
    latitude="{{latitude}}"
    longitude="{{longitude}}"
    markers="{{markers}}"
    covers="{{covers}}"
    scale="{{scale}}"
    show-location>
  </map>
  <button type="primary" bindtap="moveToLocation">移动位置</button>
  <button type="primary" bindtap="getCenterLocation">获取位置</button>
  <button type="primary" bindtap="translateMarker">移动标注</button>
  <view>
    <button  size='mini' bindtap="b_Zoom">放大</button>
    <button  size='mini' bindtap="l_Zoom">缩小</button>
  </view>
</view>
```

地图功能界面效果如图 8-12 所示。

在地图功能界面上会显示默认标记点的地图信息，单击“移动位置”按钮时会触发 moveToLocation 事件函数，可以将地图界面移动到当前定位地点。点击“获取位置”按钮时会触发 getCenterLocation 事件函数获取当前地图界面中心点的坐标。点击“移动标注”按钮时，可以将默认标记移动到指定位置。点击“放大”按钮会参照当前地图中心将地图放大，点击“缩小”按钮时会参照当前地图中心将地图缩小。具体实现代码如下所示。

图 8-12　地图功能界面效果

```
//demo-5/pages/map/map.js
Page({
  data: {
    //默认坐标点
    latitude:'34.74595661166651',         //纬度
    longitude:'113.65953737513132',       //经度
    scale:12,       //地图初始缩放等级,取值范围 3-20
    //默认标记点
    markers:[{
      id:0,
      width:20,
      height:30,
      latitude:'34.74595661166651',       //纬度
      longitude:'113.65953737513132',     //经度
      name:'郑州火车站',
    }],
    //覆盖物
    covers:[{
      latitude:'34.74595661166651',       //纬度
      longitude:'113.65953737513132',     //经度
      icaonPath:'../../images/map.png',
    }],
  },
  //生命周期函数--监听页面初次渲染完成
```

```
  onReady: function (e) {
    //使用 wx.createMapContext 获取 map 上下文
    this.mapCtx = wx.createMapContext('myMap')
  },
  //获取当前定位
  getCenterLocation: function () {
    var that=this
    that.mapCtx.getCenterLocation({
      success: function(res){
        console.log(res)
        //提示信息
        wx.showToast({
          title: '当前地图中心点位置坐标: \r\n'+res.longitude+'\r\n'+res.latitude,
          icon: 'none',
        })
        that.setData({
          longitude:res.longitude,
          latitude:res.latitude,
        })
      }
    })
  },
  //移动地图中心到当前定位
  moveToLocation: function () {
    this.mapCtx.moveToLocation()
  },
  //移动标注
  translateMarker: function() {
    this.mapCtx.translateMarker({
      markerId:this.data.markers[0].id,
      duration: 100,
      destination: {
        latitude:this.data.latitude,
        longitude:this.data.longitude,
      },
      animationEnd() {
        console.log('animation end')
      }
    })
  },
  //放大
  b_Zoom:function(){
    var that=this
    //获取缩放等级
    var scale=that.data.scale
    if(scale<20){
      scale=scale+1
      that.setData({scale:scale})
      //提示信息
      wx.showToast({
        title: '放大地图',
        icon: 'none',
      })
    }
    else{
      that.setData({scale:20})
    }
  },
  //缩小
  l_Zoom:function(){
```

```
    var that=this
    //获取缩放等级
    var scale=that.data.scale
    if(scale>3){
      scale=scale-1
      that.setData({scale:scale})
      //提示信息
      wx.showToast({
        title: '缩小地图',
        icon: 'none',
      })
    }
    else{
      that.setData({scale:20})
    }
  },
})
```

地图功能的运行效果如图 8-13 所示。

（a）移动位置　（b）获取位置坐标　（c）放大地图　（d）缩小地图

（e）地图功能调试器输出信息

图 8-13　地图功能运行效果

8.7　就业面试技巧与解析

本章主要讲解图片、视频、音频、地图等媒体 API 的基本内容，下面选取一些常见的面试笔试真题，加深读者对媒体 API 的理解与掌握。

8.7.1 面试技巧与解析（一）

面试官： wx.previewMedia 与 wx.previewImage 的区别有哪些？

应聘者：

wx.previewMedia 与 wx.previewImage 这两个接口的相同点是都可以实现图片的预览，但是也有一些不同之处。

（1）wx.previewMedia 接口既可以预览图片又可以预览视频。

（2）wx.previewImage 接口只可以预览图片。

（3）wx.previewMedia 接口在预览过程中用户无法对图片或视频进行编辑、分享操作。

（4）wx.previewImage 接口在预览过程中用户可以对图片进行编辑、分享操作。

8.7.2 面试技巧与解析（二）

面试官： 简述 wx.chooseVideo 和 wx.chooseMedia 接口的区别。

应聘者：

wx.chooseVideo 和 wx.chooseMedia 接口都可以用来选择视频文件；只是在实际应用时有所区别。

（1）wx.chooseVideo 接口可以从本地相册或者相机拍摄来获取视频文件。

（2）wx.chooseMedia 接口既可以从本地相册或者相机拍摄来获取视频文件，也可以获取图片文件。

第 9 章

设备与界面 API

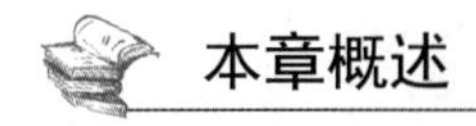

本章概述

本章主要学习小程序设备与界面的相关 API。设备 API 主要用来获取小程序运行设备的硬件信息，例如电量、日历、WiFi、蓝牙等。界面 API 主要用来进行导航栏、提示信息、窗口、字体、背景等的设置与操作。

本章通过设备与界面 API 的学习，可以获取用户使用小程序时的设备信息，根据设备信息进行一些特殊操作，例如调节用户的屏幕亮度、振动等；也可以在小程序界面上及时提供提示信息，增强用户的交互感。

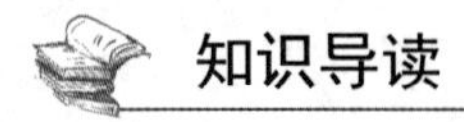

知识导读

本章要点（已掌握的在方框中打钩）

- ☐ 交互 API
- ☐ 导航栏 API
- ☐ 下拉刷新 API
- ☐ 滚动 API
- ☐ 动画 API

9.1　设备 API

小程序中的设备 API 涉及屏幕、电量、剪切板、内存等方面，本章节选取一些经常使用、比较重要的接口进行介绍。

9.1.1　获取设备系统信息

小程序中用来获取系统信息 API 接口的方法有三种，分别是 wx.getSystemInfoSync（同步获取系统信息的接口）、wx.getSystemInfo（由于历史原因该接口虽然使用异步的调用方式来获取系统信息，但是实际是同步返回的）、wx.getSystemInfoAsync（异步获取系统信息的接口，基础库版本不支持的情况下会以同步方式实现）。这三个接口获取的系统信息是一致的，具体返回的信息如表 9-1 所示。

表 9-1 获取系统信息接口返回的参数

参 数	基础库版本	说 明
brand	1.5.0	设备的品牌，例如苹果、华为、小米等
model	—	设备型号，一般新发布的型号会显示为 unknown
pixelRatio	—	设备像素比
screenWidth	1.1.0	屏幕宽度，单位为 px
screenHeight	1.1.0	屏幕高度，单位为 px
windowWidth	—	可使用窗口宽度，单位 px
windowHeight	—	可使用窗口高度，单位 px
statusBarHeight	1.9.0	状态栏的高度，单位 px
system	—	当前系统使用的操作系统以及系统版本
platform	—	客户端平台
version	—	微信客户端的版本号
language	—	微信客户端中设置的语言
fontSizeSetting	1.5.0	微信客户端中设置的字体大小
SDKVersion	1.1.0	微信客户端基础库的版本
benchmarkLevel	1.8.0	设备的性能等级，目前仅支持 Android 设备，值越高表示设备的性能越好，其中值为-1 时，表示设备性能未知，值为-2 或者 0 时，表示当前设备无法运行小程序
albumAuthorized	2.6.0	允许微信使用相册功能的开关，目前仅支持 iOS
theme	2.11.0	系统当前主题，取值为 light 或 dark
host	2.12.3	当前小程序的宿主环境
enableDebug	2.15.0	是否开启调试模式
deviceOrientation	—	设备的方向

这三种获取系统信息接口的示例代码如下所示。

```
//wx.getSystemInfoSyncAPI 接口
try {
  const res = wx.getSystemInfoSync()
  console.log(res.model)
  console.log(res.pixelRatio)
} catch (e) {
  //对异常、错误的处理
}

//wx.getSystemInfoAPI 接口
wx.getSystemInfo({
  success (res) {
    console.log(res.model)
    console.log(res.pixelRatio)
  }
```

```
})

//wx.getSystemInfoAsyncAPI 接口
wx.getSystemInfoAsync({
  success (res) {
    console.log(res.model)
    console.log(res.pixelRatio)
  }
})
```

使用 wx.getSystemInfoAsync 实现一个简单的查询系统信息的功能，具体实现代码如下所示。

```
//demo-6/pages/getSystemInfoAsync/getSystemInfoAsync.wxss
.container{
  width: 650rpx;
  margin: auto;
  border:2rpx dotted green;
}
.title{
  font-size: xx-large;
  margin-bottom: 80rpx;
}
button{
  margin: 20rpx;
}

//demo-6/pages/getSystemInfoAsync/getSystemInfoAsync.wxml
<view class="container">
  <view class="title">查询系统信息</view>
  <button type="primary" bindtap="query">查询</button>
  <!-- 信息显示区域 -->
  <view>信息显示</view>
  <view>品牌: {{brand}}</view>
  <view>型号: {{model}}</view>
  <view>操作系统: {{system}}</view>
  <view>微信版本: {{version}}</view>
</view>

//demo-6/pages/getSystemInfoAsync/getSystemInfoAsync.js
Page({
  data: {
    brand:'',                    //设备品牌
    model:'',                    //设备型号
    system:'',                   //操作系统及版本
    version:'',                  //微信版本
  },
  //查询系统信息
  query:function(){
    //异步获取系统信息
    wx.getSystemInfoAsync({
      success: (res) => {
        console.log('查询成功')
        console.log(res)
        this.setData({
          brand:res.brand,       //设备品牌
          model:res.model,       //设备型号
          system:res.system,     //操作系统及版本
          version:res.version,   //微信版本
        })
      },
```

```
        fail: (res) => {
          console.log('查询失败')
        },
      })
    },
  })
```

用户点击“查询”按钮后，会触发 query 事件函数，调用 wx.getSystemInfoAsync 接口来获取系统信息，系统信息查询功能运行效果如图 9-1 所示。

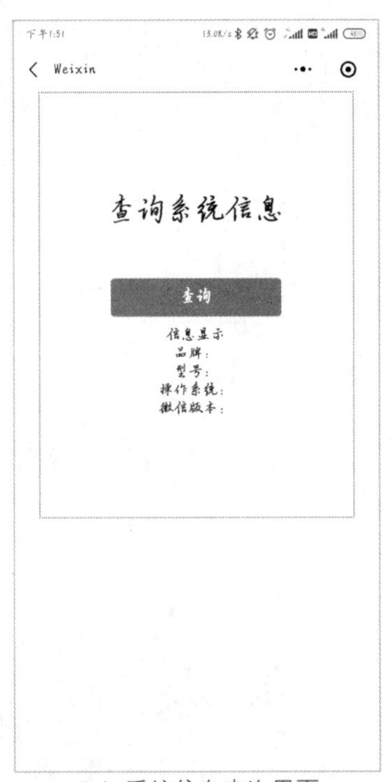

（a）系统信息查询界面

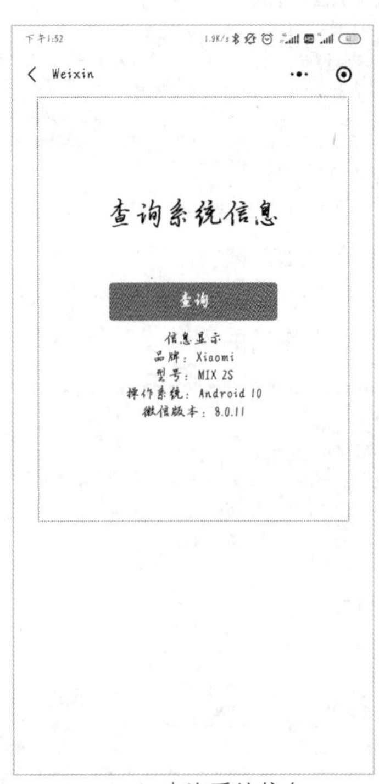

（b）查询系统信息

图 9-1 系统信息查询功能运行效果

9.1.2 网络

小程序主要是在移动设备上使用的，而移动设备的网络类型主要是移动数据与 WiFi 两类，其中移动数据网络可以划分为 2G、3G、4G、5G。

1. 获取网络类型

小程序中使用 wx.getNetworkType 接口来获取当前设备的网络类型，该接口返回的网络类型合法值有 WiFi、2G、3G、4G、5G、unknown、none，其中 unknown 表示 Android 设备中不常见的网络类型，none 表示未查询到设备网络状态（未开启 WiFi 或移动数据）。wx.getNetworkType 接口的示例代码如下所示。

```
//wx.getNetworkType API 接口
wx.getNetworkType({
  success (res) {
    //获取网络类型
    var networkType = res.networkType
  }
})
```

2. 监听网络类型变化

wx.onNetworkStatusChange 接口是用来监听设备网络状态变化事件，例如，设备从有网络切换到无网络，或者从无网络切换到有网络，都能被监测到，success 回调函数中会返回 isConnected（当前是否有网络连接，是一个布尔值）和 networkType（网络类型）。wx.onNetworkStatusChange 接口的示例代码如下所示。

```
//wx.onNetworkStatusChange API 接口
//监听设备的网络状态变化事件
wx.onNetworkStatusChange ({
  success (res) {
    console.log(res.isConnected)     //网络连接状态
    console.log(res.networkType)     //网络类型
  }
})
//取消监听设备网络状态变化事件
wx.offNetworkStatusChange()
```

3. 获取网络状态实例

通过 wx.getNetworkType 接口实现一个简单的网络状态查询功能，当用户点击“查询”后可以显示当前设备是否联网，以及所使用的网络类型。具体实现代码如下所示。

```
//demo-6/pages/getNetworkType/getNetworkType.wxss
.container{
  width: 650rpx;
  margin: auto;
  border:2rpx dotted green;
}
.title{
  font-size: xx-large;
  margin-bottom: 80rpx;
}
button{
  margin: 20rpx;
}

//demo-6/pages/getNetworkType/getNetworkType.wxml
<view class="container">
  <view class="title">查询设备网络信息</view>
  <button type="primary" bindtap="query">查询</button>
  <!-- 信息显示区域 -->
  <view>信息显示</view>
  <view>网络状态: {{state}}</view>
  <view>网络类型: {{type}}</view>
</view>

//demo-6/pages/getNetworkType/getNetworkType.js
Page({
  //查询设备网络信息
  query:function(){
    wx.getNetworkType({
      success: (res) => {
        console.log('查询成功')
        console.log(res)
        if(res.networkType=='none'){
          this.setData({
            state:'无网络',
            type:'—',
          })
        }else{
          this.setData({
```

```
          state:'有网络',
          type:res.networkType,
        })
      }
    },
    fail: (res) => {
      console.log('查询失败')
    },
  })
},
})
```

用户点击“查询”按钮后，会触发 query 事件函数，调用 wx.getNetworkType 接口来获取设备网络信息，微信开发者工具中可以在工具栏上进行网络类型的切换。设备网络信息查询功能运行效果如图 9-2 所示。

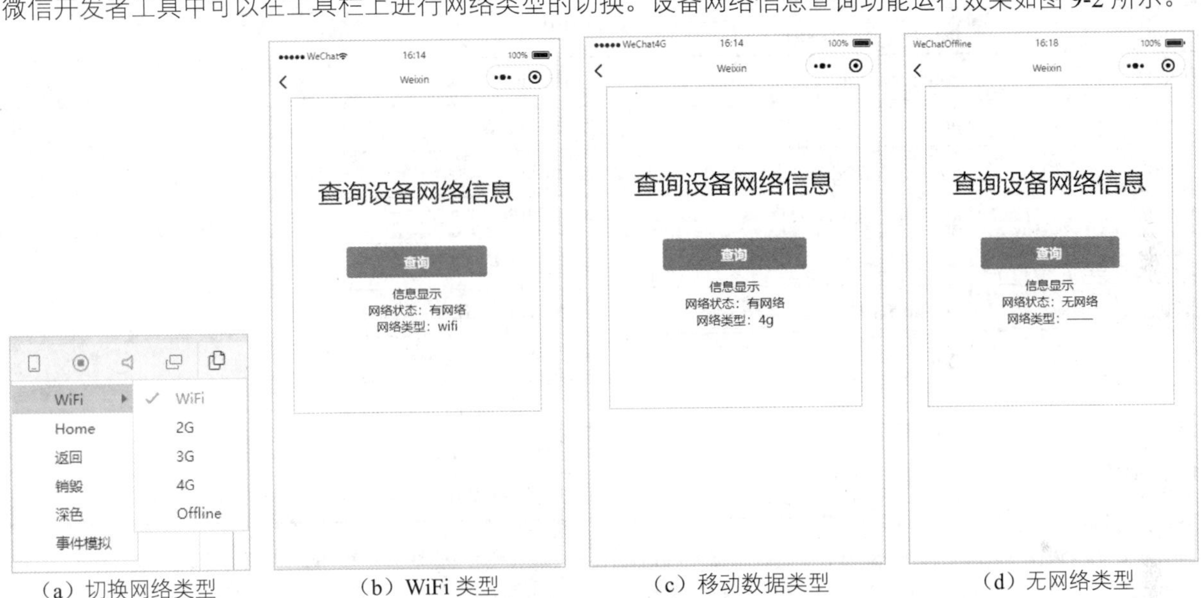

（a）切换网络类型　（b）WiFi 类型　（c）移动数据类型　（d）无网络类型

图 9-2　设备网络信息查询功能运行效果

9.1.3 WiFi

WiFi API 可以用来开启或者关闭设备上的 WiFi 模块，也可以获取设备上的 WiFi 模块的信息和 WiFi 列表数据等内容。一些常用的 WiFi API 如下所示。

（1）wx.startWifi(Object object)——开启设备的 WiFi 模块。

（2）wx.stopWifi(Object object)——关闭设备的 WiFi 模块。

（3）wx.connectWifi(Object object)——连接 WiFi。

（4）wx.onWifiConnected(function callback)——监听连接上 WiFi 的事件。

（5）wx.offWifiConnected(function callback)——取消监听连接到 WiFi 的事件。

（6）wx.getConnectedWifi(Object object)——获取连接中的 WiFi 信息。

（7）wx.setWifiList(Object object)——设置 WiFi 列表中的相关信息。

（8）wx.getWifiList(Object object)——获取 WiFi 列表数据。

（9）wx.onGetWifiList(function callback)——监听获取 WiFi 列表数据事件。

（10）wx.offGetWifiList(function callback)——取消监听获取 WiFi 列表数据事件。

1. wx.startWifi 与 wx.stopWifi

在使用 WiFi API 时，其回调函数中会返回一些错误码，通过这些错误码可以知道接口是否成功调用，调用失败的原因。WiFi API 中通用的错误码如表 9-2 所示。

表 9-2　WiFi API 中通用的错误码

错 误 码	错 误 信 息	说　明
0	ok	正常
12000	not init	未先调用 startWifi 接口
12001	system not support	当前系统不支持相关能力
12002	password error Wi-Fi	密码错误
12003	connection timeout	连接超时
12004	duplicate request	重复连接 WiFi
12005	wifi not turned on	Android 设备特有，未打开 WiFi 开关
12006	gps not turned on	Android 设备特有，未打开 GPS 定位开关
12007	user denied	用户拒绝授权连接 WiFi
12008	invalid SSID	无效 WiFi SSID
12009	system config err	系统运营商配置拒绝连接 WiFi
12010	system internal error	系统其他错误，需要在 errMsg 打印具体的错误原因
12011	weapp in background	应用在后台无法配置 WiFi
12013	wifi config may be expired	系统保存的 WiFi 配置过期，建议删除 WiFi 后重试

wx.startWifi 接口用来开启 WiFi 模块，wx.stopWifi 接口用来关闭 WiFi 模块。这两个接口的示例代码如下所示。

```
//wx. startWifi API 接口
//开启 WiFi 模块
wx.startWifi({
  success (res) {
    console.log('开启 WiFi 模块')
    console.log(res.errMsg)
  }
})

//wx.stopWifi API 接口
//关闭 WiFi 模块
wx.stopWifi({
  success (res) {
    console.log('关闭 WiFi 模块')
    console.log(res.errMsg)
  }
})
```

2. wx.connectWifi

当知道 WiFi 信息时可以通过该接口直接连接，目前该接口仅支持 Android 或 iOS 11 以上版本的设备使用，wx.connectWifi 接口中的一些参数如表 9-3 所示。

表 9-3 wx.connectWifi API 中的主要参数

参　数	是否必填	说　明
SSID	是	待连接 WiFi 设备的 SSID
BSSID	否	待连接 WiFi 设备的 BSSID
password	否	待连接 WiFi 设备的密码
maunal	否	是否通过系统设置页进行连接，默认值为 false，目前仅支持 Android 设备
success	否	接口调用成功的回调函数
fail	否	接口调用失败的回调函数
complete	否	接口调用结束的回调函数（调用成功、失败都会执行）

wx.connectWifi 接口的示例代码如下所示。

```
//wx. connectWifi API 接口
wx.connectWifi({
  SSID: '',          //待连接 WiFi 设备的 SSID
  password: '',      //待连接 WiFi 设备的 BSSID
  success (res) {
    console.log('连接 WiFi 设备')
    console.log(res.errMsg)
  }
})
```

3. wx.getConnectedWifi

该接口用来获取已连接的 WiFi 设备的信息，接口调用后，success 回调函数中会返回一个 wifi 参数，该参数是 WifiInfo 类型，包含了 WiFi 设备信息，其中参数如下所示。

（1）SSID——连接的 WiFi 设备 SSID。

（2）BSSID——连接的 WiFi 设备 BSSID。

（3）secure——当前 WiFi 设备是否安全。

（4）signalStrength——当前 WiFi 设备的信号强度，取值越大信号强度越大，Android 设备上的取值范围是 0～100，iOS 设备上的取值范围是 0~1。

（5）frequency：——当前 WiFi 设备的频段，单位是 MHz。

wx.getConnectedWifi 接口的示例代码如下所示。

```
//wx.getConnectedWifi API 接口
wx.getConnectedWifi({
  success (res) {
    //获取当前连接 WiFi 设备信息
    var wifiInfo=res.wifi
  }
})
```

4. wx.getWifiList

该接口用来请求获取 WiFi 列表信息，调用成功后可以在 wx.onGetWifiList 监听获取到 WiFi 列表事件的回调函数中获取 wifiList（WiFi 列表数据信息）。wx.getWifiList 接口在 Android 与 iOS 设备上的应用方式有所不同，在 Android 设备上需要 4 步，开启 WiFi 模块—授权用户地理位置—请求获取 WiFi 列表—监听获取 WiFi 列表数据事件，即 wx.startWifi—scope.userLocation—wx.getWifiList()—wx.onGetWifiList()；在 iOS 设备上需要 3 步，开启 WiFi 模块—请求获取 WiFi 列表—监听获取 WiFi 列表数据事件，即 wx.startWifi—wx.getWifiList()—wx.onGetWifiList()，虽然在 iOS 设备上缺少了 scope.userLocation 这一步，但是在获取

WiFi 列表前会自动跳转到系统设置中的“微信设置页”，用户手动选择进入“无线局域网”设置页，开启相应功能，并在系统扫描到设备后，小程序才能收到 wx.onGetWifiList 接口回调函数中返回 wifiList 数据。

以 Android 设备为例，演示获取 wifiList 数据的过程，具体代码如下所示。

```
//demo-6/app.json
//进行用户地理位置信息授权,其中 desc 的信息可以自由设置
"permission": {"scope.userLocation": {"desc": "为更好使用小程序,请允许获取您的位置权限!" } },

//demo-6/pages/WiFi/WiFi.js
Page({
  //生命周期函数--监听页面加载
  onLoad: function (options) {
    //开启 WiFi 模块
    wx.startWifi({
      success: (res) => {
        //获取 WiFi 列表
        wx.getWifiList({
          success: (res) => {
            console.log(res)
            //获取 wifiList
            wx.onGetWifiList((res) => {
              console.log(res)//返回的 wifiList 数据
            })
          },
        fail: (res) => {
          console.log('获取失败')
        },
      })
      },
    })
  },
})
```

实际效果需要在真机上进行演示，因此在微信开发者工具栏选择“真机调试”选项，在手机上完成授权与测试，具体运行效果如图 9-3 所示。

（a）开启真机调试

（b）授权用户地理位置信息

图 9-3　获取 WiFi 列表运行效果

（c）返回的 wifiList 数据

图 9-3 获取 WiFi 列表运行效果（续）

9.1.4 电量

小程序中可以使用 wx.getBatteryInfoSync 或 wx.getBatteryInfo 两个接口来获取设备电量信息，这两个接口调用成功后都会返回两个参数，分别是 level（设备电量）、isCharging（设备是否正在充电）。需要注意在 iOS 设备上不支持使用 wx.getBatteryInfoSync 同步接口来获取电量。

通过 wx.getBatteryInfo 接口来实现一个简单的设备电量查询实例，具体代码如下所示。

```
//demo-6/pages/getBatteryInfo/getBatteryInfo.wxss
.container{
  width: 650rpx;
  margin: auto;
  border:2rpx dotted green;
}
.title{
  font-size: xx-large;
  margin-bottom: 80rpx;
}
button{
  margin: 20rpx;
}

//demo-6/pages/getBatteryInfo/getBatteryInfo.wxml
<view class="container">
  <view class="title">查询设备电量信息</view>
  <button type="primary" bindtap="query">查询</button>
  <!-- 信息显示区域 -->
  <view>信息显示</view>
  <view>是否充电: {{state}}</view>
  <view>当前电量: {{num}}%</view>
</view>

//demo-6/pages/getNetworkType/getNetworkType.js
Page({
```

```
    data: {
      state:'——',              //充电状态
      num:'——',                //设备电量
    },
    //查询设备电量信息
    query:function(){
      wx.getBatteryInfo({
        success: (res) => {
          console.log('查询成功')
          console.log(res)
          var state='未充电'   //充电状态
          //判断设备是否在充电
          if(res.isCharging){
            state='充电中'
          }else{
            state='未充电'
          }
          //设置信息
          this.setData({
            state:state,
            num:res.level
          })
        },
        fail: (res) => {
          console.log('查询失败')
        },
      })
    },
  })
```

运行上面代码，点击“查询”按钮，会触发 query 事件函数获取设备当前的电量信息，设备电量查询功能运行效果如图 9-4 所示。

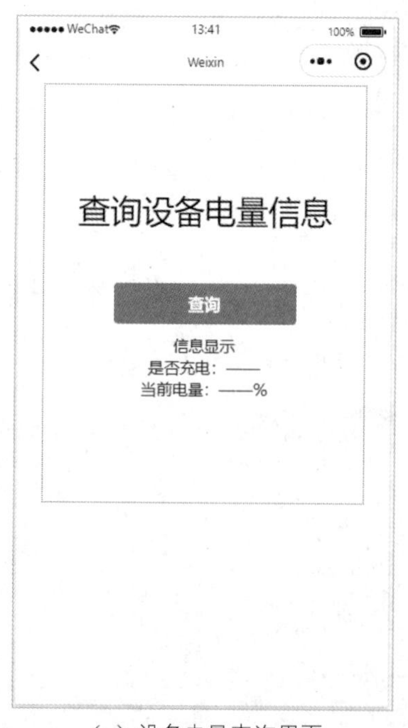

（a）设备电量查询界面

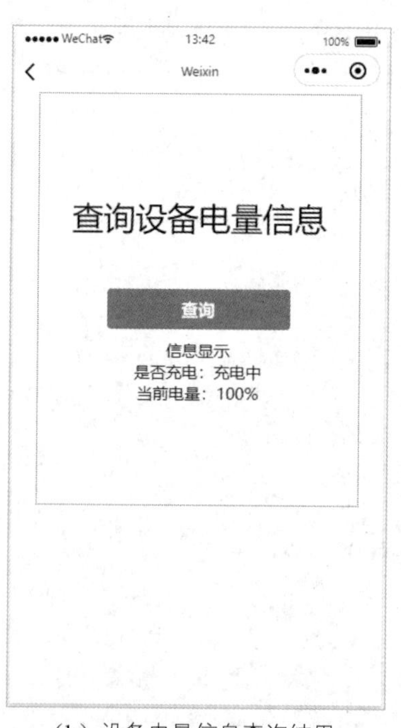

（b）设备电量信息查询结果

图 9-4　设备电量查询功能运行效果

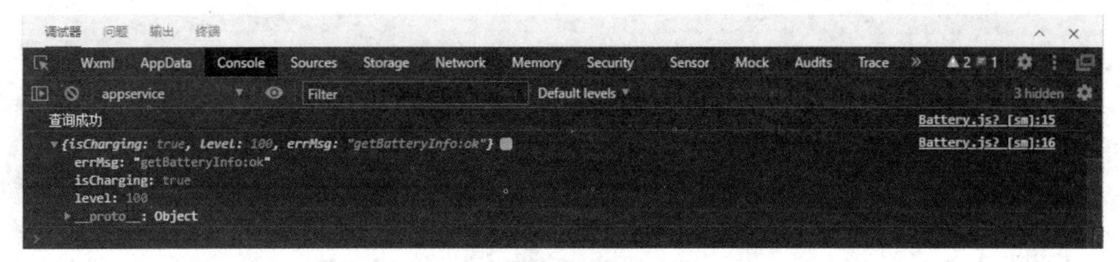

（c）调试器输出信息

图 9-4 设备电量查询功能运行效果（续）

9.1.5 屏幕

通过屏幕 API 可以获取设备的屏幕信息并对设备屏幕进行一些操作，与屏幕相关的接口如下所示。

（1）wx.getScreenBrightness(Object object)——获取屏幕亮度。

（2）wx.setScreenBrightness(Object object)——设置屏幕亮度。

（3）wx.setKeepScreenOn(Object object)——设置屏幕亮度是否保持常亮。

（4）wx.onUserCaptureScreen(function callback)——监听用户截屏事件。

（5）wx.offUserCaptureScreen(function callback)——取消监听用户截屏事件。

1. wx.getScreenBrightness

该接口用来获取屏幕的亮度，调用成功后 success 回调函数中会返回一个 value 参数，用来表示屏幕亮度，取值范围为 0~1，0 表示最暗，1 表示最亮。需要注意 Android 设备开启亮度自动调节功能后，屏幕亮度会随外界光线强弱而发生改变，但是该接口不能实时获取自动调节的屏幕亮度，只能获取自动调节之前的屏幕亮度，wx.getScreenBrightness 接口的示例代码如下所示。

```
//wx.getScreenBrightness API 接口
wx.getScreenBrightness ({
  success (res) {
    //获取屏幕的亮度
    var value=res.value
  }
})
```

2. wx.setScreenBrightness

该接口可以用来设置设备的屏幕亮度，wx.setScreenBrightness 接口中的参数如表 9-4 所示。

表 9-4 wx.setScreenBrightness API 中的主要参数

参　数	是否必填	说　明
value	是	设备屏幕的亮度值，取值范围为 0～1
success	否	接口调用成功的回调函数
fail	否	接口调用失败的回调函数
complete	否	接口调用结束的回调函数（调用成功、失败都会执行）

wx.setScreenBrightness 接口的示例代码如下所示。

```
//wx.setScreenBrightness API 接口
wx.setScreenBrightness ({
  value:0.8,//屏幕亮度
  success (res) {
    console.log('设置屏幕亮度')
```

```
    }
})
```

3. wx.setKeepScreenOn

该接口可以用来设置设备屏幕是否常亮，需要注意使用该接口将设备设置为常亮后，仅在当前小程序中设备屏幕才能保持长亮效果，退出小程序后就不具备相应效果。该接口中的参数如表 9-5 所示。

表 9-5　wx.setKeepScreenOn API 中的主要参数

参　数	是否必填	说　明
keepScreenOn	是	是否保持屏幕常亮
success	否	接口调用成功的回调函数
fail	否	接口调用失败的回调函数
complete	否	接口调用结束的回调函数（调用成功、失败都会执行）

wx.setkeepScreenOn 接口的示例代码如下所示。

```
//wx.setkeepScreenOn API 接口
wx.setkeepScreenOn({
  keepScreenOn: true//保持屏幕常亮
})
```

4. wx.onUserCaptureScreen

该接口用来监听用户主动截屏的事件，当用户使用截屏手势或者截屏按键进行截屏操作时触发，需要注意该接口只能调用一次创建一个监听。可以通过 wx.offUserCaptureScreen 接口来取消对用户主动截屏事件的监听。wx.onUserCaptureScreen 接口的示例代码如下所示。

```
//wx.onUserCaptureScreen API 接口
//进行用户主动截屏事件监听
wx.onUserCaptureScreen((res)=>{
  console.log('用户截屏了')
  //取消用户主动截屏事件的监听
  wx.offUserCaptureScreen()
})
```

9.1.6　振动

小程序中可以通过相应 API 来控制设备的振动，与设备振动相关的 API 有以下两种。

（1）wx.vibrateShort(Object object)——使设备发生较短时长的振动。

（2）wx.vibrateLong(Object object)——使设备发生较长时长的振动。

1. wx.vibrateShort

该接口主要用来控制设备短时间的振动，振动时长为 15ms，目前仅支持 Android 机型以及 iPhone7/7 Plus 机型以上的设备。wx.vibrateShort 接口的参数如表 9-6 所示。

表 9-6　wx.vibrateShort API 中的主要参数

参　数	是否必填	说　明
type	是	振动强度类型，可以填写的值为 heavy、medium、light
success	否	接口调用成功的回调函数
fail	否	接口调用失败的回调函数
complete	否	接口调用结束的回调函数（调用成功、失败都会执行）

wx.vibrateShort 接口的示例代码如下所示。

```
//wx.vibrateShort API 接口
wx.vibrateShort({
  type: heavy,//重度震动
  success: (res) => {
    console.log('设备短时间振动')
      },
})
```

2. wx.vibrateLong

该接口主要用来控制设备长时间的振动，振动时长为 400ms，wx.vibrateLong 接口的示例代码如下所示。

```
//wx.vibrateLong API 接口
wx.vibrateLong({
  success: (res) => {
    console.log('设备长时间振动')
      },
})
```

9.1.7　剪贴板

剪贴板是设备内存中的一块区域，它是共享的，可以在不同应用程序之间使用，实现各种应用程序之间的信息传递与共享。借助剪贴板 API 小程序可以对剪贴板进行操作，用来获取或者设置剪贴板中的数据，与剪贴板相关的 API 有以下一些。

（1）wx.getClipboardData(Object object)——获取系统剪贴板的内容。

（2）wx.setClipboardData(Object object)——设置系统剪贴板的内容。

1. wx.getClipboardData

该接口主要用来获取系统剪贴板的内容，调用成功后 success 回调函数中会将剪贴板中的内容放到 data 参数中进行返回，wx.getClipboardData 接口的示例代码如下所示。

```
//wx.getClipboardData API 接口
wx.getClipboardData({
  success: (res) => {
    //获取剪贴板中内容
    var data=res.data
      },
})
```

2. wx.setClipboardData

该接口可以在系统剪贴板中设置内容，设置成功后会自动弹出提示信息，提示“内容已复制”，信息的提示时长为 1.5s，wx.setClipboardData 接口的常用参数如表 9-7 所示。

表 9-7　wx.setClipboardData API 中的主要参数

参　数	是否必填	说　明
data	是	要在剪贴板中设置的内容
success	否	接口调用成功的回调函数
fail	否	接口调用失败的回调函数
complete	否	接口调用结束的回调函数（调用成功、失败都会执行）

wx.setClipboardData 接口的示例代码如下所示。

```
//wx.setClipboardData API 接口
```

```
    wx.setClipboardData({
      data: ' ',//要设置的内容
      success: (res) => {
        console.log('设置成功')
          },
    })
```

9.1.8 联系人

小程序可以通过联系人 API 打开设备的通讯录进行联系人的选择与添加操作，与联系人相关的 API 如下所示。

（1）wx.chooseContact(Object object)——选择联系人。

（2）wx.addPhoneContact(Object object)——添加联系人。

1. wx.chooseContact

通过该接口会打开设备上的通讯录界面，在这个界面中进行联系人的选择，需要注意在微信开发者工具上该接口无法正常使用，要使用真机进行测试。使用该接口时部分手机会出现“你选的手机号码格式错误，请重新选择”的错误提示信息，这是因为微信客户端没有获取通讯录的权限，无法获取相应数据，目前微信官方没有提供相关的 API，需要用户在系统设置中主动向微信客户端授权通讯录。wx.chooseContact 接口 success 回调函数中的参数如表 9-8 所示。

表 9-8　wx.chooseContact API 中的主要参数

参　数	说　明
phoneNumber	手机号
displayName	联系人姓名
phoneNumberList	当前选择联系人的所有手机号（部分 Android 设备只能选联系人而不能选特定手机号）

wx.chooseContact 接口的示例代码如下所示。

```
    //wx.chooseContact API 接口
    wx.chooseContact({
      success: (res) => {
        //获取联系人信息
        console.log(res.phoneNumber)         //选择联系人的手机号
        console.log(res.displayName)         //选择联系人的姓名
        console.log(res.phoneNumberList)     //选择联系人所有的手机号
          },
    })
```

2. wx.addPhoneContact

通过该接口可以向设备通讯录中添加一个联系人，有“新增联系人”与“添加已有联系人”两种添加方式。wx.addPhoneContact 接口的常用参数如表 9-9 所示。

表 9-9　wx.addPhoneContact 中的主要参数

参　数	是 否 必 填	说　明
firstName	是	联系人的名字
photoFilePath	否	联系人头像的本地文件路径
nickName	否	昵称

续表

参　数	是否必填	说　明
lastName	否	姓氏
middleName	否	中间名
remark	否	备注
mobilePhoneNumber	否	联系人的手机号
weChatNumber	否	联系人的微信号
addressCountry	否	联系地址（国家）
addressState	否	联系地址（省份）
addressCity	否	联系地址（城市）
addressStreet	否	联系地址（街道）
addressPostalCode	否	联系地址（邮政编码）
organization	否	公司
title	否	职位
workFaxNumber	否	工作传真
workPhoneNumber	否	工作电话
hostNumber	否	公司电话
email	否	电子邮件
url	否	网站
workAddressCountry	否	工作地址（国家）
workAddressState	否	工作地址（省份）
workAddressCity	否	工作地址（城市）
workAddressStreet	否	工作地址（街道）
workAddressPostalCode	否	工作地址（邮政编码）
homeFaxNumber	否	住宅传真
homePhoneNumber	否	住宅电话
homeAddressCountry	否	住宅地址（国家）
homeAddressState	否	住宅地址（省份）
homeAddressCity	否	住宅地址（城市）
homeAddressStreet	否	住宅地址（街道）
homeAddressPostalCode	否	住宅地址（邮政编码）
success	否	接口调用成功的回调函数
fail	否	接口调用失败的回调函数
complete	否	接口调用结束的回调函数（调用成功、失败都会执行）

使用 wx.addPhoneContact 接口来实现添加联系人功能，具体实现代码如下所示。

```
//demo-6/pages/addPhoneContact/addPhoneContact.wxss
.container{
  width: 650rpx;
  margin: auto;
  border:2rpx dotted green;
}
```

```
.title{
  font-size: xx-large;
  margin-bottom: 80rpx;
}
input{
  border-radius:2px;
  margin-top: 20px;
  margin-bottom:20px;
  width: 270px;
  height: 80rpx;
  background-color: rgb(219, 217, 217);
}
button{
  margin: 20rpx;
}

//demo-6/pages/addPhoneContact/addPhoneContact.wxml
<view class="container">
  <view class="title">添加联系人</view>
  <view>
    联系人: <input type="text" name='userName'bindblur="setName" placeholder="请输入联系人姓名" >
</input>
  </view>
  <view>
    手机号: <input type="text" name='tel' bindblur="setTel" placeholder="请输入手机号" ></input>
  </view>
  <button type="primary" bindtap="add">添加联系人</button>
</view>

//demo-6/pages/getNetworkType/getNetworkType.js
Page({
  data: {
    name:'',
    tel:'',
  },
  //设置联系人信息
  setName:function(e){
    this.setData({name:e.detail.value})
  },
  setTel:function(e){
    this.setData({tel:e.detail.value})
  },
  //添加联系人
  add:function(){
    //获取联系人信息
    var name=this.data.name
    var tel=this.data.tel
    console.log(name,tel)
    if(name==''||tel==''){
      //提示信息
      wx.showToast({
        title: '信息输入不完整',
        icon: 'none',
      })
    }else{
      wx.addPhoneContact({
        firstName:name,          //联系人姓名
        mobilePhoneNumber:tel,   //联系人手机号
        success: (res) => {
          console.log('添加成功')
```

```
          },
          fail: (res) => {
            console.log('添加失败')
          },
        })
      }
    },
  })
```

运行上述代码，在输入框中填写联系人信息，然后点击“添加联系人”按钮，触发 add 事件函数，打开设备的通讯录界面进行联系人添加操作，具体运行效果如图 9-5 所示。

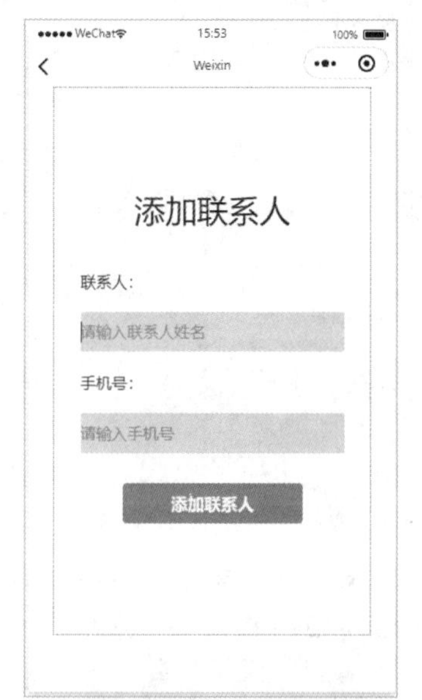

（a）添加联系人功能界面

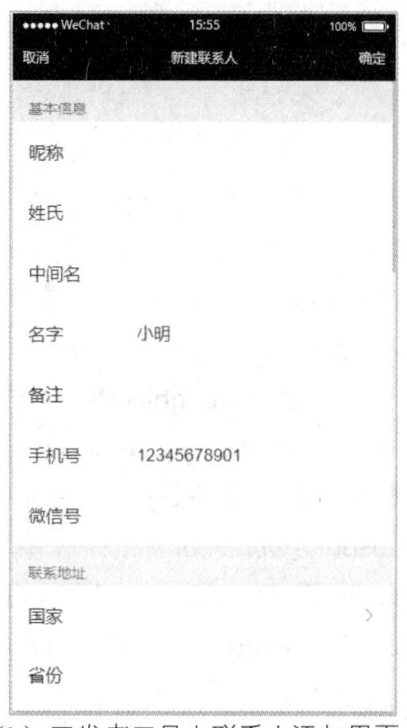

（b）开发者工具上联系人添加界面

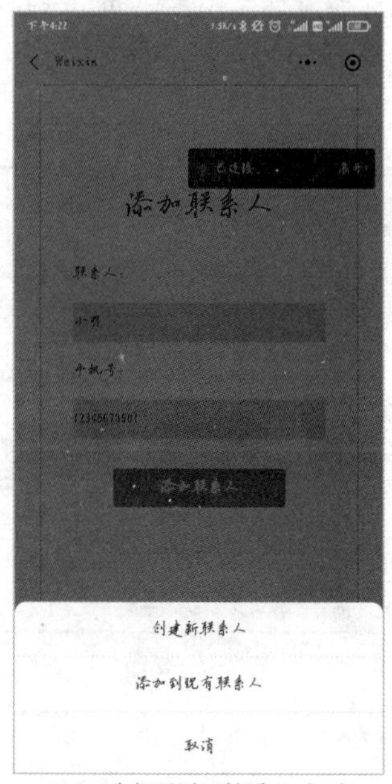

（c）选择添加联系人方式

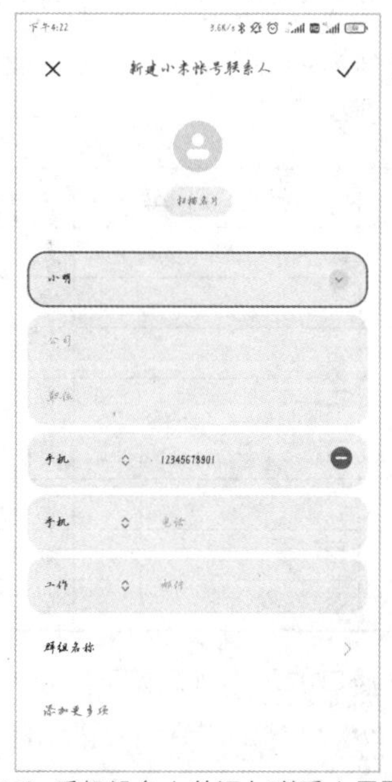

（d）手机设备上的添加联系人界面

图 9-5　添加联系人功能运行效果

wx.addPhoneContact 接口在微信开发者工具上与真机设备上的显示效果有所不同，在开发者工具上不会弹出添加联系人的方式选项，并且真机设备上联系人添加界面与设备的品牌和型号有关，不同品牌型号的设备显示效果会有区别，应以实际显示效果为准。

9.2 界面 API

小程序中的界面 API 涉及屏幕交互、导航栏、背景、字体、动画等方面，本节从中选取一些经常使用、比较重要的接口进行介绍。

9.2.1 交互

交互 API 主要用来在设备屏幕显示一些信息或弹出窗，这样用户进行操作时会有一个直观的感受，交互性强，可以提高用户体验。与交互相关的一些 API 如下所示。

（1）wx.showToast(Object object)——显示消息提示框。

（2）wx.showModal(Object object)——显示模态对话框。

（3）wx.showLoading(Object object)——显示加载提示框。

（4）wx.showActionSheet(Object object)——显示消息菜单。

（5）wx.hideToast(Object object)——隐藏消息提示框。

（6）wx.hideLoading(Object object)——隐藏加载提示框。

（7）wx.enableAlertBeforeUnload(Object object)——开启小程序页面返回询问对话框。

（8）wx.disableAlertBeforeUnload(Object object)——关闭小程序页面返回询问对话框。

1. wx.showToast

该接口是一个消息提示框接口，一般情况下用户点击按钮触发事件函数后，调用该接口弹出提示信息，帮助用户了解事件执行的进度。wx.showToast 接口的参数如表 9-10 所示。

表 9-10 wx.showToast API 中的主要参数

参 数	是否必填	说 明
title	是	提示信息的内容
icon	否	提示图标的类型，默认值为 success，还可以填写 error、loading、none 等值
image	否	自定义图标的本地路径，并且 image 的优先级要高于 icon
duration	否	提示信息的显示时长，单位是 ms，默认值为 1500
mask	否	提示信息显示的同时是否显示透明蒙版，防止误触操作
success	否	接口调用成功的回调函数
fail	否	接口调用失败的回调函数
complete	否	接口调用结束的回调函数（调用成功、失败都会执行）

wx.showToast 接口的示例代码如下所示。

```
//wx.showToast API 接口
wx.showToast({
  title: '成功',          //提示信息的内容
  icon: 'success',       //图标类型
```

```
    duration: 2000, //显示时长
    mask: true,     //开启透明蒙版
  })
```

需要注意在 wx.showToast 接口中 icon 属性的值不同，可以设置文本长度不同，除了 none 类型可以显示两行文本，其他类型最多显示 7 个汉字长度。不同类型的消息提示框显示效果如图 9-6 所示。

（a）success

（b）error

（c）loading

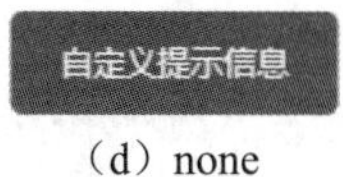

（d）none

图 9-6　消息提示的图标类型

2. wx.showModal

该接口是一个模态对话框接口，一般情况下用户触发模态对话框后，可以在弹出的模态对话框窗口中进行信息的输入，并将输入信息进行提交。wx.showModal 接口的参数如表 9-11 所示。

表 9-11　wx.showModal API 中的主要参数

参　数	是否必填	说　明
title	否	模态对话框的标题
content	否	用户输入的内容
showCancel	否	是否显示取消按钮
cancelText	否	取消按钮的文字内容，最多可以设置 4 个字符
cancelColor	否	取消按钮的文字颜色，默认为#000000
confirmText	否	确认按钮的文字，最多可以设置 4 个字符
confirmColor	否	确认按钮的文字颜色，默认为#576B95
editable	否	是否显示输入框
placeholderText	否	输入框的提示信息
success	否	接口调用成功的回调函数
fail	否	接口调用失败的回调函数
complete	否	接口调用结束的回调函数（调用成功、失败都会执行）

wx.showModal 接口调用成功后会在 success 回调函数中返回三个参数，这三个参数内容如下所示。

（1）content：editable 属性为 true 时生效，表示用户输入的信息。

（2）confirm：值为 true 时，表示用户点击了确定按钮。

（3）cancel：值为 true 时，表示用户点击了取消按钮。

wx.showModal 接口的示例代码如下所示。

```
//wx.showModal API 接口
wx.showModal({
  cancelColor: 'red',             //取消按钮颜色
  cancelText: '取消',             //取消按钮内容
  confirmColor: 'green',          //确定按钮颜色
  confirmText: '确定',            //确定按钮内容
```

```
    content: 'content',                  //用户输入的内容
    editable: true,                      //是否显示输入框
    placeholderText: '输入框提示信息',   //输入框的提示信息
    showCancel: true,                    //是否显示取消按钮
    title: '模态对话框',                 //模态对话框标题
    success: (result) => {
      console.log('调用成功')
    },
    fail: (res) => {
      console.log('调用失败')
    },
    complete: (res) => {
      console.log('调用结束')
    },
  })
```

wx.showModal 接口的运行效果如图 9-7 所示。

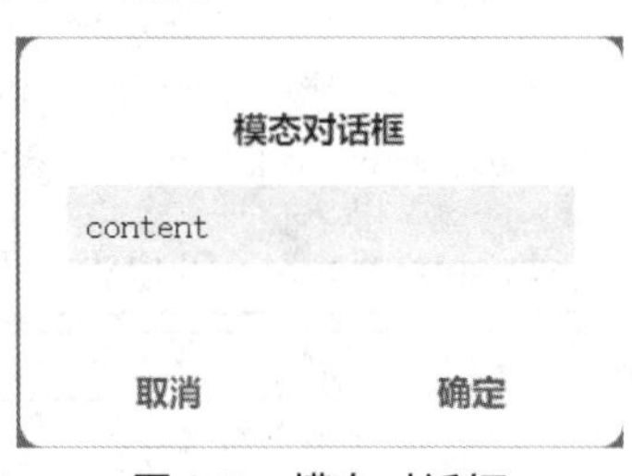

图 9-7　模态对话框

需要注意，微信官方提供的 wx.showModal 接口实现的模态对话框，效果单一、格式死板，简单的情景下可以直接使用该接口，但是对于复杂的场景不方便按照自己的需求进行修改设置，可以通过自定义组件的方式，运用不同组件的组合来创建一个符合需求的个性化模态对话框。

3. wx.showLoading

该接口是一个显示加载信息的消息提示框，其显示效果同 wx.showToast 接口中 icon 属性值为 loading 时的显示效果相似，但是调用该接口生成的加载信息消息提示框的弹窗不能自行关闭，需要主动调用 wx.hideLoading 接口才能关闭消息提示框。wx.showLoading 接口中的一些常用参数如表 9-12 所示。

表 9-12　wx.showLoading API 中的主要参数

参　数	是否必填	说　明
title	是	提示的内容
mask	否	是否显示透明蒙版层，防止触摸屏幕时触发蒙版下方的页面元素引起误操作，默认值为 false
success	否	接口调用成功的回调函数
fail	否	接口调用失败的回调函数
complete	否	接口调用结束的回调函数（调用成功、失败都会执行）

wx. showLoading 接口的示例代码如下所示。

```
//wx.showLoading API 接口
wx.showLoading ({
  title: '加载中…',        //显示文字内容
  mask: true,              //透明遮罩层
  success: (result) => {
    console.log('调用成功')
```

```
  },
  fail: (res) => {
    console.log('调用失败')
  },
  complete: (res) => {
    console.log('调用结束')
  },
})

//关闭消息加载弹窗
setTimeout(function () {
  wx.hideLoading()
}, 2000)
```

4. wx.showActionSheet

该接口是一个显示操作菜单的弹窗，调用后会在页面底部弹出一个操作列表弹窗，用户可以点击相应的操作选项来完成操作。wx.showActionSheet 接口中的一些常用参数如表 9-13 所示。

表 9-13 wx.showActionSheet API 中的主要参数

参 数	是 否 必 填	说 明
alertText	否	警示文案
itemList	是	操作菜单选项的文字数组，该数组的最大长度为 6
itemColor	否	按钮的文字颜色，默认值为#000000
success	否	接口调用成功的回调函数，会返回一个 tapIndex，其中存放着用户点击按钮的序号，顺序为从上到下，从 0 开始
fail	否	接口调用失败的回调函数
complete	否	接口调用结束的回调函数（调用成功、失败都会执行）

wx.showActionSheet 接口的示例代码如下所示。

```
//wx.showActionSheet API 接口
wx.showActionSheet ({
  itemList: ['操作 1', '操作 2', '操作 3'],
  success: (result) => {
    console.log('调用成功')
    console.log(res.tapIndex)
  },
  fail: (res) => {
    console.log('调用失败')
  },
  complete: (res) => {
    console.log('调用结束')
  },
})
```

wx.showActionSheet 接口的运行效果如图 9-8 所示。

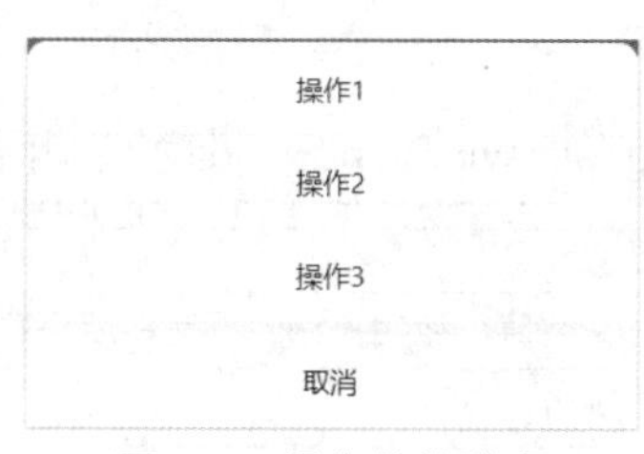

图 9-8 操作菜单弹窗

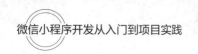

9.2.2 导航栏

导航栏 API 主要用来进行页面导航栏的设置，例如标题、颜色、按钮等。与导航栏设置相关的一些 API 如下所示。

（1）wx.showNavigationBarLoading(Object object)——在当前页面显示导航条的加载动画。

（2）wx.setNavigationBarTitle(Object object)——动态设置当前页面导航条的标题。

（3）wx.setNavigationBarColor(Object object)——设置页面导航条颜色。

（4）wx.hideNavigationBarLoading(Object object)——在当前页面隐藏导航条加载动画。

（5）wx.hideHomeButton(Object object)——隐藏返回首页按钮。

1. wx.hideNavigationBarLoading

调用该接口后会在当前页面显示导航条的加载动画，需要注意该接口通常需要与 wx.hideNavigationBarLoading 接口配套使用，用于导航条加载动画的显示与关闭。

wx.hideNavigationBarLoading 接口的示例代码如下所示。

```
//wx.hideNavigationBarLoading API 接口
wx.hideNavigationBarLoading ()
setTimeout(function () {
  wx.hideNavigationBarLoading()
}, 4000)
```

wx.hideNavigationBarLoading 接口的运行效果如图 9-9 所示。

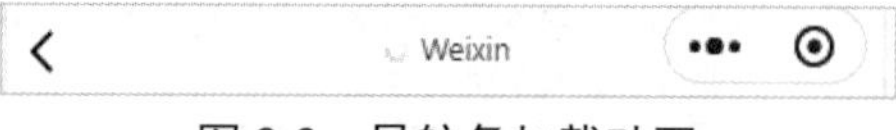

图 9-9　导航条加载动画

2. wx.setNavigationBarTitle

该接口可以用来动态设置页面标题（页面导航栏标题），小程序中设置页面标题有两种方式：一种是在小程序 app.json 文件的 window 配置项中进行导航栏标题的设置，第二种是在小程序页面的 JS 文件中通过 wx.setNavigationBarTitle 接口来设置页面导航栏标题。通过 app.json 文件设置的导航栏标题是作用于整个小程序的，所有页面都会显示相同的导航栏标题，而在页面 JS 文件中设置的导航栏标题只会在设置的页面生效，其他页面不会受到影响。当 app.json 文件与页面的 JS 文件中都设置了导航栏标题时，页面显示的内容会以页面 JS 文件中设置的内容为准。

wx.setNavigationBarTitle 接口的示例代码如下所示。

```
//wx.setNavigationBarTitle API 接口
wx.setNavigationBarTitle({
  title: '当前页面' //当前页面导航栏标题
})
```

3. wx.setNavigationBarColor

该接口可以用来设置单个页面导航栏的背景颜色，wx.setNavigationBarColor 接口的一些常用参数如表 9-14 所示。

表 9-14　wx.setNavigationBarColor API 中的主要参数

参　数	是否必填	说　明
frontColor	是	前景颜色值，包括按钮、标题、状态栏的颜色，仅支持#ffffff 和#000000
backgroundColor	是	背景颜色值

续表

参　数	是否必填	说　明
animation	否	动画效果，其中有两个参数，分别是 duration（动画时长）与 timingFunc（动画方式）。动画方式可以填写的参数值有，linear 表示动画从头到尾的速度是相同的；easeIn 表示动画以低速开始；easeOut 表示动画以低速结束；easeInOut 表示动画以低速开始与结束
success	否	接口调用成功的回调函数，会返回一个 tapIndex，其中存放着用户点击按钮的序号，顺序为从上到下，从 0 开始
fail	否	接口调用失败的回调函数
complete	否	接口调用结束的回调函数（调用成功、失败都会执行）

wx. setNavigationBarColor 接口的示例代码如下所示。

```
//wx.setNavigationBarColor API 接口
wx.setNavigationBarColor({
  frontColor: '#ffffff',         //导航栏前景颜色
  backgroundColor: '#ff0000',    //导航栏背景颜色
  animation: {
    duration: 400,               //动画时长
    timingFunc: 'easeIn'         //动画方式
  }
})
```

9.2.3 背景

背景 API 主要用来设置小程序页面的背景颜色，以及页面下拉时的背景字体和 loading 图的样式。与背景设置相关的一些 API 如下所示。

（1）wx.setBackgroundTextStyle(Object object)——动态设置页面下拉背景字体、loading 图的样式。

（2）wx.setBackgroundColor (Object object)——动态设置页面的背景色。

1. wx.setBackgroundTextStyle

调用该接口后可以进行页面的下拉背景字体以及 loading 图样式的设置，可以设置的样式只有两种，分别是 dark 和 light。

wx.setBackgroundTextStyle 接口的示例代码如下所示。

```
//wx.setBackgroundTextStyle API 接口
wx.setBackgroundTextStyle({
  textStyle: 'dark'         //下拉背景字体、loading 图的样式为 dark
})
```

2. wx.setBackgroundColor

调用该接口后可以进行页面背景颜色的设置，wx.setBackgroundColor 接口的一些常用参数如表 9-15 所示。

表 9-15　wx.setBackgroundColor API 中的主要参数

参　数	是否必填	说　明
backgroundColor	否	窗口的背景色
backgroundColorTop	否	窗口顶部的背景颜色
backgroundColorBottom	否	窗口底部的背景颜色
success	否	接口调用成功的回调函数，会返回一个 tapIndex，其中存放着用户点击按钮的序号，顺序为从上到下，从 0 开始

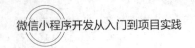

续表

参　数	是否必填	说　明
fail	否	接口调用失败的回调函数
complete	否	接口调用结束的回调函数（调用成功、失败都会执行）

wx.setBackgroundColor 接口的示例代码如下所示。

```
//wx.setBackgroundColor API 接口
wx.setBackgroundColor ({
 backgroundColor: '#ffffff',          //窗口的背景色为白色
 backgroundColorTop: '#ffffff',       //顶部窗口的背景色为白色
 backgroundColorBottom: '#ffffff',    //底部窗口的背景色为白色
})
```

9.2.4　窗口

窗口 API 主要用来设置窗口界面的大小、监测窗口界面的大小变化，与窗口相关的一些 API 如下所示。

（1）wx.setWindowSize(Object object)——设置窗口的大小。

（2）wx.onWindowResize(Object object)——监测窗口尺寸变化事件。

（3）wx.offWindowResize(Object object)——取消监测窗口尺寸变化事件。

1. wx.setWindowSize

调用该接口时需要设置窗口宽与高的参数 width、height，单位为像素。需要注意的是该接口只能在 PC 平台上生效。wx.setWindowSize 接口的示例代码如下所示。

```
//wx.setWindowSize API 接口
wx.setWindowSize({
 width:300,                   //窗口的宽度
 height:400 ,                 //窗口的高度
})
```

2. wx.onWindowResize

调用该接口可以对窗口尺寸变化的事件进行监听，当窗口尺寸变大或变小时，会自动触发该接口，也可通过 wx.offWindowResize 接口来取消对窗口尺寸变化事件的监听。wx.onWindowResize 接口的示例代码如下所示。

```
//wx.onWindowResize API 接口
wx.onWindowResize({
  success(res){
  console.log(windowWidth),     //窗口的宽度
  console.log(windowHight),     //窗口的高度
  }
})
```

9.2.5　tabBar

tabBar 是小程序中的标签栏，通过 tabBar 可以实现标签页面的快速切换，与 tabBar 相关的一些 API 如下所示。

（1）wx.showTabBar(Object object)——显示 tabBar。

（2）wx.setTabBarStyle(Object object)——设置 tabBar 的整体样式。

（3）wx.setTabBarItem(Object object)——设置 tabBar 中的某一项的内容。

（4）wx.setTabBarBadge(Object object)——为 tabBar 中某一项的右上角添加文本。

（5）wx.removeTabBarBadge(Object object)——移除 tabBar 某一项的右上角的文本。

（6）wx.showTabBarRedDot(Object object)——显示 tabBar 某一项的右上角的红点。

（7）wx.hideTabBarRedDot(Object object)——隐藏 tabBar 某一项的右上角的红点。

（8）wx.hideTabBar(Object object)——隐藏 tabBar。

1. wx.setTabBarStyle

该接口用来设置 tabBar 的样式，例如默认文本颜色、选中时的文本颜色、背景颜色、边框颜色等。wx.setTabBarStyle 接口的示例代码如下所示。

```
//wx.setTabBarStyle API 接口
wx.setTabBarStyle({
  color: '#FF0000',                 //默认文本颜色
  selectedColor: '#00FF00',         //被选中时的文本颜色
  backgroundColor: '#0000FF',       //背景颜色
  borderStyle: 'white'              //边框颜色,仅可以从 black 和 white 中进行选择
  success: (result) => {
    console.log('调用成功')
  },
  fail: (res) => {
    console.log('调用失败')
  },
  complete: (res) => {
    console.log('调用结束')
  },
})
```

2. wx.setTabBarItem

该接口用来设置 tabBar 中某一项的详细信息，例如按钮上显示的文字、默认的图标路径、选中时的图标路径等。从基础库 2.7.0 版本开始，图标图片既支持临时文件也支持网络文件，wx.setTabBarItem 接口的示例代码如下所示。

```
//wx.setTabBarItem API 接口
wx.setTabBarItem({
  index: 0,                              //该选项在 tabBar 中的位置,从左端开始,下标从 0 开始计数
  text: 'text',                          //选项按钮显示的文本信息
  iconPath: '/path/to/iconPath',         //默认的图标路径
  selectedIconPath: '/path/to/selectedIconPath'//选中后的图标路径
  success: (result) => {
    console.log('调用成功')
  },
  fail: (res) => {
    console.log('调用失败')
  },
  complete: (res) => {
    console.log('调用结束')
  },
})
```

9.2.6 下拉刷新

下拉刷新是指在小程序页面中，用户向下拖动页面，可以实现页面更新效果，例如页面数据更新、页面内容更新。小程序中与页面下拉刷新相关的 API 有两个，一个是用来触发页面下拉刷新的

wx.startPullDownRefresh(Object object)接口，一个是用来停止页面下拉刷新的 wx.stopPullDownRefresh(Object object)接口。

在使用下拉刷新功能时，需要在小程序的 app.json 文件中配置开启下拉刷新功能或者在小程序页面的 JSON 文件中进行下拉刷新功能的配置开启。在 app.json 文件中开启的下拉刷新功能应用于全局，小程序中的每一个页面都可以应用该功能。而小程序页面的 JSON 文件中开启下拉刷新功能后只有当前应用可以使用该功能，其他页面无法应用。实际开发过程中，一般采用在小程序 JSON 文件开启配置下拉刷新功能的方式，为某一个页面单独设置下拉刷新功能。开启下拉刷新的配置代码如下所示。

```
//下拉刷新功能的开启配置（可以在 app.json 文件或者页面 JSON 文件中进行配置）
//在 app.json 文件中进行开启配置
"window": {
  "enablePullDownRefresh": true
},
//在页面 JSON 文件中进行开启配置
{"enablePullDownRefresh": true}
```

使用 wx.startPullDownRefresh 接口可以实现与用户下拉页面相同的操作触发下拉刷新事件，需要注意的是触发下拉刷新后不会自动关闭，需要在页面 JS 文件中的下拉刷新事件的监听函数中进行处理，处理完成后主动调用 wx.stopPullDownRefresh 接口来关闭下拉刷新。应用的示例代码如下所示。

```
//调用下拉刷新接口触发下拉刷新事件
onLoad: function (options) {
  wx.startPullDownRefresh()
},
//在监听方法中监听下拉刷新操作,处理完成后进行关闭
onPullDownRefresh: function () {
  console.log('进行了页面下拉刷新操作')
  //进行处理的代码
  //处理完成后主动调用关闭接口
  setTimeout(function () {
    wx.stopPullDownRefresh()
  },3000)
},
```

9.2.7 滚动

滚动 API 主要用来模拟用户滑动界面的操作，通过调用相应的接口可以将屏幕界面滚动到指定的位置。用来进行滚动操作的 API 是 wx.pageScrollTo(Object object)，该接口可以将页面滚动到目标位置，进行页面的定位有两种实现方式，分别是使用选择器进行定位与通过滚动距离进行定位。wx.pageScrollTo 接口中的一些常用参数如表 9-16 所示。

表 9-16　wx.pageScrollTo API 中的主要参数

参　　数	是否必填	说　　明
scrollTop	否	滚动到页面的目标位置，滚动距离的单位是 px
duration	否	滚动动画的时长，单位为 ms，默认值为 300
selector	否	选择器，使用类似 CSS 的选择器，用来选择页面上的某一个组件，从而将页面滚动到该组件的位置
success	否	接口调用成功的回调函数
fail	否	接口调用失败的回调函数
complete	否	接口调用结束的回调函数（调用成功、失败都会执行）

使用 wx.pageScrollTo 接口中选择器时，需要注意其语法格式同 CSS 中的选择器的语法格式相似，但是目前仅支持下列语法格式。

（1）ID 选择器：#the-id

（2）class 选择器（可以连续指定多个）：.a-class .another-class

（3）子元素选择器：.the-parent .the-child

（4）后代选择器：.the-ancestor .the-descendant

（5）跨自定义组件的后代选择器：.the-ancestor .the-descendant

（6）多选择器的并集：#a-node, .some-other-nodes

wx.pageScrollTo 接口使用的示例代码如下所示。

```
//wx.pageScrollTo API 接口
wx.pageScrollTo({
  scrollTop: 0,
  duration: 300
})
```

9.2.8 动画

动画 API 主要用来创建一个动画对象，然后调用这个动画对象的方法进行缩放、旋转、平移等操作来实现动画效果。用来创建动画对象的 wx.createAnimation 接口的一些常用属性如表 9-17 所示。

表 9-17 wx.createAnimation API 中的主要参数

参 数	是 否 必 填	说 明
duration	否	动画的时长，单位为 ms，默认值为 400
timingFunction	否	动画的效果，默认值为 linear
delay	否	动画延时时间，单位为 ms，默认值为 0
transformOrigin	否	指定变换的原点，默认值为 50% 50% 0

wx.createAnimation 接口中 timingFunction 可以设置的值有以下几种。

（1）linear——动画从头到尾的速度是相同的。

（2）ease——动画以低速开始，然后加快，在结束前变慢。

（3）ease-in——动画以低速开始。

（4）ease-in-out——动画以低速开始和结束。

（5）ease-out——动画以低速结束。

（6）step-start——动画第一帧就跳至结束状态直到结束。

（7）step-end——动画一直保持开始状态，最后一帧跳到结束状态。

通过 wx.createAnimation 接口可以创建一个 Animation 动画对象，这个动画对象中提供了许多方法，通过这些方法可以实现缩放、平移、旋转等动画效果，动画对象中的常用方法如下所示。

Animation.export()——导出动画队列。需要注意动画对象的 export 方法每次调用后会清除掉之前的动画操作。

Animation.step(Object object)——表示一组动画完成。可以在一组动画中调用多个不同的动画方法，执行时同一组动画中的所有动画会同时开始，只有一组动画完成后下一组动画才能开始执行。

Animation.rotate(number angle)——从原点顺时针旋转一个角度。

Animation.rotate3d(number x, number y, number z, number angle)——从固定轴顺时针旋转一个角度。

Animation.rotateX(number angle)——从 X 轴顺时针旋转一个角度。

Animation.rotateY(number angle)——从 Y 轴顺时针旋转一个角度。

Animation.rotateZ(number angle)——从 Z 轴顺时针旋转一个角度。

Animation.scale(number sx, number sy)——平面缩放（二维缩放）。

Animation.scale3d(number sx, number sy, number sz)——3D 缩放（三维缩放）。

Animation.scaleX(number scale)——沿 X 轴进行缩放。

Animation.scaleY(number scale)——沿 Y 轴进行缩放。

Animation.scaleZ(number scale)——沿 Z 轴进行缩放。

Animation.skew(number ax, number ay)——对 X、Y 坐标进行倾斜。

Animation.skewX(number angle)——对 X 轴坐标进行倾斜。

Animation.skewY(number angle)——对 Y 轴坐标进行倾斜。

Animation.translate(number tx, number ty)——平移变换。

Animation.translate3d(number tx, number ty, number tz)——对 XYZ 坐标进行平移变换。

Animation.translateX(number translation)——对 X 轴平移。

Animation.translateY(number translation)——对 Y 轴平移。

Animation.translateZ(number translation)——对 Z 轴平移。

Animation.opacity(number value)——设置透明度。

Animation.backgroundColor(string value)——设置背景色。

Animation.width(number string value)——设置宽度。

Animation.height(number string value)——设置高度。

Animation.left(number string value)——设置 left 值。

Animation.right(number string value)——设置 right 值。

Animation.top(number string value)——设置 top 值。

Animation.bottom(number string value)——设置 bottom 值。

动画接口的示例代码如下所示。

```
//pages/Animation/Animation.wxml
<view animation="{{animationData}}" style="background:red;height:100rpx;width:100rpx"></view>
//pages/Animation/Animation.js
data: {
    animationData: {}
  },
  //生命周期函数--监听页面显示
  onShow: function () {
    //创建动画对象,并设置动画时长与动画方式
    var animation = wx.createAnimation({
      duration: 1000,
      timingFunction: 'ease',
    })
    this.animation = animation
    //动画缩放、旋转
    animation.scale(2,2).rotate(45).step()
    //清除动画
    this.setData({
      animationData:animation.export()
    })
    //等待 1s 后执行动画效果
    setTimeout(function() {
      //平移
```

```
        animation.translate(30).step()
        //清除动画效果
        this.setData({
          animationData:animation.export()
        })
      }.bind(this), 1000)
    },
```

9.3 就业面试技巧与解析

本章主要讲解了设备与界面 API，其中涉及网络、WiFi、电量、交互、窗口、导航栏、下拉刷新、滚动、动画等方面的内容，下面选取一些面试笔试真题，来加深读者对设备与界面 API 的理解。

9.3.1 面试技巧与解析（一）

面试官：小程序怎样实现下拉刷新？

应聘者：

在小程序中下拉刷新非常实用，实现下拉刷新的功能有以下几种方式。

1. 通过在 app.json 的 window 配置项中，设置 enablePullDownRefresh": true，开启全局小程序页面的下拉刷新。

或者在页面 JSON 文件，设置 enablePullDownRefresh": true，开启单个页面的下拉刷新。

2. scroll-view：使用该滚动组件进行自定义刷新，然后通过 bindscrolltoupper 属性为组件绑定一个事件方法，当页面滚动到顶部/左边，会触发对应的 scrolltoupper 事件，所以我们可以利用这个属性，来实现下拉刷新功能。

9.3.2 面试技巧与解析（二）

面试官：使用 wx.showToast 与 wx.showLoading 实现的加载信息提示框有什么区别?

应聘者：

wx.showToast 与 wx.showLoading 接口实现的加载信息提示框显示效果基本一致，主要区别在于使用的方式。

（1）wx.showToast 接口中有一个 duration 属性，设置这个属性后加载信息的消息提示框在显示一定时间后自动关闭。

（2）wx.showLoading 接口中没有 duration 属性，因此加载信息的消息提示框无法自动关闭，需要主动调用 wx.hideLoading 接口来关闭消息提示框。

第 10 章

云开发

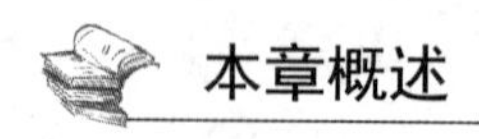

本章概述

本章学习小程序的云开发，云开发是微信团队联合腾讯云推出的小程序专业开发服务，云开发具有无须自建服务器、项目快速上线、简单便捷获取用户凭证等优点。云开发提供了数据库、存储、云函数、云调用等功能，可以帮助开发者快速进行项目开发，实现项目的上传与部署。

知识导读

本章要点（已掌握的在方框中打钩）

☐ 创建云开发环境

☐ 云数据库

☐ 云函数

10.1　云开发模板的创建

在使用云开发功能进行小程序的开发时，首先要进行云开发模板的创建，创建云开发模板一般要经过以下几个步骤：

1．获取小程序的 AppID

首先前往微信公众平台，进行小程序账号的创建，小程序账号创建成功以后，使用创建的账号登录小程序后台界面，完善小程序的基本信息并获取小程序的 AppID。

2．创建小程序项目与云开发模板

通过微信开发者工具进行项目的创建，创建项目时要填写小程序的项目名称、AppID，以及选择云开发选项。需要注意的是，如果不勾选云开发选项，项目创建成功后则无法使用云开发功能，并自动生成相应的云开发模板。填写的 AppID 必须真实有效，否则也无法使用云开发功能，具体创建方式如图 10-1 所示。

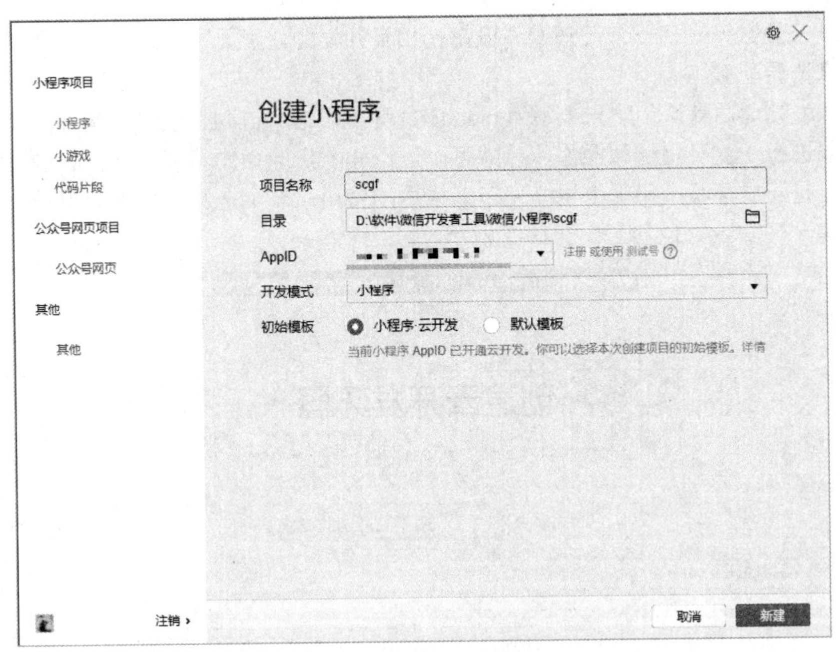

图 10-1　创建小程序项目

3. 使用云开发功能

项目创建完成后，点击工具栏的“云开发”按钮，可以进入小程序云开发的管理界面，在该界面中可以进行云开发的设置，例如，数据库、存储、云函数等。具体的云开发界面显示效果如图 10-2 所示。

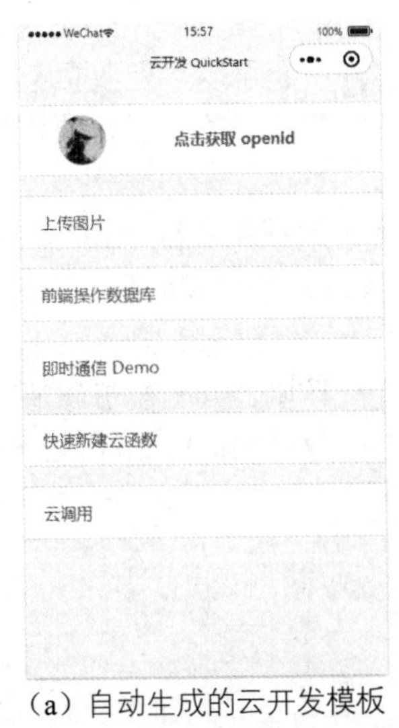

（a）自动生成的云开发模板

（b）选择云开发界面按钮

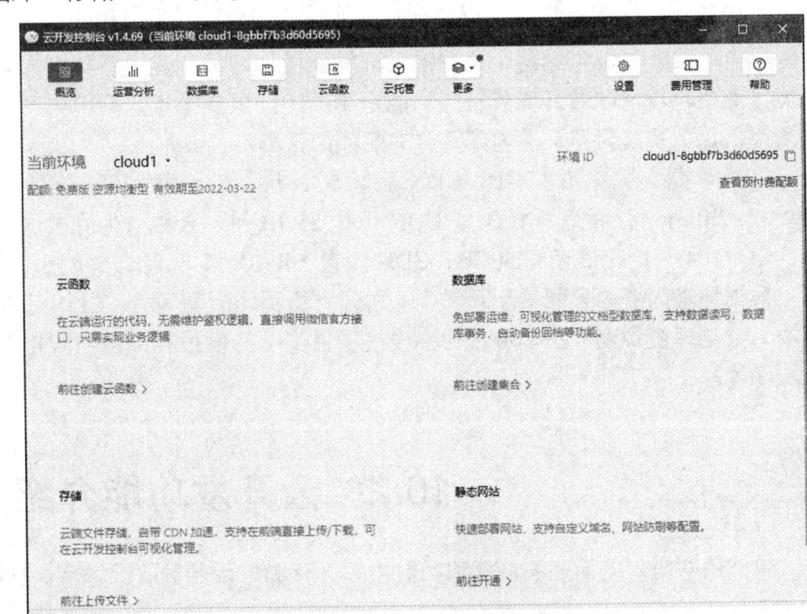

（c）云开发功能管理、配置界面

图 10-2　云开发界面的显示效果

4. 创建云开发环境

在使用云开发功能前需要创建一个云开发环境，在这个云开发环境中包含一整套的云开发资源，如数据库、存储空间、云函数等。每一个云开发环境都是相互独立的，里面的资源占用每个环境的配额，并不是所有环境来共享资源配额。

用户开通云开发功能后默认创建一个名为 cloud1 的环境，这个自动生成的环境可以在环境管理中进行删除，每个月可以进行 1 次环境删除操作，总共可以进行 4 次删除操作。每个新创建的小程序最多可以创建两个环境，一个是正式环境，用于小程序发布上线后的使用；一个是测试环境，用于小程序开发过程中的功能测试。创建云开发环境的流程如图 10-3 所示。

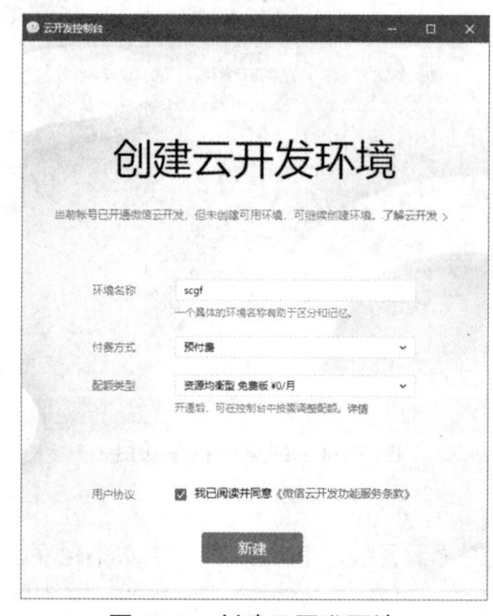

图 10-3　创建云开发环境

每个小程序可以创建两个免费的云开发环境，除了创建免费类型的环境之外，还可以创建收费类型的环境，免费环境与收费环境具备的功能是相同的，主要区别是环境内各种资源配额的不同。以资源均衡型环境为例，免费与付费环境内部资源的配额如下所示。

（1）免费：存储空间 5GB、CDN 流量 5GB/月、云函数外网出流量 1GB/月、数据库容量 2GB 等。

（2）30/月：存储空间 10GB、CDN 流量 25GB/月、云函数外网出流量 3GB/月、数据库容量 3GB 等。

（3）104/月：存储空间 50GB、CDN 流量 50GB/月、云函数外网出流量 5GB/月、数据库容量 5GB 等。

根据环境内资源分配的不同，可以划分为资源均衡型环境、CDN 资源消耗型环境、云函数资源消耗型环境、数据库资源消耗型环境。在小程序项目实际开发过程中应当根据项目的使用需求选择创建合适的云开发环境。

10.2　云开发功能介绍

微信团队提供的云开发功能包括数据库、存储、云函数、云调用、HTTP API 等。

10.2.1　数据库

数据库是一个 JSON 类型的数据库，数据库中的每一条数据记录都是一个 JSON 格式的对象，这些 JSON 对象都存放在一个 JSON 数组中。该数据库基本上可以满足项目基础的数据存储需求，使用该数据库不需要进行安装，也不用配置服务器，可以直接通过服务器对数据库中的数据进行增、删、改、查操作。

使用数据库功能前需要先创建一个数据库，创建完云开发环境后，可以在云开发界面点击“数据库”按钮或者点击“概览”按钮，在数据库信息区域选择“前往创建集合”进行云开发数据库的创建。具体创建步骤如图 10-4 所示。

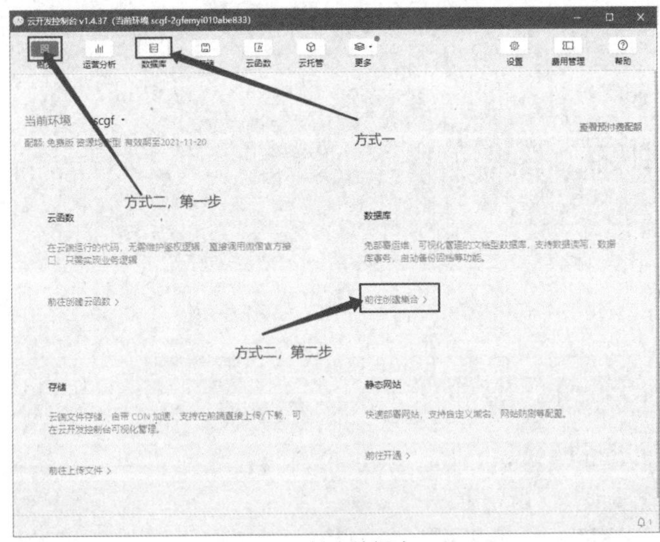

（a）创建数据库

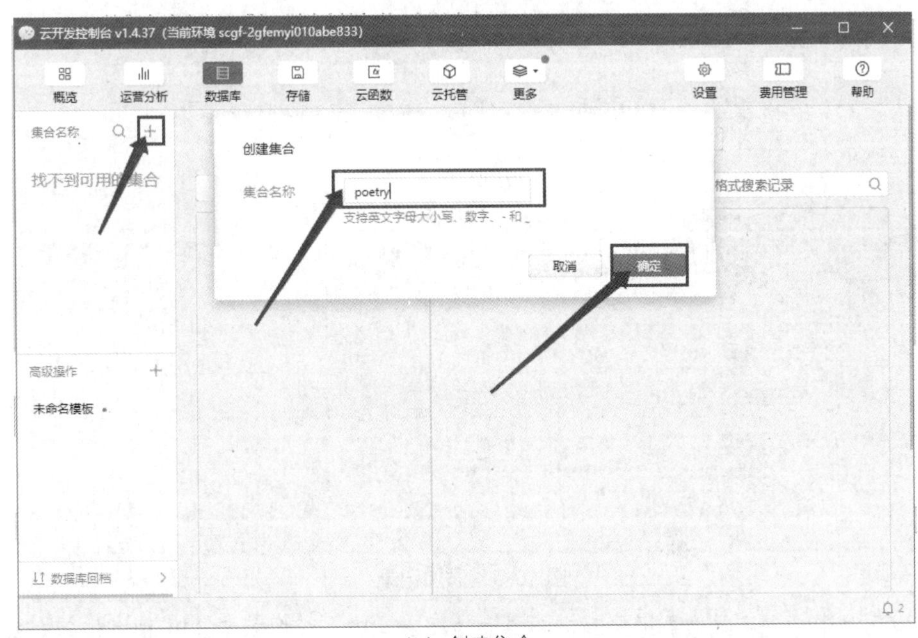

（b）创建集合

图 10-4　云开发数据库的创建

这里创建的集合就相当于其他第三方数据库中的数据表，在这个集合中每一条记录以一个 JSON 对象的形式存储在集合列表中。集合创建成功后，可以在数据库界面中对集合进行操作，例如，添加记录，每次仅可以添加一条记录；导出，可以将当前集合中的记录信息导出为一个 JSON 文件；导入，可以按照导出生成的 JSON 文件格式编写相应的记录数据，最后选择编写后的 JSON 数据进行导入，实现多条记录的创建。

JSON 文件中记录的数据格式如下所示。

```
[
  //[]表示一个集合,{}表示一条记录
  {
    "_id":"fa24ce1a616fbd75010a2dd766e25c7d",//记录 id,不能重复,可以自己设置也可以自动生成
    "dynasty":"朝代",
    "first_line":"空山不见人,",
    "fourth_line":"复照青苔上。",
    "name":"王维",
    "second_line":"但闻人语响。",
    "subject":"鹿柴",
    "third_line":"返景入深林,"},
]
```

添加记录的方式如图 10-5 所示。

添加记录

集合名称 poetry

文档 ID 使用系统自动生成的 ID

字段		类型	值
subject	=	string	鹿柴
name	=	string	王维
dynasty	=	string	朝代
first_line	=	string	空山不见人,
second_line	=	string	但闻人语响。
third_line	=	string	返景入深林,
fourth_line	=	string	复照青苔上。

取消 确定

图 10-5 添加记录

获取云开发环境中数据库的数据记录时需要借助数据库 API，而数据库 API 根据使用对象的不同可以分为小程序端和服务器端两部分。在小程序端，API 的调用具有严格的调用权限控制，开发者可在小程序端直接调用相应的数据库 API 对非敏感数据进行操作。但是对于一些私密的安全性要求较高的数据，需要使用云函数通过服务器端的数据库 API 进行操作。用来进行数据库中数据的增、删、改、查操作的数据库 API 示例代码如下所示。

```
//1. 获取数据库引用
const db = wx.cloud.database()              //获取默认环境下的数据库引用
const db = wx.cloud.database(env: 'scgf')   //获取指定环境下的数据库引用
//2. 构造查询语句
```

```
//collection方法用来获取数据库中一个集合的引用
//获取一条记录的引用
const todo = db.collection('scgf').doc('记录的id值')
//插入数据
db.collection('scgf').add({
  //data 字段表示需新增的 JSON 数据
  data: {
    字段名: "字段值",
    ……
  },
  success: function(res) {
    //res 是一个对象,其中有 _id 字段标记刚创建的记录的 id
    console.log(res)
  }
})
//查询单条数据
//get方法会触发网络请求,从数据库取数据
db.collection('scgf').doc('记录id值').get({
  success: function(res) {
    //res.data 包含该记录的数据
    console.log(res.data)
  }
})
//查询多条记录
//where方法中需要传入一个对象,数据库返回集合中字段等于指定值的JSON文档。数据库API也支持高级的查询条件(比如大于、小于、in 等),具体见文档查看支持列表
db.collection('scgf').where({
  _openid: 'user-open-id',
  done: false
})
.get({
  success: function(res) {
    //res.data 是包含以上定义的两条记录的数组
    console.log(res.data)
  }
})

//更新局部数据,仅更新指定的字段
db.collection('scgf').doc('记录id').update({
  //data 传入需要局部更新的数据
  data: {
    字段名: "字段值",
    ……
  },
  success: function(res) {
    console.log(res.data)
  }
})
//替换更新一条记录,会将传入的新记录对象替换原来的记录
db.collection('todos').doc('todo-identifiant-aleatoire').set({
  data: {
    字段名: "字段值",
    ……
  },
  success: function(res) {
    console.log(res.data)
  }
})
//删除单条记录
db.collection('scgf').doc('记录id').remove({
```

```
    success: function(res) {
      console.log(res.data)
    }
  })
  //删除多条记录
  db.collection('todos').where({
      done: true//判断条件
    }).remove({
    success: function(res) {
      console.log(res.data)
    }
  })
```

10.2.2 存储

使用小程序的云开发功能时会为开发者提供一块独立的云存储空间，开发者可以在这个云存储空间中进行文件的上传与下载。云存储提供了可用性强、稳定性好、安全性高的云端存储服务，不仅方便对上传的文件进行管理，而且可以对用户文件下载的权限进行设置与管理，用户仅可以访问下载有权限的文件。开发者可以在小程序端通过调用 API 来实现文件的上传、下载、删除等操作，具体实现代码如下所示。

```
//上传云端文件,使用 wx.cloud.uploadFile API
wx.cloud.uploadFile({
  cloudPath: '云端文件路径',          //文件上传至云端的路径
  filePath: '小程序临时文件路径',      //需要上传的文件在小程序中的临时文件路径
  success: res => {
    //返回文件 ID
    console.log(res.fileID)
  },
  fail: console.error
})
//下载云端文件,使用 wx.cloud.downloadFile API,仅能下载用户具有访问下载权限的文件
wx.cloud.downloadFile({
  fileID: '云端文件的 ID',            //云端文件的 ID
  success: res => {
    //返回临时文件路径
    console.log(res.tempFilePath)
  },
  fail: console.error
})
//删除云端文件,使用 wx.cloud.deleteFile API
wx.cloud.deleteFile({
  fileList: ['文件在云端的路径'],      //示例路径,cloud://img/1594809942978.jpg'
  success: res => {
    //handle success
    console.log(res.fileList)
  },
  fail: console.error
})
```

在云开发控制台点击工具栏的“存储”按钮，可以进入云存储界面，在云存储界面的“存储管理”选项中可以进行文件、文件夹的上传与管理。在“存储权限”选项中可以为文件进行不同用户权限的设置，只有拥有权限的用户才能对文件进行访问下载，具体的界面效果如图 10-6 所示。

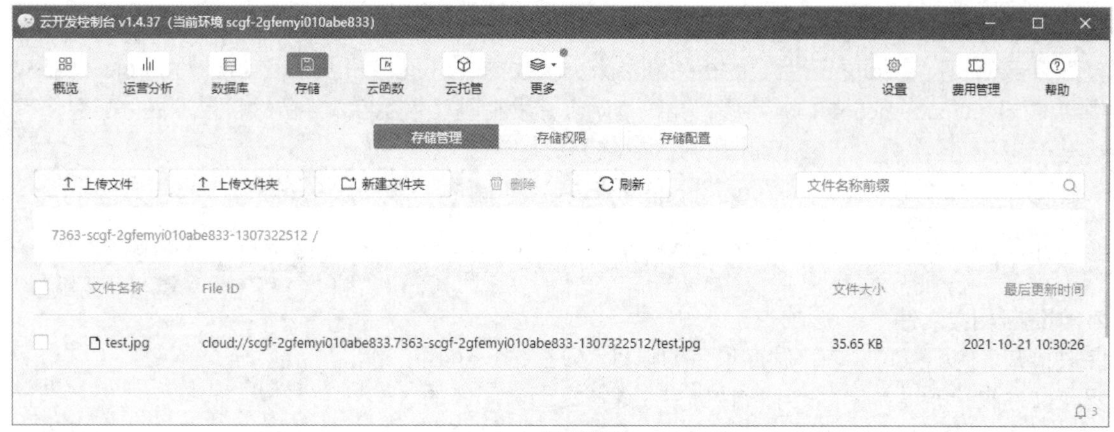

（a）存储管理

（b）存储权限

图 10-6　云存储管理

10.2.3　云函数

云函数是运行在云端的函数，它在微信开发者工具中进行编写，编写完成后进行上传部署，无须购买、搭建服务器云函数都能正常运行。云函数的编写格式和在本地进行 JavaScript 方法的格式、结构一致，并且在云函数中可以借助云函数后端 SDK 来实现多种服务功能，例如通过数据库与存储的 API 可以进行数据库与存储的操作。

使用云函数进行小程序开发还有一个独特的优势，微信团队为了方便云函数的使用，对云函数与微信登录权限进行了整合，在小程序端调用云函数时，会将小程序端用户 openId 的值注入到云函数的传入参数中，开发者可以直接获取这个 openId 进行使用，无须进行烦琐的获取、校验操作。

创建一个云函数需要经过以下几个步骤：

1. 在小程序端进行云函数的配置

首先需要在小程序端进行云函数的相关配置，配置方式是在小程序项目的根目录下的 project.config.json 文件中新增一个 cloudfunctionRoot 字段，用来指明云开发在小程序项目本地的根目录，具体配置代码如下所示。

```
//在小程序端配置云开发的目录
{
  "cloudfunctionRoot": "cloudfunctions/"
}
```

2. 创建云函数文件

完成云开发的配置后会在小程序项目的根目录下生成一个云开发目录文件夹，然后需要在这个文件夹中创建与云函数同名的 JS 文件。创建云函数的方式是在小程序项目路径中选择云开发目录文件夹，右击，选择“新建 Node.js 云函数”，填写云函数名称会自动创建与云函数同名的文件夹和对应的云函数文件，并自动将新创建的云函数上传部署到云开发环境中。新创建的云开发文件中有三个文件，分别是 config.json 文件（云函数配置文件）、index.js（云函数入口文件）、package.json（云函数包的配置文件）。创建云函数文件的具体过程如图 10-7 所示。

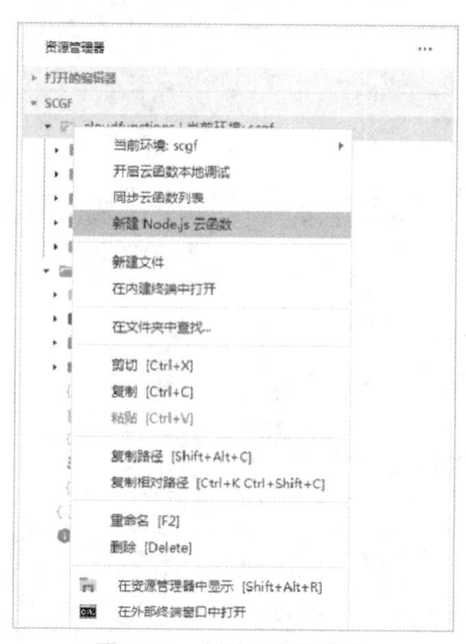

图 10-7　创建云函数文件

3. 创建云函数

云函数文件创建成功后，可以在云函数文件夹的 index.js 文件中进行云函数代码的编写。在云函数文件中会默认生成一个云函数的代码模版，云函数需要两个参数，第一个参数是 event 对象（小程序端调用云函数时传入的参数），第二个参数是 context 对象（包含了此处调用的调用信息和运行状态，可以用来了解服务运行的情况）。在模板中也默认请求了 wx-server-sdk，这是在云函数中用来操作数据库、存储以及调用其他云函数的微信提供的库。具体云函数代码如下所示。

```
//在小程序端配置云开发的目录
//云函数入口文件
const cloud = require('wx-server-sdk')
//初始化云函数
cloud.init()
//云函数入口函数
exports.main = async (event, context) => {
  const wxContext = cloud.getWXContext()
  return {
    event,                          //调用云函数时传入的参数
    sum:event.a+event.b,            //自定义返回值,用来计算两个数的和
    openid: wxContext.OPENID,       //自动添加的用户 openId
    appid: wxContext.APPID,         //自动添加的小程序 AppID
    unionid: wxContext.UNIONID,
  }
}
```

4. 上传部署云函数

云函数的代码编写完成以后，可以在小程序项目路径中选择云函数目录文件夹，右击，选择“上传并部署”选项，可以将云函数整体打包上传并部署到云开发环境中，但上传之前需要选中云函数文件夹右击，

选择“外部终端窗口”打开选项，执行命令进行 wx-server-sdk 库依赖的安装，安装命令如下所示。

```
npm install --save wx-server-sdk@latest
```

安装成功的效果如图 10-8 所示。

具体的上传部署如图 10-9 所示。

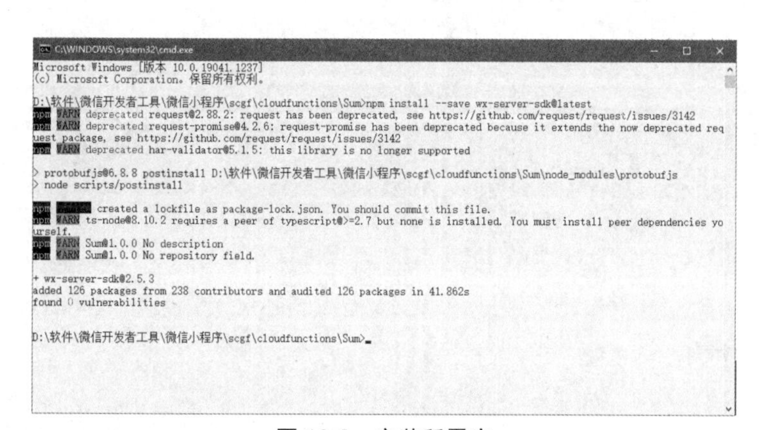

图 10-8 安装所需库

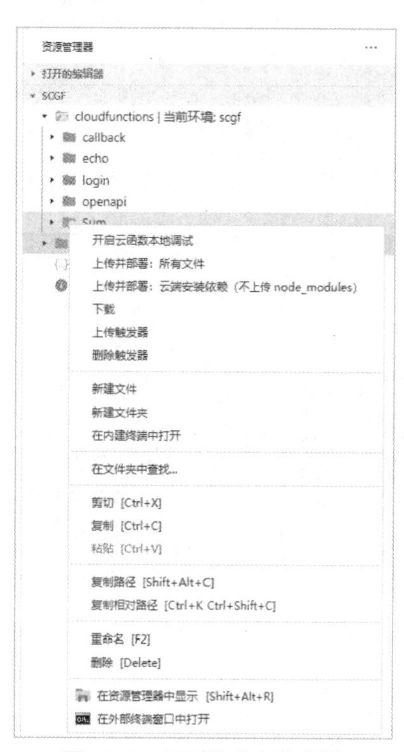

图 10-9 云函数的上传部署

5. 云函数的调用

云函数部署成功后，就可以在需要的地方调用创建的云函数，以计算两个数的和为例进行云函数的调用，具体实现代码如下所示。

```
<!--miniprogram/pages/sum/sum.wxml-->
<view class="container">
  <view class="title">Sum 求和计算</view>
  <input type="text" name="num1" placeholder="请输入第一个数字" bindblur="num1"/>
  <input type="text" name="num2" placeholder="请输入第二个数字" bindblur="num2"/>
  <button type="primary" bindtap="sum">计算</button>
  <!-- 信息显示区域 -->
  <view>信息显示</view>
  <view>求和结果为: {{sum}}</view>
</view>
//miniprogram/pages/sum/sum.js
Page({
  data: {
    sum:0,     //求和值
    num1:0,    //第一个数值
    num2:0,    //第二个数值
  },
  //设置第一个数值
  num1:function(e){
    var num1=parseInt(e.detail.value)
```

```
    console.log(num1)
    this.setData({num1:num1})
  },
  //设置第二个数值
  num2:function(e){
    var num2=parseInt(e.detail.value)
    console.log(num2)
    this.setData({num2:num2})
  },
  //调用云函数进行求和
  sum:function(){
    var that=this
    //调用云函数
    wx.cloud.callFunction({
      name: 'Sum', //云函数名称
      data: {
        a:that.data.num1,
        b:that.data.num2,
      },            //云函数参数
      success: res => {
        console.log('[云函数] [Sum] ', res)
        var sum=res.result.sum
        that.setData({sum:sum})
      },
      fail: err => {
        console.error('[云函数] [Sum] 调用失败', err)
      }
    })
  },
})
```

调用求和云函数的运行效果如图 10-10 所示。

（a）求和云函数运行效果

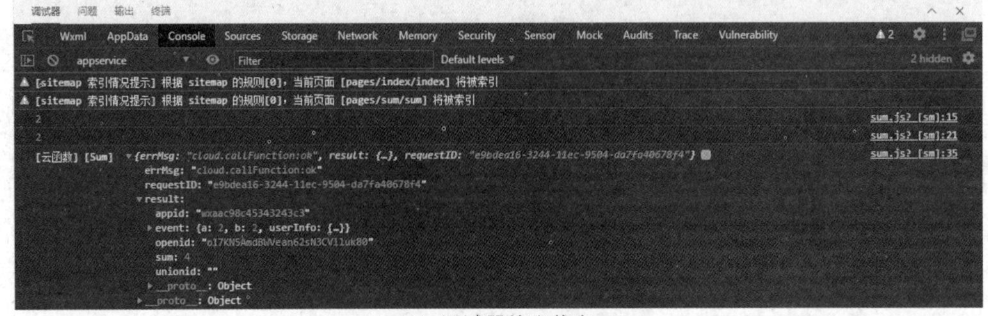

（b）调试器输出信息

图 10-10　云函数调用运行效果

10.2.4 云调用

云调用是指基于云函数来使用小程序开放接口的能力，目前仅支持服务器端调用、开放数据调用、消息推送这几种场景下的应用。在使用云调用功能前需要满足一些条件，例如，wx-server-sdk 的版本>= 0.4.0、开发者工具的版本>= 1.02.1904090。

10.2.5 HTTP API

HTTP API 主要是为小程序的云开发资源提供了一个外部访问接口，使得这些云开发资源可以从小程序外部进行访问获取。

10.3 云开发实例

通过云开发的数据库功能来实现一个古诗小程序，在这个小程序中用户可以进行古诗的上传，也可以查看数据库中的所有古诗并可以对这些古诗进行编辑、删除操作。实现这个古诗小程序主要经过以下步骤。

1. 创建小程序账号

前往微信公众平台选择小程序进行小程序账号的创建，使用邮箱激活账号后，需要填写小程序账号的主体信息，出于方便的角度考虑账号主体应当设置为个人。完成小程序账号创建后，要登录小程序账号的后台管理界面，完善小程序的信息并获取小程序的 AppID 与 AppSecret。

2. 创建小程序项目

通过微信开发者工具创建一个小程序项目，需要填入 AppID 并选择开启云开发功能选项。然后在云开发控制台界面进行云开发环境与数据库的创建。

3. 古诗小程序功能的开发

古诗小程序的功能主要包括添加古诗信息、查询古诗信息与删除古诗信息。

1）登录界面的实现

首先在登录界面创建一个登录按钮用来进行用户信息的授权，当用户首次点击登录按钮时，会弹出授权弹窗进行用户授权，授权成功后跳转到首页界面。登录界面的运行效果如图 10-11 所示。

登录界面的实现代码如下所示。

```
<!--miniprogram/pages/login/login.wxml-->
<view class="container">
  <view class="title">古诗词</view>
  <button class="btn"  bindtap="getUserInfo">登录</button>
</view>

//miniprogram/pages/login/login.js
var app=getApp()
Page({
  getUserInfo:function(){
    var userInfo=wx.getStorageSync('userInfo');
    var openId=wx.getStorageSync('openId');
    if(userInfo && openId){
      wx.navigateTo({
        url: '/pages/home/home'
      });
    }else{
```

```
        //调用获取用户临时信息接口
        wx.getUserProfile({
          desc: '获取信息的描述',
          success: (result) => {
            console.log(result)
            app.globalData.userInfo=result.rawData;
            wx.setStorageSync("userInfo",result.rawData)
            //调用云函数获取用户 openId
            wx.cloud.callFunction({
              name: 'login',//云函数名称
              data: {},//云函数参数
              success: res => {
                console.log('[云函数] [login] ', res)
                app.globalData.openId=res.result.openid;
                wx.setStorageSync("openId",res.result.openid)
                wx.navigateTo({
                  url: '/pages/home/home'
                });
              },
              fail: err => {
                console.error('[云函数] [login] 调用失败', err)
              }
            })
          },
        })
      }
    },
})
```

2）首页界面的实现

在该界面上需要显示用户的头像与昵称，并且要创建添加古诗界面与查看古诗界面的按钮。首页界面效果如图 10-12 所示。

图 10-11　登录界面效果

图 10-12　首页界面效果

首页界面的实现代码如下所示。

```
<!--miniprogram/pages/home/home.wxml-->
```

```
<view class="container">
  <view class="title">古诗词</view>
    <image class="userinfo-avatar" bindtap="bindViewTap" src="{{userInfo.avatarUrl}}" mode="cover">
</image>
    <text class="userinfo-nickname">{{userInfo.nickName}}</text>
    <navigator url='/pages/add/add' class="start_btn btn_animation"  form-type="submit" hover-class="none">
      <button class="add">添加古诗</button>
    </navigator>
    <navigator url='/pages/query/query' class="start_btn btn_animation"  form-type="submit"
hover-class="none">
      <button class="query">查看古诗</button>
    </navigator>
</view>
//miniprogram/pages/home/home.js
var app=getApp()
Page({
data: {
    userInfo:{},//用户信息
  },
onLoad: function (options) {
    //获取用户信息
    var userInfo=JSON.parse(wx.getStorageSync('userInfo'));
    if(userInfo){
      //设置用户信息
      //设置页面数据
      this.setData({
        userInfo:userInfo,
      });
    }
  },
})
```

在上述代码中需要在页面加载的生命周期函数中获取缓存中存放的用户信息，然后将获取的用户信息通过 setData()方法设置到页面数据中用于页面信息的显示。

3）添加古诗界面的实现

在界面中设置一个表单，用来获取用户输入的信息，然后将获取的信息保存到云开发环境的数据库中，并且返回首页界面。添加古诗界面的效果如图 10-13 所示。

图 10-13 添加古诗信息

添加古诗界面的实现代码如下所示。

```
<!--miniprogram/pages/add/add.wxml-->
<view class="container">
  <view class="title">添加古诗信息</view>
  <form class="page__bd" bindsubmit="formSubmit" bindreset="formReset">
    <view class="section">
      <view class="fontstyle">题目</view>
      <input name="subject" style="background-color:  #FFFFFF" placeholder="请输入题目" />
    </view>
    <view class="section">
      <view class="fontstyle">诗人</view>
      <input name="name" style="background-color:     #FFFFFF" placeholder="请输入诗人名字" />
    </view>
    <view class="section">
      <view class="fontstyle">朝代</view>
```

```
      <input name="dynasty" style="background-color:  #FFFFFF" placeholder="请输入朝代" />
    </view>
    <view class="section">
      <view class="fontstyle">第一行</view>
      <input name="first" style="background-color:    #FFFFFF" placeholder="请在这里输入" />
    </view>
    <view class="section">
      <view class="fontstyle">第二行</view>
      <input name="second" style="background-color:   #FFFFFF" placeholder="请在这里输入" />
    </view>
    <view class="section">
      <view class="fontstyle">第三行</view>
      <input name="third" style="background-color:    #FFFFFF" placeholder="请在这里输入" />
    </view>
    <view class="section">
      <view class="fontstyle">第四行</view>
      <input name="fourth" style="background-color:   #FFFFFF" placeholder="请在这里输入" />
    </view>
    <view class="btn-area">
      <button class="sub" type="primary" form-type="submit">提交</button>
      <button class="res" type="warn" form-type="reset">重置</button>
    </view>
  </form>
</view>
//miniprogram/pages/add/add.js
var app=getApp()
Page({
//获取填写的内容
  formSubmit:function(e){
    console.log(e)
    var subject=e.detail.value.subject;
    var name=e.detail.value.name;
    var dynasty=e.detail.value.dynasty;
    var first=e.detail.value.first;
    var second=e.detail.value.second;
    var third=e.detail.value.third;
    var fourth=e.detail.value.fourth;
    //将信息存储到云数据库中
    //初始化数据库对象
    if(subject&&name&&dynasty&&first&&second&&third&&fourth){
      const db = wx.cloud.database()
      db.collection('poetry').add({
        //data 字段表示需新增的 JSON 数据
        data: {
          //id:'todo-identifiant-aleatoire',//可选自定义_id,在此处场景下用数据库自动分配的就可以了
          "subject":subject,
          "name":name,
          "dynasty":dynasty,
          "first":first,
          "second":second,
          "third":third,
          "fourth":fourth,
        },
        success: function(res) {
          //res 是一个对象,其中有 _id 字段标记刚创建的记录的 id
```

```
          console.log(res)
          //提示信息
          wx.showToast({
            title: '添加成功',
            duration:2000,
            icon:'success',
            mask: true,
          })
          wx.navigateBack({
            delta: 0,
          })
        }
      })
    }
  },
})
```

在上述代码中，首先获取用户提交的信息，然后创建一个数据库对象，最后通过这个数据库对象调用 add()方法将用户提交的信息存储到云开发数据库的指定集合中。

4）查询古诗信息界面的实现

在该界面中通过表格来显示古诗信息，每条古诗信息后面都有两个操作按钮，一个是“查看”按钮，跳转到详情页，查看对应古诗的详细信息。一个是“删除”按钮，用来删除对应的古诗记录。查询古诗信息界面的效果如图 10-14 所示。

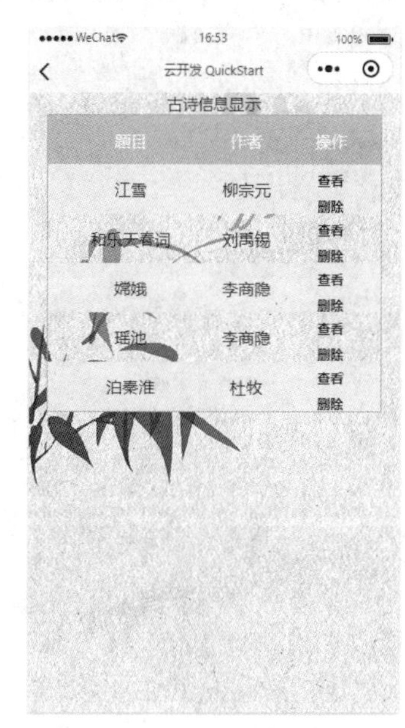

图 10-14　查询古诗信息界面

查询古诗信息界面的实现代码如下所示。

```
<!--miniprogram/pages/query/query.wxml-->
<view class="container">
  <view class="title">古诗信息显示</view>
  <view class="table">
    <view class="tr bg-w">
      <view class="th" style="width:50%">题目</view>
      <view class="th" style="width:20%">作者</view>
      <view class="th" style="width:30%">操作</view>
    </view>
    <block wx:for="{{dataList}}" wx:key="{{index}}">
      <view class="tr bg-g" wx:if="{{index % 2 == 0}}">
        <view class="td" style="width:50%">{{item.subject}}</view>
        <view class="td" style="width:20%">{{item.name}}</view>
        <view class="td" style="width:30%">
          <button name="add" bindtap="add" style="width:90px;height:25px;font-size: 10pt !important;"
data-index="{{item._id}}">查看</button>
          <button name="add" bindtap="del" style="width:90px;height:25px;font-size: 10pt !important;"
data-index="{{item._id}}">删除</button>
        </view>
      </view>
      <view class="tr" wx:else>
        <view class="td" style="width:50%">{{item.subject}}</view>
        <view class="td" style="width:20%">{{item.name}}</view>
        <view class="td" style="width:30%">
          <button name="add" bindtap="add" style="width:90px;height:25px;font-size: 10pt !important;"
value="{{item._id}}">查看</button>
```

```
          <button name="add" bindtap="del" style="width:90px;height:25px;font-size: 10pt !important;"
value="{{item._id}}">删除</button>
        </view>
      </view>
    </block>
  </view>
</view>

//miniprogram/pages/query/query.js
var app=getApp()
Page({
data: {
    dataList:[],//古诗信息列表
  },
  add:function(e){
    var id=e.currentTarget.dataset.index
    //跳转详情页面
    wx.redirectTo({
      url:'/pages/item/item?id='+(id),
    })
  },
  del:function(e){
    var that=this
    var id=e.currentTarget.dataset.index
    //删除内容
    const db = wx.cloud.database()
    db.collection('poetry').doc(id).remove({
      success: function(res) {
        console.log(res.data)
        //提示信息
        wx.showToast({
          title: '删除成功',
          duration: 200,
          icon: 'success',
          mask: true,
        })
        //重新加载页面
        that.onLoad()
      }
    })
  },
  //生命周期函数--监听页面加载
  onLoad: function (options) {
    var that=this
    var openId=wx.getStorageSync('openId')
    console.log(openId)
    //查询信息
    if(openId){
      const db = wx.cloud.database()
      db.collection('poetry').where({
        _openid: 'openId',
        //done: false
      })
      .get({
        success: function(res) {
```

```
            //res.data 是包含以上定义的两条记录的数组
            console.log(res.data)
            that.setData({dataList:res.data})
            //console.log(this.data.dataList)
          }
        })
      }
    },
  })
```

图 10-15　古诗信息详情页界面效果

在上述代码中首先要在 onload()页面加载的生命周期函数中，获取用户所需要查询的古诗信息，然后通过 wx:for 遍历古诗信息，为了方便对古诗信息的操作，需要将每条古诗信息记录的 id 传递给对应的“查看”“删除”按钮。最后为“查看”“删除”按钮分别绑定一个事件方法，通过记录的 id 来实现古诗记录信息的查看与删除操作。

5）古诗详情页界面的实现

在该界面中主要显示查询出的古诗信息，具体界面效果如图 10-15 所示。

古诗信息详情页界面的实现代码如下所示。

```
<!--miniprogram/pages/item/item.wxml-->
<view class="container">
  <view class="subject">{{data.subject}}</view>
  <view class="name">{{data.name}}</view>
  <view class="dynasty">【{{data.dynasty}}】</view>
  <view class="line">{{data.first}},</view>
  <view class="line">{{data.second}}。</view>
  <view class="line">{{data.third}},</view>
  <view class="line">{{data.fourth}}。</view>
</view>

//miniprogram/pages/item/item.js
var app=getApp()
Page({
onLoad: function (options) {
    var that=this
    var id=options.id
    //查询古诗信息
    if(id){
      const db = wx.cloud.database()
      db.collection('poetry').doc(id).get({
        success: function(res) {
          //res.data 包含该记录的数据
          console.log(res.data)
          that.setData({data:res.data})
        }
      })
    }
  },
})
```

在上述代码中，首先需要在 onload()页面加载函数中获取古诗记录的 id，然后通过 id 查询对应的古诗信息，最后将获取的古诗信息设置到页面数据中，用于页面的渲染显示。

10.4　就业面试技巧与解析

本章主要讲解了小程序的云开发，其中包括数据库、云函数、云调用、HTTP API 等，下面选取一些精选面试笔试真题，来检测一下读者对小程序云开发的内容的掌握情况。

10.4.1　面试技巧与解析（一）

面试官：为什么使用云函数发送 HTTP 请求？

应聘者：

一般情况下小程序只能接收或发送 HTTP/HTTPS 类型的请求，并且需要进行域名配置，但是使用云函数发送 HTTP 请求有以下好处。

（1）不受 5 个可信域名限制，意思就是可以访问请求不是可信的域名。

（2）所请求的域名可以不备案。

10.4.2　面试技巧与解析（二）

面试官：微信小程序云开发的优缺点有哪些？

应聘者：

进行微信小程序开发时，可以使用微信官方提供的云开发功能，微信小程序云开发具有以下特点。

1. 优点

（1）无须部署服务器，使用简单、便捷。

（2）无须域名备案与域名配置，项目可以快速上线。

（3）可以跳过请求校验，轻松获取用户凭证。

2. 缺点

（1）基础版的 CDN 流量太少，只适用功能简单、数据较少的项目，对于功能复杂、数据量大的项目，使用流量超出后需要付费。

（2）云数据库的权限比较简单，仅有四种，可能无法满足项目的权限需求。

（3）对外部开放限制多，小程序云开发中的云数据库位于小程序内部，外部无法直接访问这个数据库获取数据，需要先通过官方接口获取凭证，然后再通过特定接口来进行访问，操作比较麻烦，并且每日的请求上限为 500 次。

第 4 篇

项目实践

本篇属于本书的最后一篇，是项目实践。在本篇中，主要教会读者如何开发微信小程序项目，从需求分析到完成项目开发的一系列流程，在项目开发的过程中可以融会贯通前面所学的基础知识、核心技术以及高级应用，提高小程序组件与 API 使用的熟练度。通过本篇内容的学习，读者可以快速积累一些开发经验，为日后进行小程序的开发工作奠定基础。

第 11 章

“贪吃蛇”小游戏

本章概述

本章学习“贪吃蛇”小游戏的开发，该游戏项目主要是通过微信小程序来实现的。游戏项目的开发需要先进行游戏的需求分析，再进行游戏的功能设计，最后实现游戏的功能。整个游戏主要划分为游戏登录界面、游戏运行界面。游戏最重要的功能模块是创建“贪吃蛇”对象、创建“苹果”对象以及移动“贪吃蛇”对象。

知识导读

本章要点（已掌握的在方框中打钩）

- ☐“贪吃蛇”小游戏需求分析
- ☐“贪吃蛇”小游戏功能设计
- ☐ 游戏登录界面的实现
- ☐ 游戏运行界面的实现

11.1　项目开发背景

“贪吃蛇”是一款非常经典的小游戏，它陪伴了一代人的童年时光，目前市面上流传着众多版本的“贪吃蛇”小游戏。本章我们主要通过微信小程序来实现这个小游戏，在实现“贪吃蛇”小游戏的过程中，学习小程序的相关知识，加深对小程序开发的理解与应用。

11.2　系统开发环境及工具

操作环境：Windows 7 及以上操作系统。

开发工具：微信开发者工具。

开发语言：WXML、WXSS、JS 等。

11.3 系统功能设计

首先进行“贪吃蛇”小游戏的需求分析，然后完成“贪吃蛇”小游戏的功能模块以及功能流程图的设计。

11.3.1 “贪吃蛇”小游戏需求分析

“贪吃蛇”小游戏的需求主要有以下几点：

（1）游戏中分为“蛇”与“苹果”两个游戏对象。

（2）在游戏屏幕中绘制游戏区域，界面美观，便于玩家进行游戏。

（3）游戏开始后会创建“蛇”与“苹果”两个对象，玩家需要操控“蛇”，吃掉苹果。

（4）每吃一个“苹果”，获取相应积分，“蛇”长度加一，并且随机生成一个新的“苹果”。

（5）玩家使用手指在屏幕上滑动来控制“蛇”的移动，例如，用户的手指向右滑动，“蛇”可以向右移动。用户在控制“蛇”进行移动过程中需要注意，用户不能控制“蛇”由原方向直接向相反方向移动，例如，“蛇”正在向上移动，用户不能控制“蛇”直接向下移动，而应该向左或向右移动后才能向下移动，其他方向移动的逻辑也是如此。

（6）当“蛇”的头部触碰到游戏边界或者“蛇”的身体时，“蛇”会死亡，结束游戏。

（7）需要将用户信息、用户获得积分，以及用户的最高游戏积分显示在游戏界面上。

11.3.2 “贪吃蛇”小游戏功能模块分析

“贪吃蛇”小游戏的游戏主体是“蛇”与“苹果”。在游戏登录界面，如果是用户初次登录游戏，点击“登录”按钮后会弹出用户授权弹窗，用户授权后可以获取用户信息并跳转到游戏界面。如果用户之前登录过游戏，点击“登录”按钮后会直接跳转到游戏界面。

游戏运行界面，在该界面中玩家控制“蛇”吃掉游戏屏幕中生成的“苹果”；游戏屏幕上方显示相关的游戏信息（如用户信息、玩家当前得分、历史最高得分等），游戏区域绘制网格，美化界面方便用户操作。

“贪吃蛇”的功能模块如图 11-1 所示。

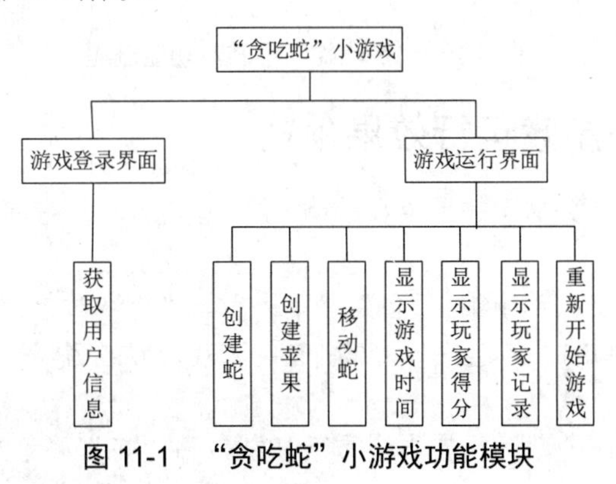

图 11-1 “贪吃蛇”小游戏功能模块

11.3.3 “贪吃蛇”小游戏功能流程图

完成“贪吃蛇”小游戏的需求分析与功能模块的设计后，要进行功能流程图的设计。

（1）运行游戏后，进入游戏登录界面，点击“登录”按钮进行用户授权、获取用户信息。

（2）用户授权后跳转到游戏运行界面，在游戏区域分别生成“苹果”与“蛇”，在信息显示区域显示用户信息与游戏信息。用户在屏幕上滑动，“蛇”开始移动，游戏开始，玩家控制“蛇”进行移动，吃掉游戏区域中的“苹果”，可以获取相应积分，并且“蛇”长度增加，然后再随机生成新的苹果。

（3）“蛇的头部”触碰到游戏屏幕边界或者“蛇身”时，游戏结束，弹出是否重新开始游戏的弹窗。

（4）重新开始时，用户的当前积分会被清空，重新生成“蛇”与“苹果”，用户可以重新进行游戏。

主体功能流程如图 11-2 所示。

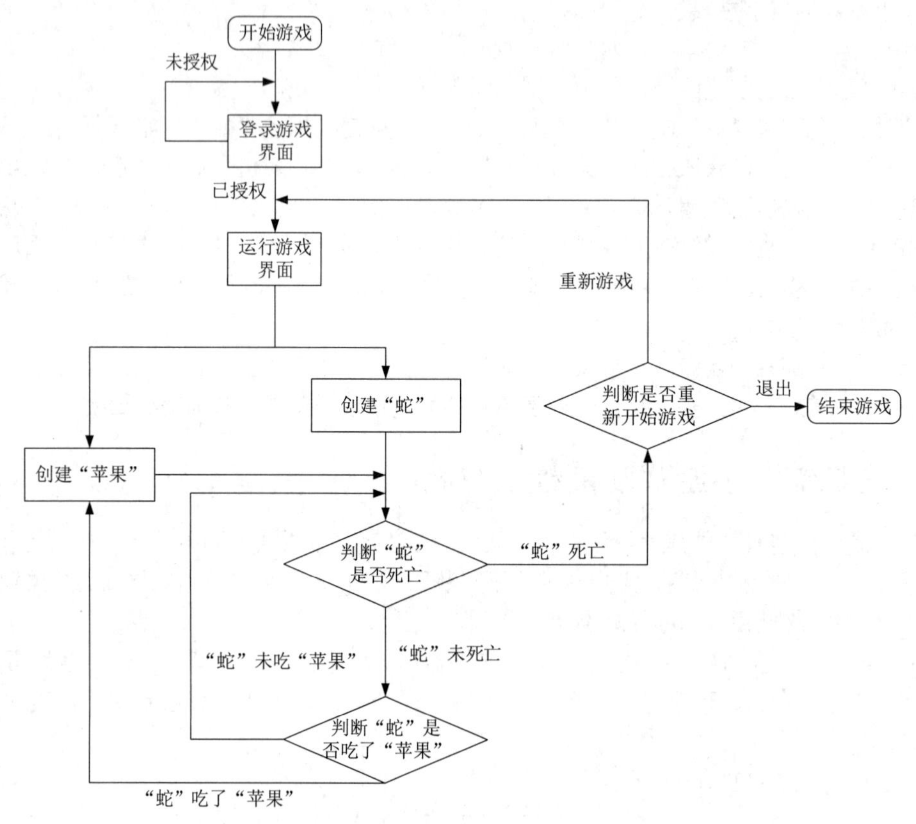

图 11-2　“贪吃蛇”小游戏功能流程

11.3.4　“贪吃蛇”小游戏运行效果预览

“贪吃蛇”小游戏运行后，首先显示的是游戏登录界面，玩家单击“登录”按钮完成授权后会跳转游戏运行界面。

游戏运行界面，在游戏区域上绘制网格，创建“苹果”与“蛇”对象。在信息显示区域上方显示用户的信息与游戏信息。当玩家控制的“贪吃蛇”头部触碰到游戏边界或者“蛇身”时，游戏就会失败，然后显示是否重新开始游戏弹窗。

当玩家选择重新开始游戏，游戏运行界面会重新加载，将“蛇”“苹果”以及用户得分进行初始化设置。

“贪吃蛇”小游戏开始游戏界面效果如图 11-3 所示。

“贪吃蛇”小游戏运行游戏界面效果如图 11-4 所示。

图 11-3 “贪吃蛇”游戏登录界面

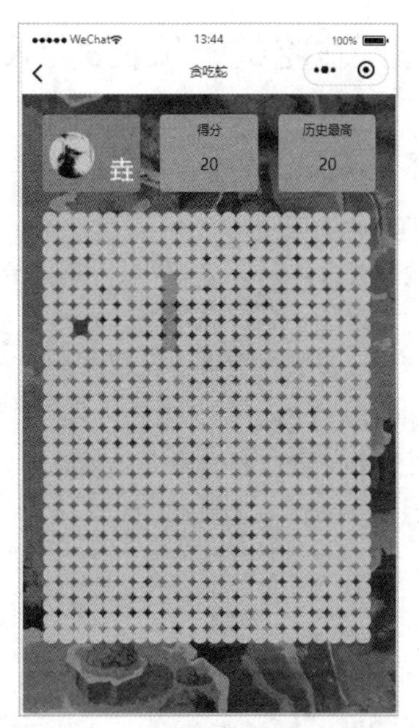

图 11-4 “贪吃蛇”游戏运行界面

11.3.5 “贪吃蛇”小游戏项目结构

在“贪吃蛇”小游戏项目中主要包括 image（图片资源文件夹）、pages（页面文件夹）、login（登录页面文件夹）、snake（游戏运行界面文件夹）、utils（工具文件、方法文件夹）、app.js（小程序全局逻辑文件）、app.json（小程序全局配置文件）、app.wxss（小程序全局样式文件）、project.config.json（小程序工程配置文件），具体的项目结构如图 11-5 所示。

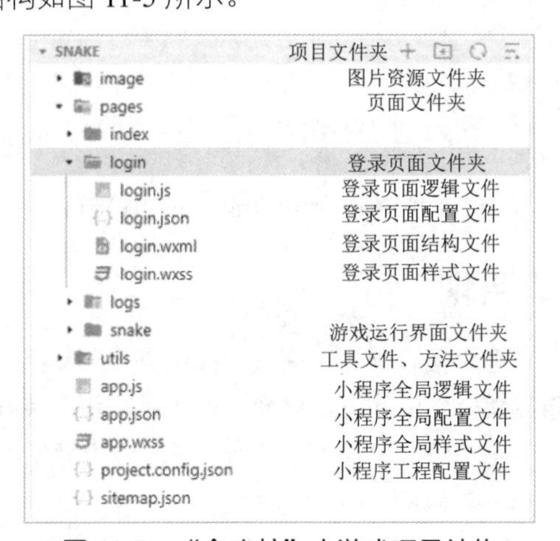

图 11-5 “贪吃蛇”小游戏项目结构

11.4 系统功能技术实现

通过“贪吃蛇”小游戏的需求分析，完成了该项目的功能模块图与系统功能流程图。下面进入到功能模块的实现阶段，进行功能模块的代码编写，从而完成整个项目的开发。

11.4.1 “贪吃蛇”项目的创建

进行“贪吃蛇”小游戏的开发，首先创建一个名为 snake 的小程序项目，创建这个小程序项目需要经过以下几个步骤。

1. 创建小程序账号

访问微信公众平台，选择“小程序”选项，按照要求进行邮箱激活，创建一个个人主体的小程序账号。

使用刚创建的小程序账号登录，进行小程序账号基本信息的完善，然后执行“开发—开发管理—开发设置”操作，在开发设置页面获取 AppID 和 AppSecret 信息。

2. 创建小程序项目

使用微信开发者工具，输入小程序项目名称、AppID 等信息，完成小程序项目的创建，项目的具体创建操作如图 11-6 所示。

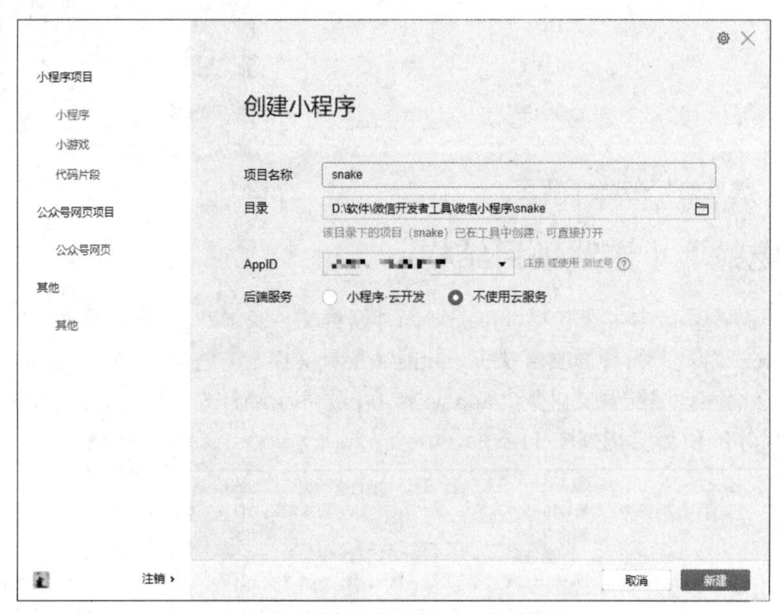

图 11-6 创建“贪吃蛇”小程序项目

11.4.2 游戏登录界面的实现

用户进入小程序后，首先会显示登录授权界面，在该界面中需要判断用户是否进行了授权，如果用户已经授权，点击“登录”按钮后可以直接跳转到游戏运行界面。如果用户没有授权，点击“登录”按钮后会拉起登录授权弹窗，用户完成登录授权后才能跳转到游戏运行界面。游戏登录界面的业务流程图如图 11-7 所示。

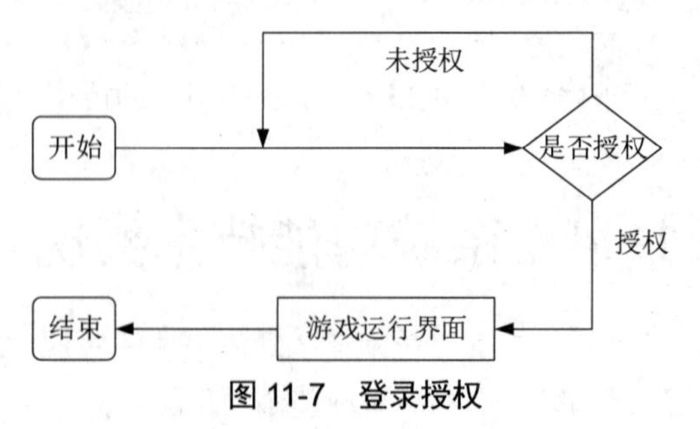

图 11-7 登录授权

1. 登录授权页面的实现

在项目的 login 页面文件夹的 login.wxml 文件中进行界面结构代码的编写，该页面的内容比较简单，主要是通过 image 组件来显示贪吃蛇的 logo 图片，还通过 button 组件来创建一个登录按钮，使用 bindtap 属性为登录按钮绑定一个 getUserInfo 事件函数，具体实现代码如下所示。

```
/* pages/login/login.wxss */
.container {
  height: 100%;
  display: flex;
  flex-direction: column;
  align-items: center;
  box-sizing: border-box;
}
image{
  width: 400rpx;
  height: 350rpx;
}
.btn{
  background-color: rgb(185, 41, 41);
  color: white;
  margin-top: 200rpx;
}

<!--pages/login/login.wxml-->
<!-- 进行登录获取用户信息 -->
<view class="container">
     <view class="title"><image src="../../image/logo.png" ></image></view>
     <button class="btn"  bindtap="getUserInfo">登录</button>
</view>
```

2. 登录授权页面逻辑的实现

登录页面编写完成以后，需要进行 getUserInfo 事件函数的编写，用来完成“登录”按钮的登录授权功能。在该事件函数中，首先通过 wx.getStorageSync()接口获取小程序缓存中的用户信息，然后对用户信息进行判断，如果用户信息不为空，表明用户进行过登录授权，因此可以通过 wx.navigateTo()接口直接跳转到游戏运行界面。如果用户信息为空，表明用户没有进行过授权，需要使用 wx.getUserProfile()接口拉起用户授权弹窗收集用户信息，获取用户信息后要借助 wx.setStorageSync()接口将用户信息设置到小程序缓存中，方便后续功能的调用。登录授权页面逻辑的实现代码如下所示。

```
//pages/login/login.js
var app=getApp()
Page({
  data: {
  },
  //获取用户信息进行用户授权的事件函数
  getUserInfo:function(){
    //从缓存中获取用户信息
    var userInfo=wx.getStorageSync('userInfo');
    //判断用户信息是否存在
    if(userInfo){
      wx.navigateTo({
        url: '/pages/snake/snake'
      });
    }else{
      //调用获取用户临时信息接口
      wx.getUserProfile({
        desc: '获取信息的描述',
        success: (result) => {
```

```
            console.log(result)
            app.globalData.userInfo=result.rawData;
            wx.setStorageSync("userInfo",result.rawData)
            //跳转到游戏界面
            wx.navigateTo({
              url: '/pages/snake/snake'
            });
          },
        })
      }
    },
})
```

登录授权页面的运行效果如图 11-8 所示。

使用拉取用户授权弹窗获取用户信息的接口时需要注意，微信官方对于相应接口进行调整，最初进行用户授权获取用户信息的接口是 wx.getUserInfo()，该接口需要通过 button 组件的 open-type 属性来绑定调用接口的事件函数，目前该接口已经停止使用了，微信官方通知，自 2021 年 4 月 13 日后发布的小程序新版本，使用 wx.getUserInfo()接口只能获取空的用户信息返回，在此日期前上线发布的小程序可以通过 wx.getUserInfo()接口正常获取用户信息。目前用来获取用户信息需要使用 wx.getUserProfile()接口，该接口需要通过 button 组件的 bindtap 属性来绑定调用接口的事件函数。

图 11-8　登录授权页面运行效果

11.4.3　游戏运行界面的实现

游戏运行界面包括显示用户信息（头像、昵称）、游戏信息（用户当前得分、用户历史得分）、绘制网格、创建“蛇”、创建“苹果”、移动“蛇”等功能。

1. 完成游戏信息区域的布局

运行游戏界面的游戏窗口分为上下两部分，上方用来显示游戏信息，下方用来显示游戏内容。在游戏显示区域分为三个模块，分别用来显示用户信息、用户当前信息以及用户历史信息。游戏信息显示区域的具体实现代码如下所示。

```
/* pages/snake/snake.wxss */
.userinfo-avatar{
    width: 90rpx;
    height: 90rpx;
    /* margin: 20rpx; */
    margin-top: 35rpx;
    border-radius: 50%;
}
.userinfo-nickname{
    margin-left: 30rpx;
}
.score {
    display: flex;
}
.title{
    flex:1;
    height: 150rpx;
    line-height: 150rpx;
```

```
    background:deepskyblue;
    margin: 40rpx 20rpx 40rpx 40rpx;
    text-align: center;
    font-size: 1.5rem;
    color: white;
    border-radius: 8rpx;
}
.scoredetail{
    flex:1;
    height: 150rpx;
    background:#cfad17;
    margin: 40rpx 20rpx;
    text-align: center;
    border-radius: 8rpx;
}
.scoredetail:last-child{
    margin-right: 40rpx;
}
.scoredesc{
    font-size: 0.8rem;
    line-height: 60rpx;
}
.scorenumber{
    line-height: 70rpx;
}

<!--pages/snake/snake.wxml-->
<!-- 游戏信息显示区域 -->
<view class="score">
    <!-- 显示用户信息 -->
    <view class="title">
        <view  bindtap="bindViewTap" class="userinfo">
            <image class="userinfo-avatar" bindtap="bindViewTap" src="{{userInfo.avatarUrl}}"
mode="cover"></image>
            <text class="userinfo-nickname">{{userInfo.nickName}}</text>
        </view>
    </view>
    <view class="scoredetail">
        <view class="scoredesc">得分</view>
        <view class="scorenumber">{{score}}</view>
    </view>
    <view class="scoredetail">
        <view class="scoredesc">历史最高</view>
        <view class="scorenumber">{{maxscore}}</view>
    </view>
</view>
```

要实现游戏信息显示区域的功能，不仅要完成页面逻辑与样式的代码编写，还要在页面的 JS 逻辑文件中的 onload()页面加载的生命周期函数中进行信息的初始化设置，通过 wx.getStorageSync()接口从小程序缓存中分别获取用户信息、用户历史积分信息。具体实现代码如下所示。

```
//pages/snake/snake.js
var app = getApp();
Page({
    data:{
        score: 0,        //比分
        maxscore: 0,     //最高分
        //手指起始位置坐标
        startx: 0,
        starty: 0,
```

```
        //手指结束位置坐标
        endx:0,
        endy:0,                    //以上四个坐标位置用来进行方向判断
        ground:[],                 //存储操场每个方块
        rows:28,                   //高度 28 个方块
        cols:22,                   //宽度 22 个方块
        snake:[],                  //存蛇
        food:[],                   //存食物
        direction:'',              //初始方向
        modalHidden: true,
        timer:''                   //游戏帧率
    } ,
    onLoad:function(){
        //获取用户信息
        var userInfo=JSON.parse(wx.getStorageSync('userInfo'));
        //设置用户信息
        this.setData({userInfo:userInfo})
        console.log(userInfo)
        //设置纪录
        var maxscore = wx.getStorageSync('maxscore');
        if(!maxscore) {
            maxscore = 0
        }
        this.setData({
        maxscore:maxscore
        });
    },
})
```

游戏显示区域的运行效果如图 11-9 所示。

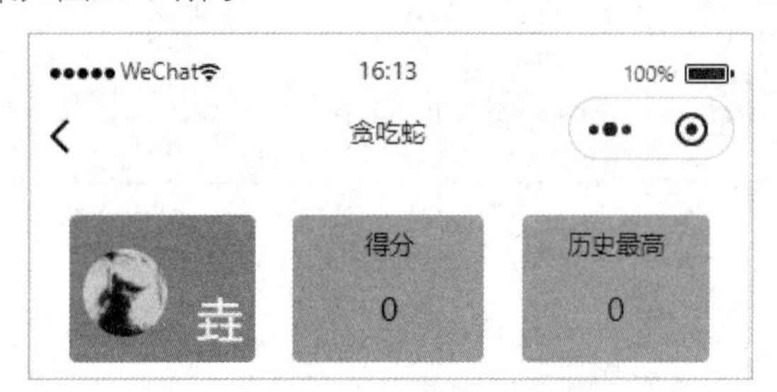

图 11-9　游戏信息显示区域运行效果

2. 绘制网格

为了优化玩家的游戏体验，增加游戏界面美观程度，需要为游戏窗口绘制网格。通过网格线的绘制，玩家可以更好地操纵“蛇”去吃“苹果”。

在游戏区域进行网格的绘制，小程序的窗口宽度固定为 750rpx，因此可以将游戏区域设置为宽 660rpx、高 840rpx，每个网格的大小为 30*30rpx，这样绘制出的网格为 28 行，22 列。可以通过 wx:for 来进行网格的绘制，具体实现代码如下所示。

```
/* pages/snake/snake.wxss */
/* 背景的颜色 */
.block{
    width:30rpx;
    height:30rpx;
    float: left;
    border-radius: 1rem;
}
.rows{
```

```
    width: 660rpx;
    height:30rpx;
}
.control{
    width: 100%;
    height: 100%;
}
/* 背景的颜色*/
.block_0{
    background: #ccc;
}

<!--pages/snake/snake.wxml-->
<!-- 游戏区域 -->
<view class="control" bindtouchstart="tapStart" bindtouchmove="tapMove" bindtouchend="tapEnd">
    <!-- 绘制游戏背景 -->
    <view class="ground">
        <view wx:for="{{ground}}"  class="rows" wx:for-item="cols">
            <view wx:for="{{cols}}" class="block block_{{item}}" >
            </view>
        </view>
    </view>
</view>
```

接着需要在页面的JS逻辑文件中进行网格的存储与初始化设置。具体实现代码如下所示。

```
//pages/snake/snake.js
 onLoad:function(){
   //初始化游戏
   this.initGameBd(this.data.rows,this.data.cols);
   //初始化游戏背景
 },
 网格的初始化方法
 initGameBd:function(rows,cols){
  for(var i=0;i<rows;i++){
    var arr=[];
    this.data.ground.push(arr);
    for(var j=0;j<cols;j++){
      this.data.ground[i].push(0);
    }
  }
 },
```

网格的绘制效果如图11-10所示。

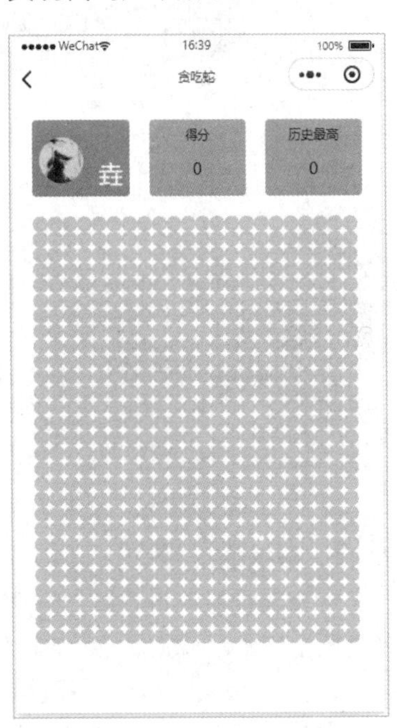

图11-10 网格绘制效果

3. 创建“蛇”

“蛇”对象初始长度为三格，通过snake列表将“蛇”各部位的坐标进行存储。其初始位置在游戏区域的左上角，初始方向向右。

在页面JS文件中创建一个initSnake(len)方法，需要传入蛇的初始长度，然后在“蛇”的初始化方法中，通过for循环获取“蛇”的所有坐标，并将这些坐标添加snake列表中。具体实现方法如下所示。

```
//pages/snake/snake.js
 onLoad:function(){
   this.initSnake(3);//初始化"蛇"
 },
 //初始化"贪吃蛇"
 initSnake:function(len){
  for(var i=0;i<len;i++){
    this.data.ground[0][i]=1;       //将"蛇"坐标对应网格的标志更改为"蛇的标志"
```

```
        this.data.snake.push([0,i]);   //将"蛇"坐标,添加到 snake 列表中
      }
    },
```

4. 创建“苹果”

“苹果”对象是“贪吃蛇”的食物，当玩家控制“贪吃蛇”吃掉“苹果”后会获得相应积分，并且会重新生成一个“苹果”对象。“苹果”对象占据一个网格，并且“苹果”对象是在游戏区域内随机创建的。

在页面 JS 逻辑文件中创建 createFood()方法创建“苹果对象”，需要注意“苹果”对象不能超出游戏区域也不能创建在“贪吃蛇”对象身体的内部。需要将“贪吃蛇”对象的坐标同“苹果”对象的坐标进行对比，具体的实现代码如下所示。

```
//pages/snake/snake.js
  onLoad:function(){
    this.creatFood();  //初始化"苹果"
  },
//生成食物
  creatFood:function(){
    //随机生成"苹果"对象的坐标
    var x=Math.floor(Math.random()*this.data.rows);
    var y=Math.floor(Math.random()*this.data.cols);
    //获取网格的坐标列表
    var ground= this.data.ground;
    //获取"蛇"的坐标列表
    var arr=this.data.snake;
    var len=this.data.snake.length;
    //判断生成的"苹果"对象是否在"蛇"对象的身体内部
    for (var i=0;i<len;i++){
      if(arr[i][0]==x&&arr[i][1]==y){
        //重新创建"苹果"对象
        createFood()
      }
    }
    将表格列表中"苹果"对象坐标对应网格的标志设为"苹果"标志
    ground[x][y]=2;
    //设置"苹果"坐标
    this.setData({
      food:[x,y]
    });
  },
```

游戏区域的运行效果如图 11-11 所示。

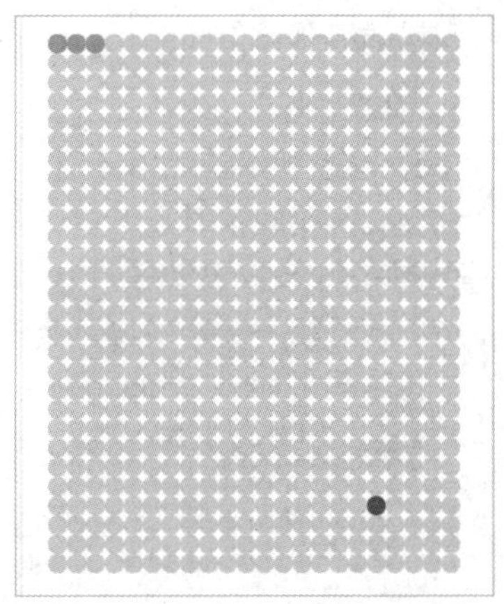

图 11-11　游戏区域的运行效果

5. 碰撞检测方法

玩家在控制“贪吃蛇”进行移动时，需要判断“蛇”是否存活，若“蛇”存活，则按照玩家的操作指令，进行“蛇”的移动。若“蛇”死亡，则游戏结束，进入游戏结束界面，还需要判断“蛇”是否吃到了“苹果”，如果吃到“苹果”，则会调用 createFood()方法生成一个新的苹果对象。

在页面 JS 逻辑文件中创建 checkGame()方法，在该方法中分别获取“蛇”“苹果”的坐标以及“蛇”的移动方向。然后判断“蛇”是否吃到食物，“蛇”是否存活，当“蛇头”的坐标与“苹果”坐标重合时，表明“蛇”吃掉了“苹果”。“蛇”是否死亡有两种判断方式，一种是“蛇头”触碰到“蛇身”，当“蛇头”坐标与“蛇身”坐

标发生重合时，“蛇”死亡；另一种是“蛇”触碰边界死亡，以“蛇”触碰上边界为例，当“蛇头”的纵坐标为 0，并且“蛇”的移动方向向上，表明“蛇”会触碰上边界死亡。具体实现代码如下所示。

```
//pages/snake/snake.js
//自定义获取方向
  computeDir: function(x, num){
    if(x) {
      return (num > 0) ? 'right' : 'left';}
    else{
       return (num > 0) ? 'bottom' : 'top';}
  },
//碰撞检测
  checkGame:function(snakeTAIL,direction){
    var arr=this.data.snake;
    var len=this.data.snake.length;
    var snakeHEAD=arr[len-1];
    //当"蛇"碰到游戏边界时
    switch(direction){
      case 'right':
        if(snakeHEAD[1]>this.data.cols-1){
          arr[len-1]=arr[len-2]
          //取消循环调用
          clearInterval(this.data.timer);
           this.setData({
             modalHidden: false,
           })
      }
      case 'left':
        if(snakeHEAD[1]<0){
          //取消循环调用
          clearInterval(this.data.timer);
          this.setData({
            modalHidden: false,
          })
      }
      case 'top':
        if(snakeHEAD[0]<0){
          //取消循环调用
          clearInterval(this.data.timer);
          this.setData({
            modalHidden: false,
          })
      }
      case 'bottom':
        if(snakeHEAD[0]>(this.data.rows-1)){
          //取消循环调用
          clearInterval(this.data.timer);
          this.setData({
            modalHidden: false,
          })
      }
    }
    //当"蛇头"碰到"蛇身"时
    for(var i=0;i<len-1;i++){
      if(arr[i][0]==snakeHEAD[0]&&arr[i][1]==snakeHEAD[1]){
        clearInterval(this.data.timer);
          this.setData({
            modalHidden: false,
          })
      }
```

```
    }
    //当"蛇"吃到食物时
    if(snakeHEAD[0]==this.data.food[0]&&snakeHEAD[1]==this.data.food[1]){
    //当"蛇"吃到食物时在蛇尾处增加一格
      arr.unshift(snakeTAIL);
      this.setData({
        score:this.data.score+10
      });
      this.storeScore();
      this.createFood();
    }
  },
```

6. “蛇”的移动

“贪吃蛇”移动的过程可以简化为，根据“蛇”移动的方向，在“蛇”头部位之前添加一个方块，并将“蛇”尾部减少一个方块。这样就实现了“贪吃蛇”的移动过程。当“贪吃蛇”在移动过程中吃到“苹果”时，只需在“蛇”头部位添加一个方块，“蛇”尾部处不必删除方块，“贪吃蛇”移动的逻辑如图 11-12 所示。

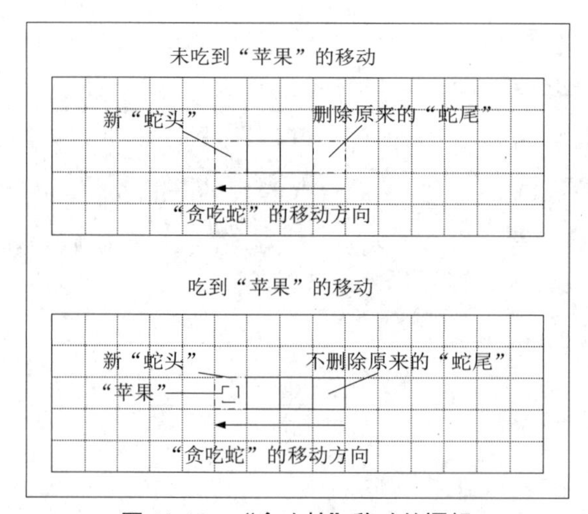

图 11-12　“贪吃蛇”移动的逻辑

在页面 JS 逻辑文件中创建 moveDirection(direction)方法，进行“贪吃蛇”的移动，该方法需要“贪吃蛇”的移动方向作为参数。根据“贪吃蛇”移动方向在“贪吃蛇”坐标列表中添加一个新的头部坐标，具体的实现代码如下所示。

```
//pages/snake/snake.js
//移动函数
  move:function(){
    var that=this;
    //通过定时器,循环执行蛇的移动方法,每次间隔 400 毫秒
    this.data.timer=setInterval(function(){
      that.moveDirection(that.data.direction);
      that.setData({
        ground:that.data.ground
      });
    },400);
  },
  //手指在屏幕上的初始位置
  tapStart: function(event){
    this.setData({
      startx: event.touches[0].pageX,
```

```
          starty: event.touches[0].pageY
        })
      },
      //手指移动的位置
      tapMove: function(event){
        this.setData({
          endx: event.touches[0].pageX,
          endy: event.touches[0].pageY
        })
      },
      //手离开的位置
      tapEnd: function(event){
        //获取 x 或 y 的偏移值
        var x= (this.data.endx) ? (this.data.endx - this.data.startx) : 0;
        var y = (this.data.endy) ? (this.data.endy - this.data.starty) : 0;
        //判断手指滑动的方向(设置一个滑动距离防止误触)
        if(Math.abs(x) > 3 || Math.abs(x) > 3){
          var direction = (Math.abs(x) > Math.abs(y)) ? this.computeDir(true, x):this.computeDir
(false, y);
          console.log(direction)
          switch(direction){
            case 'left':
              if(this.data.direction=='right')return;
                break;
            case 'right':
              if(this.data.direction=='left')return;
                break;
            case 'top':
              if(this.data.direction=='bottom')return;
                break;
            case 'bottom':
              if(this.data.direction=='top')return;
                break;
            default:
          }
          //更新移动方向并初始化手指位置坐标
          this.setData({
            startx:0,
            starty:0,
            endx:0,
            endy:0,
            direction:direction
          })
        }
      },
    //根据移动方向进行移动
      moveDirection:function(direction){
        var arr=this.data.snake;
        var len=this.data.snake.length;
        var snakeHEAD=arr[len-1];
        var snakeTAIL=arr[0];
        var ground=this.data.ground;
        if(direction=='left'){
          for(var i=0;i<len-1;i++){
            arr[i]=arr[i+1];
          }
          ground[snakeTAIL[0]][snakeTAIL[1]]=0;
          snakeHEAD=[snakeHEAD[0],snakeHEAD[1]-1]
        }
        if(direction=='right'){
```

```
        for(var i=0;i<len-1;i++){
          arr[i]=arr[i+1];
        }
        ground[snakeTAIL[0]][snakeTAIL[1]]=0;
        snakeHEAD=[snakeHEAD[0],snakeHEAD[1]+1]
      }
      if(direction=='top'){
        for(var i=0;i<len-1;i++){
          arr[i]=arr[i+1];
        }
        ground[snakeTAIL[0]][snakeTAIL[1]]=0;
        snakeHEAD=[snakeHEAD[0]-1,snakeHEAD[1]]
      }
      if(direction=='bottom'){
        for(var i=0;i<len-1;i++){
          arr[i]=arr[i+1];
        }
        ground[snakeTAIL[0]][snakeTAIL[1]]=0;
        snakeHEAD=[snakeHEAD[0]+1,snakeHEAD[1]]
      }
      arr[len-1]=snakeHEAD
      this.checkGame(snakeTAIL,direction);
      for(var i=1;i<len;i++){
        ground[arr[i][0]][arr[i][1]]=1;
      }
      this.setData({
        ground:ground,
        snake:arr
      });
      return true;
    },
  snake_list.insert(0,newHead)
```

7. 重新开始游戏弹窗的实现

首先需要在页面的 WXML 文件中进行弹窗内容的编写，弹窗区域通过 modalHidden 字段来控制弹窗内容的显示与隐藏。当选择重新开始以后，会调用 onload()方法加载生命，重新加载游戏界面，具体实现代码如下所示。

```
<!--pages/snake/snake.wxml-->
<!-- 是否重新开始游戏弹窗 -->
<modal class="modal" hidden="{{modalHidden}}" no-cancel bindconfirm="modalChange">
  <view> 游戏结束,重新开始吗? </view>
</modal>

//pages/snake/snake.js
  //弹窗方法
  modalChange:function(){
    //初始化游戏信息
    this.setData({
      score: 0,
      ground:[],
      snake:[],
      food:[],
      modalHidden: true,
      direction:''
    })
    //重新开始
    this.onLoad();
  }
```

重新开始游戏弹窗效果如图 11-13 所示。

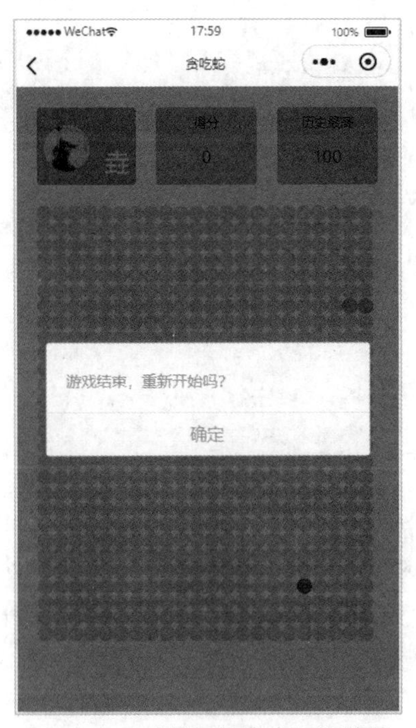

图 11-13 重新开始弹窗运行效果

11.5 开发常见问题及功能扩展

开发“贪吃蛇”小游戏时需要对游戏需求进行完善的分析，充分理解游戏的逻辑结构。对游戏逻辑理解不够充分，在开发过程中会导致功能模块出现冲突，导致程序出现 BUG。

在开发过程中实现玩家控制“蛇”移动与创建“苹果”对象方法时，很容易出错，比如忽略了“蛇”在向上方移动时，玩家不能控制“蛇”直接向下移动。而应该先控制“蛇”向左或者向右移动后，才能向下移动；创建“苹果”对象时，只考虑到游戏区域边界的问题，忽略了“贪吃蛇”的身体坐标位置。“苹果”对象不能出现在游戏区域边界之外，也不能出现在“贪吃蛇”身体内部。

当前版本的“贪吃蛇”小游戏功能虽已经完善，但是当用户删除小程序后，重新使用小程序会丢失用户历史积分信息，可以通过云开发或第三方数据来存储用户历史积分信息，在后续版本中可以添加游戏音效，也可以通过“贪吃蛇”图片或者“苹果”图片来替代方块，使得游戏界面更加美观。还可以根据游戏时长来调整“贪吃蛇”的移动速度，游戏时间越长，“贪吃蛇”移动速度越快。

第 12 章
“你画我猜”小程序

本章概述

本章开发一个“你画我猜”小程序，项目可以分为三个部分，即小程序界面使用微信提供的开发工具进行开发，服务器后台部分通过 Flask 框架实现，数据存储使用 MySQL 数据库。整个小程序有三个主要功能，绘画出题界面、用户设置题目信息以及根据题目信息进行绘画。在闯关界面，用户根据提示信息回答问题，回答正确获取积分进入下一关。排行榜界面显示通关前十名的用户信息。

知识导读

本章要点（已掌握的在方框中打钩）

- ☐ 小程序需求分析
- ☐ 小程序功能设计
- ☐ 小程序的注册与创建
- ☐ 绘画出题界面的实现
- ☐ 闯关界面的实现
- ☐ 排行榜界面的实现

12.1　项目开发背景

小程序具有无须下载安装、随开随用的优点，可以极大地节省手机资源，提高用户的使用体验。因此，众多商家开始关注并且投入到这一市场中，微信小程序的热度越来越高，各种各样的小程序出现在人们的日常生活中。本章将使用 Flask+微信小程序+MySQL 数据库开发一个“你画我猜”小程序。

12.2　系统开发环境及工具

操作环境：Windows 7 及以上操作系统

开发工具：PyCharm2019、微信开发者工具

开发语言：Python 3.6、微信内置的 WXML、WXSS、JS、JSON
开发所需模块：Flask、sys、random、time、re 等模块
数据库：MySQL

12.3 系统功能设计

首先进行“你画我猜”小程序的需求分析，然后完成“你画我猜”小程序的功能模块与功能流程图的设计。

12.3.1 需求分析

“你画我猜”小程序的需求主要有以下几点：

（1）用户首次登录“你画我猜”小程序需要进行相关授权，获取授权信息（用户昵称、用户头像、性别等信息），用户授权成功会自动跳转到首页界面。

（2）用户进入小程序后，会在首页界面显示用户的个人信息（用户头像、用户昵称）、用户当前通关数、排行榜界面按钮、开始闯关界面按钮、绘画出题界面按钮。

（3）用户单击“排行榜”按钮，可以跳转到排行榜界面，在该界面中会显示闯关最多、积分最高的前十名用户信息。

（4）用户单击“开始闯关”按钮，跳转到闯关界面，该界面根据用户通过的关卡数显示相应的关卡内容，用户若通过全部关卡，则会跳转到成功通关界面。

（5）用户单击“绘画出题”按钮，跳转到绘画出题界面，该界面需要填写题目相关的信息（题目名称、题目类型、题目字数、题目难度），填写完题目信息内容后单击“确定”按钮，题目信息会被保存，并将题目显示在绘画出题界面上方。也可通过绘画出题界面上方的“修改题目”按钮进行题目信息的修改。

（6）用户设置完题目信息后，在该界面选择画笔在画布上绘画与题目相关的内容。绘画出错时，可以使用橡皮擦工具进行涂抹。完成绘画后单击“发布”按钮，用户设置题目信息与绘画的图片将保存到数据库中。

12.3.2 功能模块分析

“你画我猜”小程序的主要功能模块有登录授权界面、首页、排行榜界面、闯关界面、绘画出题界面。

（1）登录授权界面，获取用户微信昵称、头像等信息。

（2）首页，显示用户与关卡信息，绘制排行榜界面、闯关界面、绘画出题界面的入口按钮，并且分别为这些按钮绑定事件函数。

（3）排行榜界面，显示积分、通过关卡前十名的用户信息。

（4）闯关界面，根据用户通过关卡数显示相应关卡内容，用户需要根据显示的题目图片回答出题目名称，回答正确进入下一关卡，回答错误重新答题。通过所有关卡后跳转到通关界面。

（5）绘画出题界面，用户在该界面进行题目信息设置与题目图片的绘制。

“你画我猜”小程序的功能模块如图 12-1 所示。

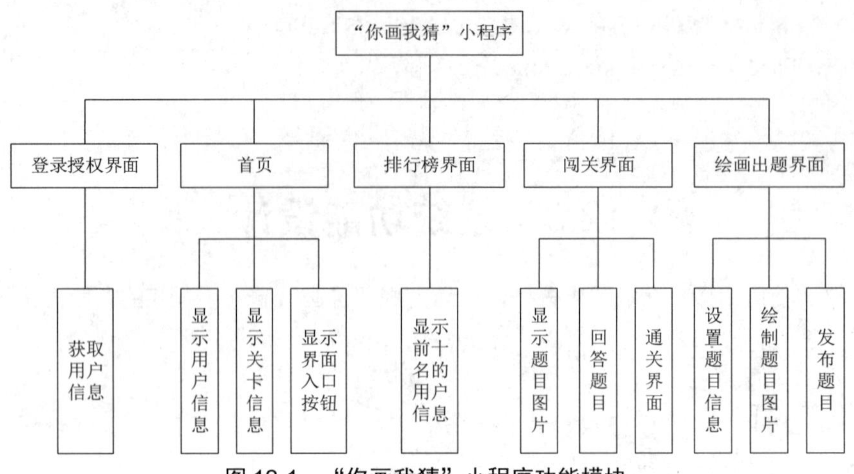

图 12-1 "你画我猜"小程序功能模块

12.3.3 功能流程图

用户打开"你画我猜"小程序后，需要先进行授权登录，用户授权后进入首页，通过首页上的按钮可以分别跳转到排行榜界面、闯关界面、绘画出题界面，在三个界面中用户可以查看相应的信息或者执行相应的操作。小程序的功能流程如图 12-2 所示。

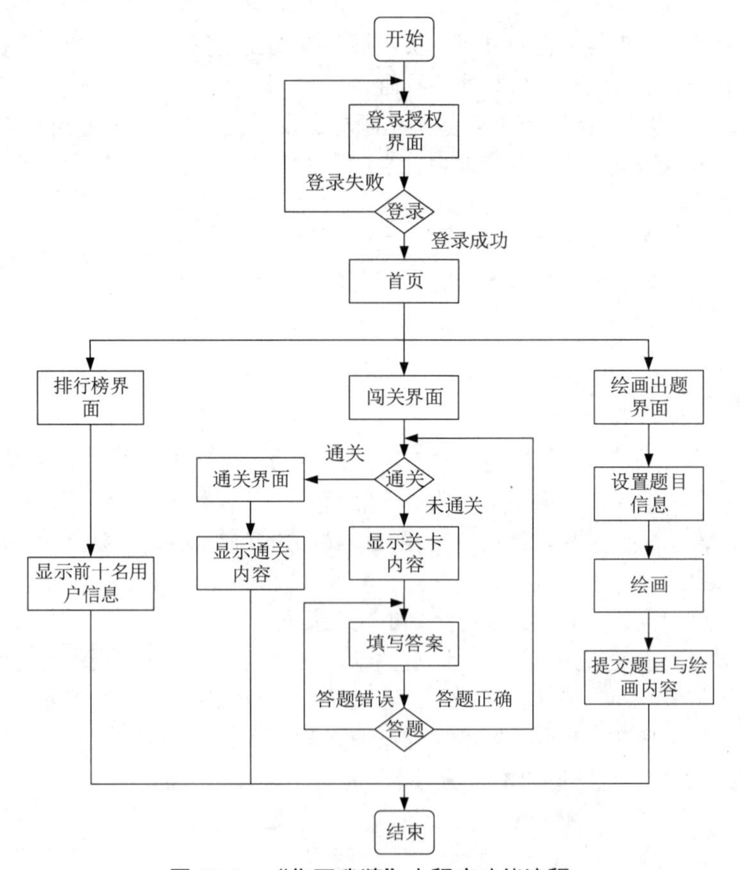

图 12-2 "你画我猜"小程序功能流程

12.3.4 项目结构

“你画我猜”小程序项目是通过 Flask 框架与微信小程序共同开发的，所以整个系统分为两个项目文件，一个是使用 Flask 创建的 Web 项目，该项目主要用来进行逻辑处理与数据库交互操作，属于“你画我猜”小程序的服务器后台。另一个项目使用微信小程序语言创建的项目文件，用来进行界面显示与用户的交互，属于“你画我猜”小程序的前台显示界面。

Flask 创建的项目中主要有 app_nhwc（项目文件夹）、static（Flask 项目中默认的资源文件文件夹）、upload（保存用户绘画内容文件夹）、init.py（Flask 项目初始化配置文件）、models.py（数据库模型文件）、create_tables.py（创建数据表的离线文件）、manage.py（Flask 项目运行文件）、setting.py（Flask 项目的配置文件）、WXBizDataCrypt.py（微信小程序开发提供的解密用户信息文件）等文件。Flask 创建项目的项目结构如图 12-3 所示。

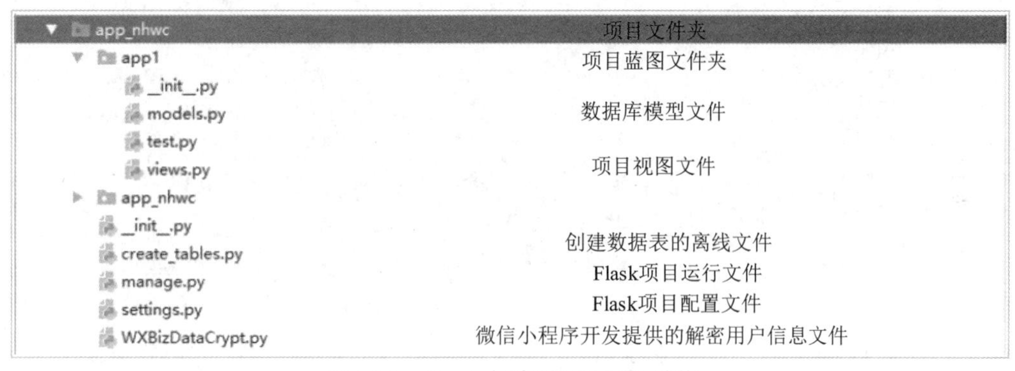

图 12-3　Flask 创建项目的项目结构

微信小程序项目中主要有 images（小程序图片资源文件夹）、pages（小程序页面文件夹）、draws（绘画出题界面）、game（闯关界面）、index（首页界面）、login（登录授权界面）、rank（排行榜界面）、win（通关界面）、utils（工具方法文件）、app.js（小程序通用逻辑方法文件）、app.json（小程序的通用配置文件）、app.wxss（小程序的通用样式文件）等文件，小程序项目结构如图 12-4 所示。

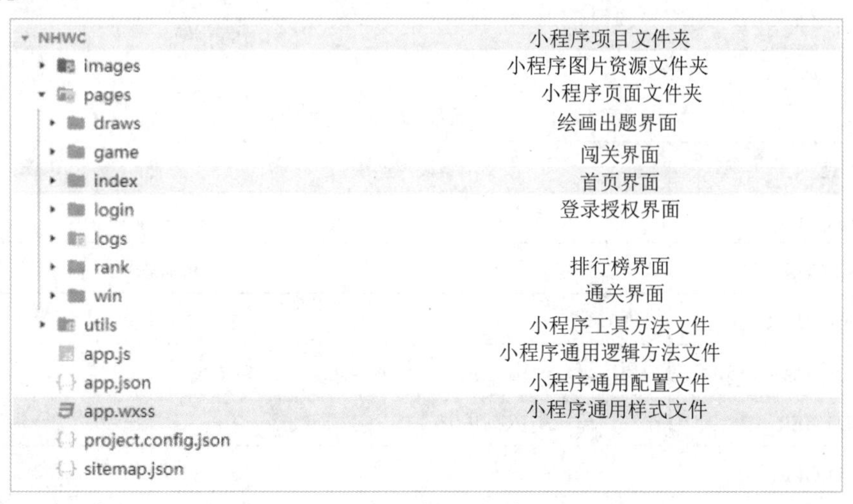

图 12-4　“你画我猜”小程序的项目结构

12.4 数据库设计

从需求分析可以看出项目目前需要存储用户信息与题目信息。因此可以划分为用户对象和题库对象。

用户对象包括用户 id、用户 openid、用户名、用户头像、用户积分、用户通关卡数、用户创建时间等信息。

题库对象包括题目 id、题目图片、题目答案、题目类型、题目字数、题目难度、创建题目的用户 user_id 等。

在题库中储存了许多用户创建的题目，而且每个用户都可以创建多个题目。因此用户对象与题库对象之间具有多对多的关系。

用户与题库的概念模型如图 12-5 所示。

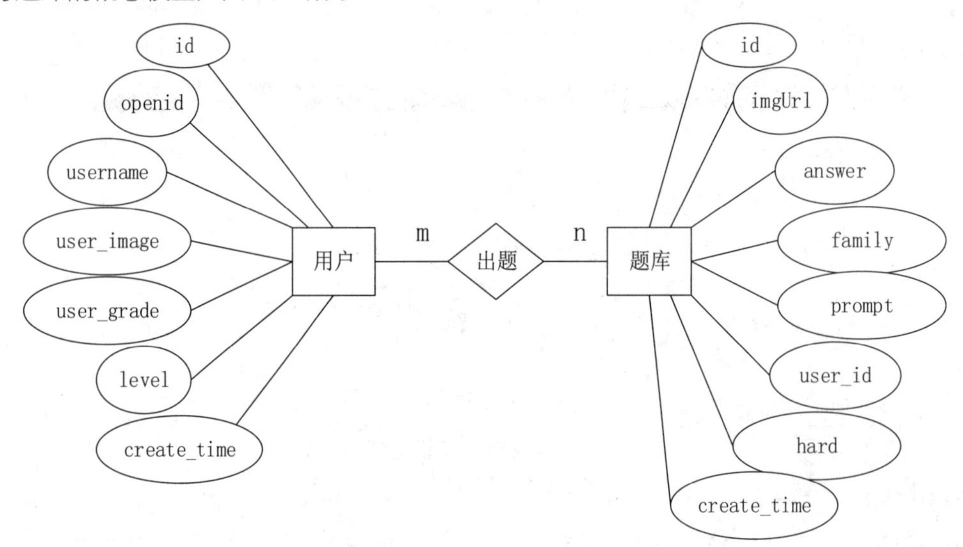

图 12-5 小程序的概念模型

根据小程序的概念模型可以看出小程序数据库中存在两张数据表，一张是用户表用来保存用户信息，一张是题库表用来保存用户创建的题目信息。

“你画我猜”小程序用户数据表如表 12-1 所示。

表 12-1 “你画我猜”小程序用户表

字 段 名	字 段 类 型	字 段 约 束	说 明
id	INTEGER	主键、不能为空、自增	用户 id
openid	VARCHAR(80)	不能为空，不能重复	用户微信账号的唯一标识
username	VARCHAR(100)	不能为空	用户微信账号的昵称
user_image	VARCHAR(255)	可以为空	用户微信头像
user_grade	INTEGER	不能为空，默认为 0	用户积分
level	INTEGER	不能为空，默认为 1	用户当前关卡
create_time	DATETIME	不能为空，设置为索引，默认为当前时间	用户信息保存的时间

“你画我猜”小程序题库表如表 12-2 所示。

表 12-2 “你画我猜”小程序题库表

字 段 名	字 段 类 型	字 段 约 束	说 明
id	INTEGER	主键、不能为空、自增	用户 id
imgUrl	VARCHAR(255)	不能重复	用户绘制的题目内容图片
answer	VARCHAR(50)	不能为空	题目答案
family	VARCHAR(50)	不能为空	题目类型
prompt	VARCHAR(100)	不能为空	提示题目答案有几个字
user_id	VARCHAR(80)	不能为空，设置为用户表的外键	用户表中的 openid
hard	VARCHAR(50)	不能为空	题目难度
create_time	DATETIME	不能为空，设置为索引，默认为当前时间	用户信息保存的时间

12.5 开发前的准备

在进行“你画我猜”小程序开发前需要进行一些准备工作。不仅需要安装一些相关模块，还要进行小程序的注册。

12.5.1 服务器后台相关模块的安装

1. Flask 模块的安装

小程序的服务器后台是通过 Flask 框架创建的 Web 项目，通过 Web 项目提供的接口与小程序项目进行数据交互。Flask 项目的创建需要使用 Flask 第三方库。

使用 pip 命令安装 Flask 模块，安装命令如下所示。

```
pip install Flask
```

2. flask_SQLAlchem 模块的安装

“你画我猜”小程序使用 MySQL 数据库来存储数据，Flask 项目要通过 flask_SQLAlchem 模块来操作 MySQL 数据库，这个模块需要单独安装。

使用 pip 命令安装 flask_SQLAlchem 模块，安装命令如下所示。

```
pip install flask_SQLAlchem
```

12.5.2 创建小程序项目

在开发微信小程序时，首先要创建一个名为 nhwc 的小程序项目，创建这个项目需要经过以下几个步骤。

1. 注册小程序账号

在浏览器中搜索微信公众平台或者输入 https://mp.weixin.qq.com/网址，打开微信公众平台界面，选择“小程序”选项进行小程序账号的注册，按照要求进行邮箱激活，创建一个个人主体的小程序账号。

使用刚创建的小程序账号登录，进行小程序账号基本信息的完善，然后执行“开发—开发管理—开发设置”操作，在开发设置页面获取 AppID 和 AppSecret 信息。具体操作步骤如图 12-6 所示。

图 12-6　获取 AppID 与 AppSecret

2. 创建小程序项目

使用微信开发者工具，输入小程序项目名称、AppID 等信息，完成小程序项目的创建，项目的具体创建操作如图 12-7 所示。

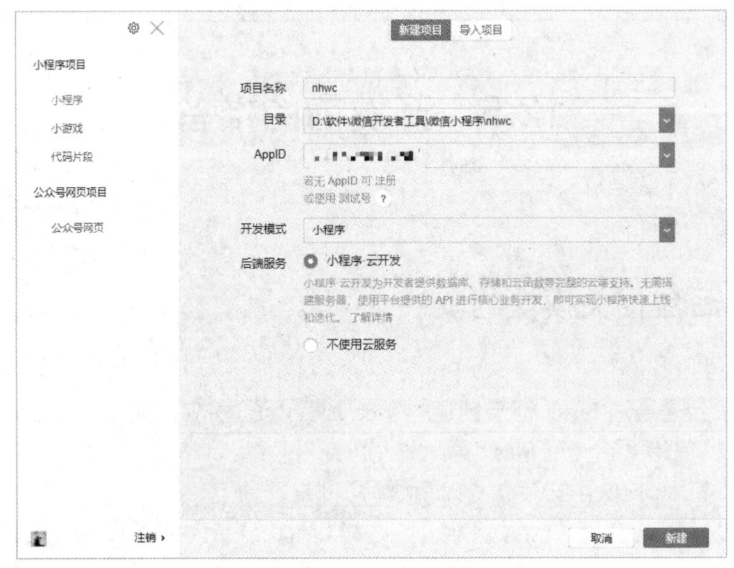

图 12-7　创建小程序项目

12.6　系统功能技术实现

完成小程序所需功能模块的安装和小程序项目的创建后，就进入到小程序系统功能的实现阶段，在该阶段需要实现数据的交互功能、小程序的登录授权功能、绘画出题功能、闯关功能以及排行榜功能等。

12.6.1　数据库的创建

在进行“你画我猜”小程序开发之前，需要先创建数据库，使用 MySQL 数据库的可视化工具创建一个名为 nhwc 的空数据库。在 Flask 框架中通过 flask_SQLAlchem 模块进行 ORM 操作来实现对数据库的操作，这样可以减少开发者创建数据表过程中的工作量，方便对数据表中的数据进行操作。其实现步骤如下：

1. 配置数据库

在 app_nhwc 项目的 setting.py 项目配置文件中，创建一个 BaseConfig()配置类，用来进行 Flask 项目中数据库的配置，主要配置的内容包括数据库名称、数据库所在主机端口号、数据库的用户名密码等，具体的配置代码如下所示：

```
//app nhwc/setting.py
class BaseConfig(object):
    '''Flask 项目配置类
    设置数据类型、用户名、密码、主机号、端口号、数据库名等信息'''
    DEBUG=False#Flask 项目是否开启 debug 模式，默认不开启
    DIALECT='mysql'#数据库类型
    DRIVER='pymysql'#数据库驱动类型
    USERNAME='root'#MySQL 数据库用户名
    PASSWORD='123456'#MySQL 数据库密码
    HOST='127.0.0.1'#MySQL 数据库主机地址
    PORT='3306'#MySQL 数据库端口号
    DATABASE='nhwc'#MySQL 数据库名称
    #数据库连接
    SQLALCHEMY DATABASE URI = '{}+{}://{}:{}@{}:{}/{}?charset=utf8'.format(
       DIALECT,DRIVER,USERNAME,PASSWORD,HOST,PORT,DATABASE)
    #设置 Flask 项目每次请求完是否自动提交数据
    SQLALCHEMY COMMIT ON TEARDOWN=False
    #运行 Flask 项目进行数据库操作时在控制台生成原生的 sql 语句
    SQLALCHEMY TRACK MODIFICATIONS=True
    #设置连接池数量
    SQLALCHEMY POOL SIZE=10
    #设置能超出连接数量的最大连接数
    SQLALCHEMY_MAX_OVERFLOW=5
```

2. 初始化数据库操作对象

在 app_nhwc 项目中创建__init__.py 文件，用来进行 Flask 项目初始化与数据库对象初始化设置，具体代码如下所示。

```
//app_nhwc/app_nhwc/__init__.py
from flask_sqlalchemy import SQLAlchemy#导入 flask_sqlalchemy 模块
from flask import Flask#导入 Flask 模块
#初始化配置文件
db=SQLAlchemy()#生成 sqlalchemy 操作数据库对象
from .models import *#导入数据库模版（注意要在数据库对象生成以后导入）
from .app1 import account#导入蓝图
#创建 Flask 初始化对象
def create_app():
    app=Flask(__name__)#生成 Flask 对象
    #读取配置文件,使用 python 类或类的路径（推荐使用）
    app.config.from_object('settings.BaseConfig')
    db.init_app(app)#数据库初始化
    #创建蓝图应用,把创建的蓝图路由,注册到程序的主入口文件中
    app.register_blueprint(account.app1,url_prefix='/app1')
    return app
```

3. 创建数据模型

在 app_nhwc 项目中创建 models.py 文件，在该文件中创建用户表与题库表的数据库模型，可通过 ORM 操作将数据模型转换为数据库中的数据表，并且可以使用数据模型来实现增、删、改、查操作，具体代码如下所示。

```
//app_nhwc/app1/models.py。
from app_nhwc import db#导入数据库对象
from datetime import datetime#导入时间模块
#创建数据库模型
#用户表数据模型
class User(db.Model):
    __tablename__='user'#数据表名
```

```
        #用户 id，整数
        id=db.Column(db.Integer,nullable=False,primary_key=True,autoincrement=True)
        #微信用户 id，微信用来区别用户的唯一标识，不为空，不能重复
        openid=db.Column(db.String(80),nullable=False,unique=True,index=True)
        #用户微信昵称，不为空
        username=db.Column(db.String(100),nullable=False)
        #用户微信头像
        user_image=db.Column(db.String(255))
        #用户积分，不为空，默认为 0
        user_grade=db.Column(db.Integer,nullable=False,server_default='0')
        #用户当前关卡数，不为空，默认为 1
        level=db.Column(db.Integer,nullable=False,server_default='1')
        #用户信息创建时间，设置为索引，默认为当前时间
        create_time=db.Column(db.DateTime,index=True,default=datetime.now)
    #题库表数据模型
    class Topics(db.Model):
        __tablename__='topics'
        id=db.Column(db.Integer,nullable=False,primary_key=True,autoincrement=True)#题目 id
        imgUrl=db.Column(db.String(255),nullable=False,unique=True)#图片 URL
        answer=db.Column(db.String(50),nullable=False)#答案
        family=db.Column(db.String(50),nullable=False)#类别
        prompt=db.Column(db.String(100),nullable=False)#提示答案有几个字
        #用户角色 id，外键关联用户表 openid
        user_id=db.Column(db.String(80),db.ForeignKey('user.openid'))
        hard=db.Column(db.String(50),nullable=False)#难度等级，一般，中等，困难
        create_time=db.Column(db.DateTime,index=True,default=datetime.now)#题目创建时间
```

4. 创建离线生成数据表文件

在 app_nhwc 项目中创建 create_tables.py 文件，在该文件中通过 flask_SQLAlchem 模块提供的 create_all() 方法将数据模型转化为数据库中的数据表，具体代码如下所示。

```
//app_nhwc/create_tables.py。
#离线生成数据库数据表文件
from app_nhwc import db#导入数据库对象
from app_nhwc import create_app#导入 app 对象创建方法
app=create_app()#生成 app 对象
app_ctx=app.app_context()
with app_ctx:
    #在数据库中创建数据模型对应的数据表
    db.create_all()
```

数据模型与离线文件创建完成后，运行 create_tables.py 文件，在 MySQL 数据库中会生成数据模型对应的用户表与题库表。

12.6.2 登录授权功能的实现

用户打开“你画我猜”小程序，会显示登录授权界面，如果用户初次使用该小程序，用户单击“登录”按钮后需要进行授权操作。用户授权后，服务器后台会将用户信息保存到数据库，并且跳转到小程序首页。若是用户之前登录过小程序，在单击“登录”按钮后，无须进行授权操作，可以直接跳转到小程序首页，其业务流程如图 12-8 所示。

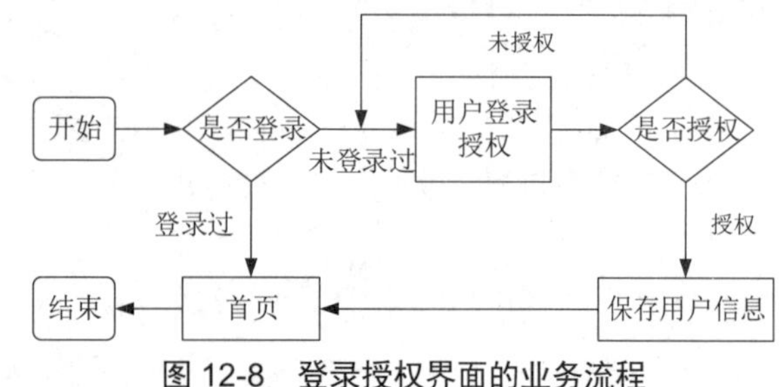

图 12-8　登录授权界面的业务流程

在小程序项目中，所有的页面文件都保存在 pages 文件夹中，为了方便管理每个页面，全部单独使用

一个文件夹进行保存，在这个页面文件夹中存放着组成页面的四种类型的文件。以登录授权页面为例进行介绍，登录授权页面的文件路径为 pages/login/，该路径下的文件如下所示：

（1）login.js 文件，登录授权页面的逻辑文件。

（2）login.json 文件，登录授权页面的配置文件。

（3）login.wxml 文件，登录授权页面的页面结构文件。

（4）login.wxss 文件，登录授权页面的页面样式文件。

在小程序中，通过.wxml 与.wxss 文件实现页面内容的渲染显示，通过.js 文件实现页面逻辑功能。

1. 登录授权页面的实现

login.wxml 页面结构文件用于显示登录授权界面的内容，页面中通过 image 标签设置一个 logo 图片。通过 button 标签设置登录授权按钮，并且为按钮绑定一个 login()事件方法，具体代码如下所示。

```
<view class="container">#块级标签相当于 HIML 中的 div 标签
    <image class="logo" src="/images/bg.PNG"></image>
    <button class="btn" bindtap="login">登录</button>
</view>
```

“你画我猜”小程序登录授权界面的显示效果如图 12-9 所示。

2. 登录授权页面逻辑的实现

微信小程序只能接收 HTTPS 形式的请求，为了方便本地小程序的运行与测试，需要将开发工具中的校验小程序合法域名等功能关闭。关闭的方式即执行“详情—本地设置—不校验合法域名选项”操作，如图 12-10 所示。

图 12-9 登录授权界面

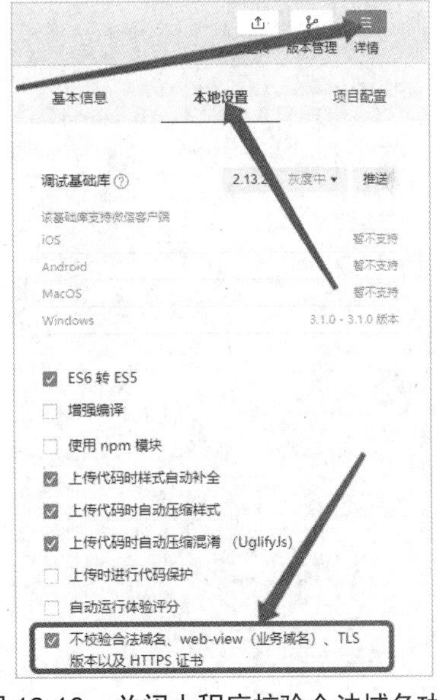

图 12-10 关闭小程序校验合法域名功能

login.js 页面逻辑文件用来实现登录授权的逻辑功能。在该文件中要创建一个全局的 APP 对象，用来获取或者保存小程序的全局属性。login()方法主要实现登录授权按钮的绑定事件，在 login()方法中通过微信小程序提供的 wx.request()方法向服务器后台发送请求，服务器后台接收到请求后通过微信接口获取用户信息。将用户信息保存到数据库的用户表中，并以 JSON 的数据格式返回给 wx.request()方法的回调函数 success 中，具体代码如下所示。

```
var app=getApp();                                    //获取应用实例
```

```
Page({
    //页面的初始数据
    data:{
    openId:' ',                                          //用来保存用户的 openid
},
//自定义用户登录授权方法
login: function () {
    var userInfo=wx.getStorageSync('userInfo');
    if( userInfo){
      //跳转到首页
      wx.redirectTo({
        url: '/pages/index/index'
      });
    }else{
      wx.getUserProfile({
        desc: '获取用户信息的描述',
        success: (result) => {
          console.log(result)
          var that = this;
          var platUserInfoMap = {}                      //用来保存传递到服务器端的数据
          platUserInfoMap["encryptedData"] = result.encryptedData;
                                                         //包括敏感数据在内的完整用户信息的加密数据
          platUserInfoMap["iv"] = result.iv;            //加密算法的初始向量
          wx.login({         //调用 wx.login 接口获取 code 值,用来传递到服务器端获取用户的 openid
            success: resp => {
              //发送 res.code 到后台换取 openId, sessionKey, unionId
              //console.log(resp);
              wx.request({   //通过服务器调用微信接口来获取
                url: `${app.globalData.urls}/app1/wxlogin`, //请求服务器端接口
                data: {
                  platCode: resp.code,
                  platUserInfoMap: platUserInfoMap,
                },
                header: {
                  "Content-Type": "application/json"
                },
                  method: 'POST',
                  dataType:'json',
                  success: function (res) {
                    console.log(res.data)
                    //console.log(res.userInfo)
                    app.globalData.userInfo=res.data.userinfo;
                    app.globalData.openId=res.data.openId;
                    wx.setStorageSync("userInfo",res.data.userinfo)
                    wx.setStorageSync("openId",res.data.openId)
                    //跳转到首页
                    wx.redirectTo({
                      url: '/pages/index/index'
                    });
                  },
                  fail: function (err) { },     //请求失败
                  complete: function () { }     //请求完成后执行的函数
              })
            }
          })
        }
      })
    }
```

```
    },
})
```

因为本项目是使用 Flask 框架搭建的简易服务器，不能像云开发时使用云函数跳过验证直接获取用户的 openId。想要获取用户 openId 的操作较为麻烦，需要通过 wx.login()接口来获取用户登录的临时凭证，也就是其回调函数中的返回值 resp.code，然后以 code、AppID 和 AppSecret 作为参数向微信服务器后台接口发送请求，经过验证解析获取用户的 openId、sessionKey 和 unionId 等加密信息。出于数据安全性的考虑，向微信服务器发送请求，解析用户信息的操作，不建议在小程序端进行，而应该将用于登录的临时凭证 code 发送到开发者搭建的服务器，在个人服务器进行请求解析，然后再将解析后的数据返回给小程序。

wx.request()方法是微信小程序与外部服务器进行数据交互的方法。通过该方法将用户登录凭证与用户加密信息传递到 app_nhwc 项目的接口中，在 app_nhwc 项目中调用微信后台获取用户 openId 等信息，进行数据处理后，将结果返到 wx.request()方法的 success 回调函数中，将用户信息存储为小程序全局变量，跳转到首页。

用户初次打开小程序单击“登录”按钮时，会弹出授权弹窗，如图 12-11 所示。

图 12-11 用户授权弹窗

3. 登录授权页面后台接口的实现

微信小程序中为了保证用户信息的安全性，将包括用户隐私的完整用户信息进行了加密处理，要解密这些信息需要使用微信官方提供的解密文件进行数据解析处理。访问 https://res.wx.qq.com/wxdoc/dist/assets/media/aes-sample.eae1f364.zip 地址进行解密下载，下载的压缩包解压后具有不同开发语言的解密文件，选择 Python 文件夹中的 WXBizDataCrypt.py 文件，复制到 app_nhwc 项目中就可以直接使用，该文件路径为 app_nhwc/WXBizDataCrypt.py。

在 app_nhwc 项目中创建一个蓝图应用的视图文件 views.py，该文件是用来处理小程序请求与进行数据库操作的业务逻辑，要正常使用该文件首先要进行蓝图配置，蓝图配置代码如下所示。

```
//app_nhwc/app1/views.py
from flask import request
from flask import Blueprint#导入蓝图模块
import json,requests,time,random,os,re,hashlib
from WXBizDataCrypt import *#导入微信提供的数据解密模块
from .. import db#导入数据库对象
#导入 md5 加密文件
from ..models import *#导入数据库模板文件
app1=Blueprint('app1',__name__)#设置蓝图路由前缀
```

在 views.py 视图文件中创建小程序登录授权接口的方法 user_wxlogin()，在该方法中使用 AppID、AppSecret 和用户登录凭证 code 通过微信接口获取用户 openId 和会话密钥 session_key。然后调用 WXBizDataCrypt()方法解密用户信息，通过 ORM 操作将解密后的用户信息保存到用户表中，最后将用户 openId 与用户信息以 JSON 格式返回给小程序，具体接口方法代码如下所示。

```
#以装饰器方式进行接口方法与 Url 映射
@app1.route('/wxlogin',methods=['POST'])
def user_wxlogin():
    #将小程序传递的 json 格式数据转为字典格式
    data=json.loads(request.get_data().decode('utf-8'))
```

```
appID='小程序的appID'
appSecret='小程序的密钥'
#小程序传递的用户临时登录凭证code
code=data['platCode']
#用户加密信息
encryptedData=data['platUserInfoMap']['encryptedData']
#用户信息加密向量
iv=data['platUserInfoMap']['iv']
#获取openId,sessionKey,unionId的微信接口所需参数
req_params={
  'appid':appID,
  'secret':appSecret,
  'js_code':code,
  'grant_type':'authorization_code'
}
#获取openId,sessionKey,unionId的微信接口地址
wx_login_api='https://api.weixin.qq.com/sns/jscode2session'
#向API发起GET请求
response_data=requests.get(wx_login_api,params=req_params)
#将请求的返回值转化为字典格式
resData=response_data.json()
#获取用户openId
openid=resData['openid']
#获取会话密钥session_key
session_key=resData['session_key']
#对用户信息进行解密
pc=WXBizDataCrypt(appID,session_key)
#获取用户信息
userinfo=pc.decrypt(encryptedData,iv)
#根据openid查询用户,返回用户实例
user=User.query.filter_by(openid=openid).first()
if not user:
  #向数据库内存储用户信息
  #用户id, openid, 用户昵称, 用户头像, 用户积分, 用户关卡, 用户创建时间
  #openid, username, user_image以外其他字段均有默认值或可自动创建
  #创建一个新用户(只需传入openid, 用户昵称, 用户头像)
  u=User()#创建一个用户对象
  #用户openid唯一标识
  u.openid=openid
  #用户昵称
  u.username=userinfo['nickName']
  #用户头像
  u.user_image=userinfo['avatarUrl']
  #将用户添加到数据库会话中
  db.session.add(u)
  #将数据库会话中的变动提交到数据库中,如果不commit,数据库中是没有改动的
  db.session.commit()
  #关闭数据库资源
  db.session.close()
#返回json格式数据
return json.dumps({
    "code":200,
    "msg":"登录成功",
    "openId":openid,
    "userinfo":userinfo
    },indent=4,sort_keys=True,default=str,ensure_ascii=False)
```

12.6.3 首页功能的实现

1. 首页页面的实现

index.wxml 文件是小程序首页页面的结构文件，在该文件中要进行小程序首页结构代码的编写。小程

序首页界面上方显示用户的头像、昵称、用户当前关卡等信息，下方显示“排行榜”按钮、“开始闯关”按钮、“绘画出题”按钮。通过点击这三个按钮可以跳转到相应的界面，具体代码如下所示。

```
//pages/index/index.wxml。
<view class="container">
   <view class="userinfo_level">当前关卡：{{level}}</view>
   <image class="userinfo-avatar" bindtap="bindViewTap" src="{{userInfo.avatarUrl}}"mode="cover">
   </image>
   <text class="userinfo-nickname">{{userInfo.nickName}}</text>
   <button class="peihangbang" bindtap="btn_phb">排行榜</button>
   <button class="begin" bindtap="btn_kscg">开始闯关</button>
   <navigator url='/pages/draws/draws' class="start_btn btn_animation" form-type="submit"
    hover-class="none">
     <button class="begin" bindtap="btn_hhct">绘画出题</button>
   </navigator>
</view>
```

“你画我猜”小程序首页界面的效果如图 12-12 所示。

图 12-12　小程序首页界面

2. 首页页面逻辑的实现

index.js 是小程序的逻辑文件，在该文件的 onLoad()页面加载方法中通过 wx.getStorageSync()接口从小程序缓存中获取用户信息与 openId，并且调用自定义的 getLeval()方法，向服务器发送请求以 openId 为查询条件查询用户表中用户的当前关卡数。然后为“排行榜”按钮、“开始闯关”按钮创建点击事件方法，index.js 文件具体代码如下所示。

```
//pages/index/index.js。
var app=getApp(); //创建小程序全局对象实例
Page({
   //页面的初始数据
   data:{
     userInfo:{},  //存储用户信息
     openId:' ',   //存储 openId
     level:1       //用户当前关卡，初始关卡默认为 1
   },
   //自定义获取用户当前关卡数方法
```

```
    getLeval:function(){
      //通过 wx.request()方法访问服务器接口
      wx.request({
        //获取用户当前关卡数接口方法地址
        url:`${app.globalData.urls}/app1/getlevel`,
        header:{
          "content-type":"application/json",
        },
        method:'POST',
        dataType:'json',
        data:{
          openId:this.data.openId,
        },
        success:(res)=>{
          //将用户当前关卡数设置到页面变量中
          this.setData({
            level:res.data,
          });
        },
    });
  },
  //小程序页面中的生命周期函数--监听页面加载
  onLoad:function(options){
    //设置页面数据
    this.setData({
        userInfo:wx.getStorageSync('userInfo'),
        openId:wx.getStorageSync('openId')
    });
    //执行自定义的获取用户当前关卡数方法
    this.getLeval();
  },
  //设置排行榜按钮点击事件方法
  btn_phb:function(){
    //跳转到排行榜界面
    wx.redirectTo({
        url:'/pages/rank/rank',
    })
  },
  //开始闯关按钮点击事件方法
  btn_kscg:function(){
  //跳转到闯关界面，并传递用户的当前关卡数
  wx.redirectTo({
  url:'/pages/game/game?level='+(this.data.level),
  })
   },
```

3. 首页页面后台接口的实现

在 views.py 文件中创建获取用户当前关卡数接口的方法 getlevel()，在该方法中通过 ORM 操作，根据用户 openId 查询用户表中用户的当前关卡数，将数据以 JSON 格式进行返回，具体代码如下所示。

```
//app_nhwc/app1/views.py
#获取用户当前关卡数接口方法
@app1.route('/getlevel',methods=['POST'])
def getlevel():
   data=json.loads(request.get_data().decode('utf-8'))
   #获取小程序传递的 openId
   openid=data['openId']
   #根据 openid 查询用户,返回用户实例
   user=User.query.filter_by(openid=openid).first()
   #获取用户关卡数
   level=user.level
   #返回 json 格式的数据
   return json.dumps(level)
```

12.6.4 绘画出题功能的实现

1. 绘画出题页面的实现

draw.wxml 文件是小程序绘画出题界面的结构文件，进入绘画出题界面后会弹出一个设置题目信息的弹窗，在弹窗中通过“输入框”填写题目信息，单击“确定”按钮可以保存题目信息并关闭弹窗，单击“重置”按钮会清除填写的题目信息。设置题目信息弹窗的结构代码如下所示。

```
//pages/draw/draw.wxml
<!--题目设置弹出框-->
<view class='alert' hidden='{{alertShow}}'>
 <view class="alert-main" catchtap='qwe'>
   <form bindsubmit='setProject'>
     <view class="timu qwe">
       <view>题目：</view>
       <input type="text" name="name" placeholder='1-6 个字（例：中国）'/>
       </view>
     <view class="tishi qwe">
       <view>类别：</view>
       <input type="text" name="notice" placeholder='1-10 个字（例：国家）'/>
     </view>
     <view class="zishu qwe">
       <view>字数：</view>
       <input type="text" name="size" placeholder='答案是几个字（例：2）'/>
     </view>
     <view class="nandu qwe">
       <view>难度：</view>
       <input type="text" name="heart" placeholder='（例：一般，中等，困难）'/>
     </view>
     <view class='form-btn qwe'>
       <button form-type='submit'>确定</button>
       <button form-type='reset'>重置</button>
     </view>
   </form>
 </view>
</view>
```

弹窗隐藏或显示是根据 alertShow 参数来判断的，其默认值为 false 表示显示弹窗。在 From 表单中绑定了一个 setProject()事件方法，当单击弹窗的“确定”按钮时，会执行 setProject()事件方法，将题目信息进行保存，并将 alertShow 的值更改为 true，从而隐藏弹窗。

绘画出题界面，设置题目信息弹窗的效果如图 12-13 所示。

设置完题目信息，将弹窗进行隐藏，显示绘画出题页面的主要内容。该界面分为四部分，最上方是题目信息与修改题目按钮，中间部分是画布区域，画布区域下方是一些工具按钮（橡皮擦按钮、清除按钮、画笔粗细按钮、画笔颜色按钮），最下方是发布作品按钮，绘画出题页面主要的页面结构代码如下所示。

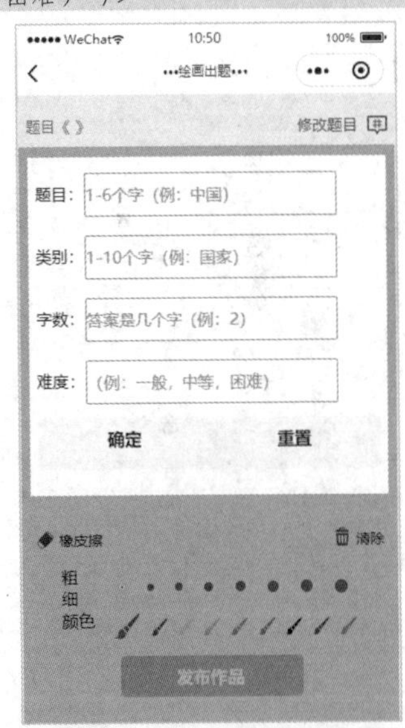

图 12-13 绘画出题弹窗页面

```
//pages/draw/draw.wxml
<!--绘画出题页面内容主题 -->
<view class="container">
 <!--头部-->
 <view class="header d-f w100p">
   <view class="left d-f">题目《{{project}}》
   </view>
   <view class="right d-f" bindtap="diy">修改题目<image class="icon" src="../../images/
icon_topic.png"/>
```

```
    </view>
  </view>
  <!--绘图区域-画布-->
  <view class="canvas">
    <canvas hidden='{{!alertShow}}' class="mycanvas bxz-bb w100p" canvas-id="canvas"
    bindtouchstart="canvasStart" bindtouchmove='canvasMove' bindtouchend='canvasEnd'>
    </canvas>
  </view>
  <!--工具菜单-->
  <view class="tool_bar d-f w100p bxz-bb">
    <!--橡皮按钮与清除按钮-->
    <view class="cancel" bindtap="chengCancel"><image class="icon" src="../../images/icon_eraser.png"/>
    橡皮擦</view>
    <view class="cancel" bindtap="clearCanvas"><image class="icon" src="../../images/icon_del.png"/>
    清除</view>
  </view>
  <!--画笔粗细与颜色按钮-->
  <view class="set_bar bxz-bb w100p">
    <view class="linewidth_bar d-f">
      <text class="title">粗细</text>
      <view class="right_demo d-f">
      <block wx:if="{{cancelChange}}">
        <!--是橡皮擦对象，将画笔粗细按钮的背景色设置为白色-->
        <view wx:for="{{linewidth}}"class="linewidth_demo bdrs50p{{index==currentLinewidth?
          'active':''}}"bindtap="changeLineWidth" id="{{index}}" style="width:{{item*2}}rpx;height:
          {{item*2}}rpx;background:#fff"></view>
      </block>
      <block wx:else>
        <!--不是橡皮擦对象，将画笔粗细按钮的背景色设置为当前画笔颜色-->
        <view wx:for="{{linewidth}}" class="linewidth_demo bdrs50p {{index == currentLinewidth ?
          'active':''}}" bindtap="changeLineWidth" id="{{index}}" style="width:{{item*2}}rpx;height:
          {{item*2}}rpx;background:{{color[currentColor]}};"></view>
      </block>
    </view>
  </view>
  <!--画笔颜色按钮-->
  <view class="color_bar d-f">
    <text class="title">颜色</text>
    <view class="right_demo d-f">
    <!--是橡皮擦对象，显示全部的画笔颜色按钮-->
    <block wx:if="{{cancelChange}}">
      <i class="iconfont icon-huabi" wx:for="{{color}}" style="color:{{item}};" id="{{index}}"
 bindtap="changeColor"></i>
    </block>
    <!--不是橡皮擦对象，显示除当前画笔颜色外，其他颜色的画笔颜色按钮-->
    <block wx:else>
      <i class="iconfont icon-huabi{{index==currentColor?'active':''}}" wx:for="{{color}}"
        style="color:{{item}};"id="{{index}}"bindtap="changeColor"></i>
    </block>
  </view>
 </view>
 </view>
 <view class="btn">
  <button bindtap="fabu">发布作品</button>
 </view>
 </view>
```

在上面代码中绑定了许多事件的方法，其中 diy()方法显示题目弹窗；changeColor()方法设置画笔颜色；changeLineWidth()方法设置画笔的粗细；fabu()方法将题目信息发送到服务器后台中，通过微信提供的

wx.createCanvasContext("canvas")实现绘画功能。

绘画出题页面的效果如图 12-14 所示。

图 12-14　绘画出题页面的实现

2. 绘画出题页面逻辑的实现

draw.js 文件是绘画出题页面的逻辑文件，在该文件中存在许多事件的方法。下面选取较为重要的事件方法进行实现。

1）设置页面属性

在实现事件方法之前要先在页面数据字典中设置页面数据，方便事件方法的使用，具体代码如下所示。

```
    //pages/draw/draw.js
    var app=getApp();
    Page({
     //页面的初始数据
     data:{
       //弹框是否显示的标志，默认显示弹窗
       alertShow:false,
       project:"",      //题目
       notice:"",       //提示
       size:"",         //字数
       heart:"",        //难度
       //绘图线的粗细
       linewidth:[2,3,4,5,6,7,8,9],
       //当前默认的粗细
       currentLinewidth:0,
       //绘图的颜色
       color:["#da1c34","#8a3022","#ffc3b0","#ffa300","#66b502","#148bfd","#000","#9700c2","#8a8
989",],
       //当前默认的颜色索引
       currentColor:0,
       //橡皮擦是否被选中
       cancelChange:false,
       //判断是否开始绘画
```

```
   isStart: false,
   },
```

2）实现设置题目信息弹窗的事件方法

setProject()方法是用户通过单击弹窗界面确定按钮而触发的，触发时会将题目信息进行保存，并隐藏到弹窗界面。diy()方法是用户通过单击修改题目按钮时触发的，触发时显示题目弹窗，修改题目信息，具体代码如下所示。

```
//pages/draw/draw.js
//设置题目的方法
setProject:function(e){
   //获取表单中的内容
   var data=e.detail.value;
   //判断输入框内是否填写内容
   if (data.name && data.notice) {
       //保存题目信息，并隐藏弹窗
       this.setData({
         alertShow:true,
         project:data.name,
         size:data.size,
         notice:data.notice,
         heart:data.heart,});
   }else {
     //显示提示信息
     wx.showToast({
       title:"请输入内容",#内容文字
       icon:"none",#内容图标});
       return"";
       }
},
//修改题目方法
diy:function () {
   //显示题目弹窗
   this.setData({
     alertShow:false});
},
```

3）实现绘画功能

微信小程序中的绘画功能是通过 Canvas 组件实现的，使用 wx.createCanvasContext()方法调用 Canvas 组件创建画布对象，并对画笔属性进行初始化设置，画布创建与画笔属性设置需要在 draw.js 页面的逻辑文件 onShow()方法中进行。绘画的过程分为三步，第一步用户手指触摸画布时触发 canvasStart()方法并记录绘画的起始点位置坐标，第二步用户手指在画布上移动时触发 canvasMove()方法进行线条绘制，第三步通过用户手指离开画布时触发 canvasEnd()方法结束绘画，具体代码如下所示。

```
//pages/draw/draw.js
//生命周期函数--监听页面显示方法
onShow:function(){
 var data=this.data;                          //获取页面数据
   //创建画板
   this.mycanvas = wx.createCanvasContext("canvas");
   //设置画笔样式
   this.mycanvas.setLineCap("round");    //端点样式
   this.mycanvas.setLineJoin("round");   //端点交叉点样式
   //设置画笔初始化颜色
   this.mycanvas.setStrokeStyle(data.color[data.currentColor]);
   //设置画笔初始化粗细
   this.mycanvas.setLineWidth(data.linewidth[data.currentLinewidth]);
},
//绘画开始方法
canvasStart:function(e){
   //获取用户手指在画布上触摸点的位置坐标 x, y
```

```
    var x=e.touches[0].x;
    var y=e.touches[0].y;
    //设置画笔起始点位置坐标
    this.mycanvas.moveTo(x,y);
  },
  //绘画移动方法
  canvasMove:function(e){
    //获取移动过程中的位置坐标x,y
    var x=e.touches[0].x;
    var y=e.touches[0].y;
    //指定线条起始点的位置坐标
    this.mycanvas.lineTo(x,y);
    //开始画线
    this.mycanvas.stroke();
    //更新绘画内容
    this.mycanvas.draw(true);
    //绘制完成，更新起始点坐标
    this.mycanvas.moveTo(x,y);
  },
  //绘画结束
  canvasEnd: function () {
    //结束绘画动作
    this.setData({
      isStart:true,});
  },
```

4）实现工具按钮的方法

工具按钮包括橡皮擦按钮、清除按钮、画笔粗细按钮、画笔颜色按钮。changeLineWidth()方法是用户通过单击画笔粗细按钮时触发的，触发时使用e.currentTarget.id方法获取画笔粗细按钮的索引值，通过索引值设置修改画笔的粗细。changeColor()方法是用户通过单击画笔颜色按钮时触发的，触发时使用e.currentTarget.id方法获取画笔颜色按钮的索引值，通过索引值修改画笔的颜色。chengCancel()方法是用户通过单击橡皮擦时触发的，触发时将画笔颜色设置为白色。clearCanvas()方法是用户通过单击清除按钮时触发的，触发时清空画布上的绘制内容，具体代码如下所示。

```
  //pages/draw/draw.js
  //画笔颜色按钮事件方法
  changeColor:function(e){
    //获取用户单击的画笔颜色按钮的索引值
    var colorIndex=e.currentTarget.id;
    //修改当前的画笔颜色索引值
    this.setData({
        cancelChange:false,//未单击橡皮擦按钮
        currentColor:colorIndex,});
    //设置画笔颜色
    this.mycanvas.setStrokeStyle(this.data.color[this.data.currentColor]);
  },
  //画笔粗细按钮事件方法
  changeLineWidth:function(e){
    //获取用户单击的画笔粗细按钮索引值
    var widthIndex=e.currentTarget.id;
    //修改当前的画笔粗细索引值
    this.setData({currentLinewidth:widthIndex});
    //设置画笔粗细
    this.mycanvas.setLineWidth(this.data.linewidth[this.data.currentLinewidth]);
  },
  //单击橡皮擦按钮事件方法
  chengCancel: function () {
    //橡皮擦按钮被选中，将选中橡皮擦标志设置为true
    this.setData({cancelChange:true});
    //将画笔颜色设置成白色
    this.mycanvas.setStrokeStyle("#fff");
```

```
},
//清除按钮事件方法
clearCanvas:function(){
  //清除画布区域内容
  this.mycanvas.clearRect(0,0,400,400);
  this.mycanvas.draw(true);
},
```

5）实现发布题目的事件方法

完成题目信息设置与题目图像内容绘制后，用户单击发布题目按钮会触发 fabu()事件方法，在 fabu()事件方法中，通过 wx.canvasToTempFilePath()方法将用户在画布上绘制的内容保存为图片格式，使用 wx.uploadFile()方法将用户绘制的图片文件上传到服务器中，服务器端保存完成后会将图片在服务器端的文件路径返回给小程序，小程序端接收到图片的文件路径后通过 wx.request()方法将题目信息与图片路径发送到服务器端接口，从而将信息保存到数据库的题库表中，具体代码如下所示。

```
//pages/draw/draw.js
//发布作品按钮事件方法
fabu:function(){
  //判断是否开始绘画
  if(this.data.isStart==true){
    //判断用户是否有头像
    if(app.globalData.userInfo.avatarUrl && app.globalData.userInfo.nickName){
      //显示发布中弹窗
      wx.showLoading({title:"发布中",});
      //将用户绘画内容作品保存为图片
      wx.canvasToTempFilePath({
        canvasId:"canvas",
        quality:1,
        success:(res)=>{
          //获取临时文件（文件路径）
          var tmpImagePath=res.tempFilePath;
          const md5=require('../../utils/md5.js');  //导入 md5 文件
          const user=app.globalData.openId;      //获取用户 openid
          const str_user=md5.md5(user);          //md5 加密后的 openid，防止 url 参数泄露用户信息
          //开始上传文件
          wx.uploadFile({
            url:`${app.globalData.urls}/app1/uploadfile/`+str_user,
            filePath:tmpImagePath,
            name:"img",
            header:{"content-type":"multipart/form-data",},
            success:(res)=>{
              //发表作品(将题目存储到数据库的题目表中)
              wx.request({
                url:`${app.globalData.urls}/app1/saveData`,
                data:{
                  openId:app.globalData.openId,
                  project:this.data.project,      //题目
                  notice:this.data.notice,        //提示
                  size:this.data.size,            //答案字数
                  heart:this.data.heart,          //难度
                  imgUrl:res.data,                //图片 Url 路径},
                method:"post",
                header:{"content-type":"application/json"},
                  success:(res)=>{
                    wx.hideLoading();             //隐藏加载界面
                    //判断是否成功
                    if(res.data!=0){
```

```
                //提示信息弹窗
                wx.showToast({
                  title:'发表成功',
                  icon:"none"})
                //跳转到首页面
                wx.redirectTo({url:"/pages/index/index",});
              }else{
                wx.showToast({
                  title:"发表失败",
                  icon:"none",
              });
            }
          },
        });
      },
    });
  },
  });
  }
}else{
  //提示信息
  wx.showToast({
    title:"请开始绘画",
    icon:"none",
  });
}
},
```

3. 绘画出题页面后台接口的实现

绘画出题页面有两个后台接口，uploadfile()接口方法接收小程序上传的图片文件，将文件保存到app_nhwc项目的Upload文件夹中，并将图片的文件路径返回给小程序。saveData()接口方法接收小程序发送的题目信息，并将题目信息保存到数据库的题目表中，具体代码如下所示。

```
//app_nhwc/app1/views.py
#保存用户绘画的图片的接口方法
@app1.route('/uploadfile/<openid>',methods=['POST','GET'])
def uploadfile(openid):
    #根据时间日期与随机数生成一个唯一的图片名称
    fn=time.strftime('%Y%m%d%H%M%S')+'_%d'%random.randint(10,1000)+'.jpg'
    avata=request.files.get('img')#接收小程序上传的图片内容
    hash_openid=openid#接收微信小程序md5加密后的openid
    #获取项目根目录路径
    basedir=os.path.dirname(os.path.dirname(__file__))
    #依据openid创建用户个人文件夹路径(flask项目默认的静态资源存放路径)
    dir_path=os.path.join(basedir,'static/upload',hash_openid)
    dir=re.sub(r'\\','/',dir_path)#将文件夹路径中的反斜杠转化
    #创建文件夹
    creat_folder(dir)#创建文件夹路径
    #图片在app_nhwc项目中的路径
    pic_dir=os.path.join(dir,fn)
    path=re.sub(r'\\','/',pic_dir)#将图片路径中的反斜杠转化
    avata.save(path)#保存图片
    imgUrl=getUrl(path)#截取网络图片的Ur路径l
    #返回图片路径
    return json.dumps(imgUrl)
#保存题目信息的接口方法
@app1.route('/saveData',methods=['POST'])
```

```
def saveData():
    data=json.loads(request.get_data().decode('utf-8'))#获取小程序传递的题目信息
    imgUrl=data['imgUrl']#图片 URL
    #去除图片路径中多余的“”
    imgUrl=re.sub('"','',imgUrl)
    answer=data['project']#答案
    family=data['notice']#类别
    prompt=data['size']#提示答案有几个字
    user_id=data['openId']#用户 openId
    hard=data['heart']#难度等级，一般，中等，困难
    #将数据保存到数据库
    t=Topics()#创建题目对象
    t.imgUrl=imgUrl#图片 URL
    t.answer=answer#答案
    t.family=family#类别
    t.prompt=prompt#提示答案有几个字
    t.user_id=user_id#出题用户 openid
    t.hard=hard#难度等级，一般，中等，困难
    db.session.add(t)#将用户添加到数据库会话中
    db.session.commit()#将数据库会话中的变动进行提交
    db.session.close()#关闭资源
    return json.dumps({
        "code":200,
        "msg":"发布成功",},indent=4,sort_keys=True,default=str,ensure_ascii=False)
```

12.6.5　闯关功能的实现

当用户单击“闯关”按钮时，会跳转到闯关界面，在进行界面加载时会获取题库中的题目总数，若用户当前关卡数大于题目总数时，说明用户通过所有关卡将跳转到通关界面。若用户当前关卡数小于或等于题目总数时，说明用户未通过所有关卡将跳转到闯关界面。用户在闯关界面的输入框填写答案，单击“回答”按钮。回答正确则会显示正确答案，并出现“下一关”的按钮。用户单击“下一关”按钮，可以进入下一关卡。回答错误，则需要重新回答问题，闯关界面的业务流程如图 12-15 所示。

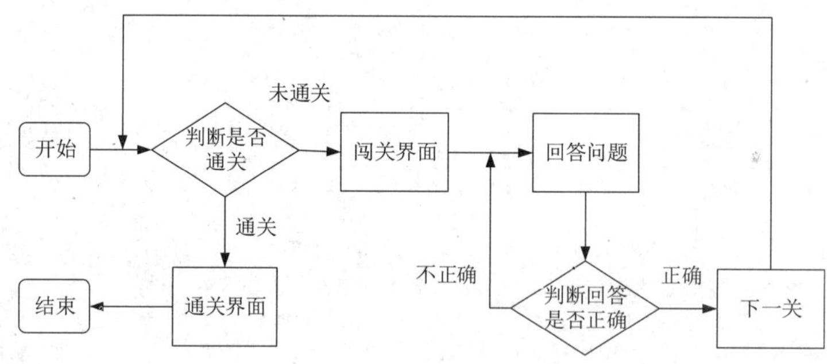

图 12-15　闯关页面业务流程

1. 闯关页面的实现

闯关页面主要划分为三部分，上方用来显示用户的头像、昵称、题目提示信息和返回首页按钮；中间部分显示题目的图片内容；下方显示用户回答问题的输入框以及回答按钮等内容，具体的页面结构代码如下所示。

```
//pages/game/game.wxml
<view class="container">
 <!--用户信息显示区域-->
 <view class="author">
```

```
    <view class="authorImg">
      <image src="{{userInfo.avatarUrl}}"/>
    </view>
    <!--题目信息显示区域-->
    <view class="authorInfo">
      <view class='nickName'>{{userInfo.nickName}}</view>
      <view class="notice">提示: {{topicInfo.family}}</view>
    </view>
    <!--返回首页按钮-->
    <view class="authorbtn">
      <button class="btn_index" style="width:25vw" bindtap="btn_index">首页</button>
    </view>
  </view>
  <!--题目图片显示区域-->
  <view class="workImg">
    <image src="{{webUrl}}/{{topicInfo.imgUrl}}"/>
  </view>
  <!--答题区域-->
  <view class="answer">
    <block wx:if="{{isLook}}">
      <view class="ok">正确答案:{{topicInfo.answer}}</view>
        <button class="btn_next" style="width:35vw" bindtap="btn_next">下一关</button>
    </block>
    <block wx:else>
      <input bindinput="inputshuru" placeholder='请输入您的答案' type="text"/>
      <view class="btn" bindtap="answer">回答</view>
    </block>
  </view>
</view>
```

在上面代码中存在几个事件方法，首页按钮的事件方法 btn_index()，用户触发该事件方法时，会跳转到首页。下一关按钮的事件方法 btn_next()，用户触发该方法时跳转到下一关。回答按钮的事件方法 answer()，用户触发该方法时，会将输入框中填写的信息发送到服务器接口方法中判断，从而得知用户回答的问题是否正确。题目答案信息与下一关按钮不是直接显示在界面上，而是通过 wx:if 判断用户回答是否正确，若用户回答正确，题目答案信息才会在界面中显示，闯关界面效果图如图 12-16 所示。

图 12-16　闯关界面

2. 闯关页面逻辑的实现

game.js 文件是绘画出题页面的逻辑文件，在该文件中存在许多事件方法。下面选取较为重要的事件方法进行实现：

1）设置页面属性

在实现事件方法之前要在页面数据字典中设置页面数据，以方便事件方法的使用。具体代码如下所示。

```
//pages/game/game.js
var app=getApp();
Page({
 //页面的初始数据
 data:{
   topicId:0,       //题目 id
   topicInfo:{},    //题目信息
   userInfo:{},     //用户信息
```

```
    isLook:false,  //是否显示答案标志
    inputValue:"", //用户输入信息
    count:0,       //总关卡数
    nextlevel:0    //下一关
  },
```

2）实现获取当前关卡题目信息的事件方法

在小程序 onshow()页面的监听方法中，通过 wx:request()方法访问服务器后台接口获取关卡总数，若用户当前关卡数大于总关卡数则跳转到成功通关界面；否则就通过 wx:request()方法访问服务器后台接口获取当前关卡的题目信息，具体代码如下所示。

```
//pages/game/game.js
//小程序页面监听方法
onShow:function(){
   wx.hideHomeButton();
   //获取总关卡数
   wx.request({
     url:`${app.globalData.urls}/app1/getQuestionCount`,
     header:{"content-type":"application/json"},
     method:"get",
       success:(res)=>{
         //判断是否成功通关
         if(this.data.topicId>res.data){
           //跳转到恭喜通关界面
           wx.redirectTo({
             url:'/pages/win/win',
           })
         }else{
           //获取指定关卡题目信息
           wx.request({
             url:`${app.globalData.urls}/app1/getQuestion?id=${this.data.topicId}`,
             header:{"content-type":"application/json"},
             method:"get",
             success:(res)=>{
               this.setData({
                 topicInfo:res.data.topicInfo,//设置题目信息
               });
               //设置闯关页面标题
               wx.setNavigationBarTitle({
                 title:`第${this.data.topicId}关`
               });
             },
           });
         }
       }
     });
  },
```

3）实现回答按钮的事件方法

用户在输入框中填写内容后，单击回答按钮会触发 answer()事件方法，在该方法中会将用户填写的答案同题目正确答案进行对比，若两个答案相同说明用户回答正确，则通过 wx.request()方法访问服务器后台接口，为用户增加相应积分，并将数据更新到数据库中，具体代码如下所示。

```
//pages/game/game.js
//回答问题的事件
answer:function(){
   //判断该用户是否已经有头像和昵称
```

```
    if(app.globalData.userInfo.avatarUrl && app.globalData.userInfo.nickName){
      //判断是否为空
      if(this.data.inputValue){
        //判断用户填写答案是否正确
        if(this.data.inputValue==this.data.topicInfo.answer){
          //答案正确，向服务器发送请求
          wx.request({
            url:`${app.globalData.urls}/app1/check`,
            data:{openId:app.globalData.openId,},
            header:{"content-type":"application/json"},
            method:"post",
            success:(res)=>{
              //判断服务器是否存储成功
              if(res.data.code=="200"){
                //显示正确答案
                this.setData({isLook:true,});
                //显示提示信息
                wx.showToast({title:'恭喜获得 10 积分',});}
            },
          });
        }else{
          //如果答案错误，显示错误信息
          wx.showToast({
            title:"答案错误，请继续努力。。。",
            icon:"none",
          });
        }
      }else{
        //如果输入框为空，显示提示信息
        wx.showToast({
          title:"请输入答案。",
          icon:"none",
        });
      }
    }
  },
```

3. 闯关页面后台接口的实现

闯关页面的后台接口方法有三个，即 getQuestionCount()接口方法获取关卡总数、getQuestion()接口方法获取指定关卡的信息、check()接口方法用户回答正确后增加相应积分、并将数据更新到数据库中，具体代码如下所示。

```
//app_nhwc/app1/views.py
#获取关卡总数的接口方法
@app1.route('/getQuestionCount',methods=['GET','POST'])
def getQuestionCount():
   count=Topics.query.count()#查询题目的总个数
   return json.dumps(count)
#获取指定的关卡信息的接口方法
@app1.route('/getQuestion',methods=['GET','POST'])
def getQuestion():
   id=request.args.get("id")#题目 id
   #根据 id 查询题目,返回题目实例
   topic=Topics.query.filter_by(id=id).first()
   if topic:#题目存在
     return json.dumps({
          "code":200,
          "msg":"查找成功",
```

```
            "topicInfo":{
                "imgUrl":topic.imgUrl,#图片 URL
                "answer":topic.answer,#答案
                "family":topic.family,#类别
                "prompt":topic.prompt,#提示答案有几个字
                "hard":topic.hard#题目难度}
            },indent=4,sort_keys=True,default=str,ensure_ascii=False)
    else:#题目不存在
      return json.dumps({
            "code":404,
            "msg":"未查找到内容",
            "topicInfo":{
                "imgUrl":'null',
                "answer":'null',
                "family":'null',
                "prompt":'null',
                "hard":'null'}
            },indent=4,sort_keys=True,default=str,ensure_ascii=False)
#用户答案校验的接口方法（用户答案正确后，增加用户积分与用户关卡数并进行保存）
@app1.route('/check',methods=['POST'])
def check():
   data=json.loads(request.get_data().decode('utf-8'))
   openid=data['openId']
   #根据 openid 查询用户,返回用户实例
   user=User.query.filter_by(openid=openid).first()
   #用户答对，增加 10 积分
   user.user_grade=user.user_grade+10
   #用户答对，关卡数增加 1
   user.level=user.level+1
   db.session.commit()
   db.session.close()
   return json.dumps({
        "code":200,
        "msg":"回答正确",},indent=4,sort_keys=True,default=str,ensure_ascii=False)
```

12.6.6　排行榜功能的实现

排行榜界面主要显示用户积分与用户闯关总数前十名的用户信息。

1. 排行榜页面的实现

rank.wxml 文件是排行榜页面的结构文件，在该文件中将前十名用户信息数据进行显示，为了减少代码的书写，通过 wx:for 方法将前十名用户信息进行遍历显示，具体代码如下所示。

```
//pages/rank/rank.wxml
<view class="container">
 <view class="box">前十排名榜</view>
   <view class="max">
     <!--遍历用户信息-->
     <view wx:for='{{Ranking}}' wx:key='index' class="box2">
       <view class="minbox_1">
         <image wx:if='{{index<=2}}' class="img" src="{{chrowns[index]}}"></image>
         <text class="itext" wx:else>{{index+1}}</text>
       </view>
       <image class="minbox_2" src='{{item.imgUrl}}'></image>
       <view class="minbox_3">
         <view class="min1">{{item.username}}</view>
         <view class="min2">
```

```
        <view>积分: {{item.user_grade}}</view>
        <image class="imgicon" src="../../images/coin.png"></image>
      </view>
    </view>
  </view>
</view>
<view class="mjRanking_4">
  <button class="btn" bindtap="btn_index">返回首页</button>
</view>
</view>
```

为了区分前三名，通过 wx:if 方法进行判断，给前三名添加金、银、铜三种样式的皇冠。排行榜界面效果如图 12-17 所示。

图 12-17 闯关排行榜

2. 排行榜页面逻辑的实现

rank.js 文件是排行榜页面的逻辑文件，在该文件页面加载方法 onload()中，通过 wx.request()方法访问服务器后台接口，获取前十名的用户信息，具体代码如下所示。

```
//pages/rank/rank.js
//小程序的页面加载方法
onLoad:function(options){
   //获取用户排行榜信息
   wx.request({
     url:`${app.globalData.urls}/app1/getRank`,
     header:{"content-type":"application/json"},
     method:"get",
     success:(res)=>{
       //设置数据
       this.setData({Ranking:res.data.json_data,//设置排行榜用户列表信息});
     }
   })
 },
```

3. 排行榜页面后台接口的实现

排行榜页面的接口方法是 getRank()，在该接口方法中以积分或者用户通关总数的字段按照降序进行排列，获取前十名的用户信息，具体代码如下所示。

```
//app_nhwc/app1/views.py
#获取排行榜前十名用户信息的接口方法
@app1.route('/getRank',methods=['get'])
def getRank():
    #将所有用户信息按照用户关卡数从高到低进行排序，获取前十条用户信息
    user_list=User.query.order_by(User.level.desc()).limit(10)
    json_list=[]#保存用户数据信息
    for item in user_list:
      json_list.append({
          'username':item.username,#用户昵称
          'imgUrl':item.user_image,#用户头像
          'level':item.level,#用户关卡
          'user_grade':item.user_grade,#用户积分})
    return json.dumps({
          "code":200,
          "msg":"回答正确",
          "json_data":json_list,},indent=4,sort_keys=True,default=str,ensure_ascii=False)
```

12.7　开发常见问题及功能扩展

在开发过程中，微信小程序认可的网络请求是HTTPS格式，如果服务器域名不是这种形式则需要修改为这种形式，否则会被小程序认定为非法域名进行拦截，导致创建的服务接口功能无法正常使用。若是在本地进行测试开发可以关闭小程序的校验合法域名功能，这样就可以正常访问服务器接口。需要注意的是小程序正式发布上线时域名一定要使用HTTPS格式。

当前版本的“你画我猜”小程序，服务器端功能比较简单，一般来说项目的服务器端都需要一个管理后台，在后续版本中可以创建一个管理后台，添加管理员审核功能，用户绘画出题的题目经管理员审核通过后才会添加到题库中。小程序端可以添加用户广场界面，在该界面显示用户题目，所有用户可对这些题目点赞，用户可以根据点赞数获取积分奖励。添加积分商城，用户可以在积分商城使用积分兑换奖品等。

第 13 章

“在线音乐播放器”小程序

本章概述

本章开发一个“在线音乐播放器”小程序，小程序主要有三个界面，分别是首页界面、播放界面以及歌手界面，其中首页界面主要显示搜索框、轮播图、推荐歌曲等信息；播放界面主要用来进行歌曲的播放设置；歌手界面显示所有的歌手信息并将这些歌手信息按照首字母的顺序进行排序。

知识导读

本章要点（已掌握的在方框中打钩）

- ☐ 小程序需求分析
- ☐ 小程序功能设计
- ☐ 首页界面的实现
- ☐ 歌手界面的实现
- ☐ 播放界面的实现

13.1　项目开发背景

闲暇时间听音乐已成为很多人的选择，市面上有众多的音乐播放软件，但是由于音乐版权、来源等问题，音乐播放器的使用体验各有高低。目前，无论音乐播放器使用体验的好坏，它们的体积都较大，并且随着时间的推移占用的内存空间会更多，所以通过小程序开发一个“在线音乐播放器”，既可以给用户带来较好的体验，又可以避免占用用户大量的内存空间。

13.2　系统开发环境及工具

操作环境：Windows 7 及以上操作系统

开发工具：微信开发工具

开发语言：微信内置的 WXML、WXSS、JS、JSON

13.3 系统功能设计

首先进行“在线音乐播放器”小程序的需求分析，然后完成“在线音乐播放器”小程序的功能模块与功能流程图的设计。

13.3.1 需求分析

“在线音乐播放器”小程序的需求主要有以下几点：

1. 在首页界面要实现以下几个功能。

（1）搜索查询功能，通过在搜索框中输入歌曲名或歌手名或专辑名，来进行相应歌曲的查询。

（2）轮播图功能，获取要展示的图片，以轮播图形式进行展示。

（3）歌曲推荐功能，获取 TOP 榜前一百首歌曲的信息，并且进行显示。

2. 歌手界面，在歌手界面要获取所有的歌手信息，然后将歌手信息进行处理，使这些歌手信息按照歌手名字首字母的顺序进行排序显示。

3. 歌手详情界面，在歌手界面点击相应的歌手信息会跳转到该界面，该界面用来显示歌手的所有歌曲信息。

4. 播放界面，该界面主要用来进行歌曲的播放，主要有以下几个功能。

（1）歌曲切换功能，通过点击“上一曲”按钮、“下一曲”按钮或者从歌曲列表中进行选择来实现歌曲的切换效果。

（2）播放暂停功能，通过点击“播放”按钮，来实现歌曲的播放暂停切换效果。

13.3.2 功能模块分析

“在线音乐播放器”小程序主要分为首页、歌手、播放三个界面。然后在这三个界面要分别实现以下功能。

（1）首页界面，搜索查询功能、轮播图功能。

（2）歌手界面，歌手信息查询功能、歌手歌曲信息查询功能、歌手歌曲详情信息查询功能。

（3）播放界面，歌曲播放功能、歌曲切换功能。

“在线音乐播放器”小程序的功能模块如图 13-1 所示。

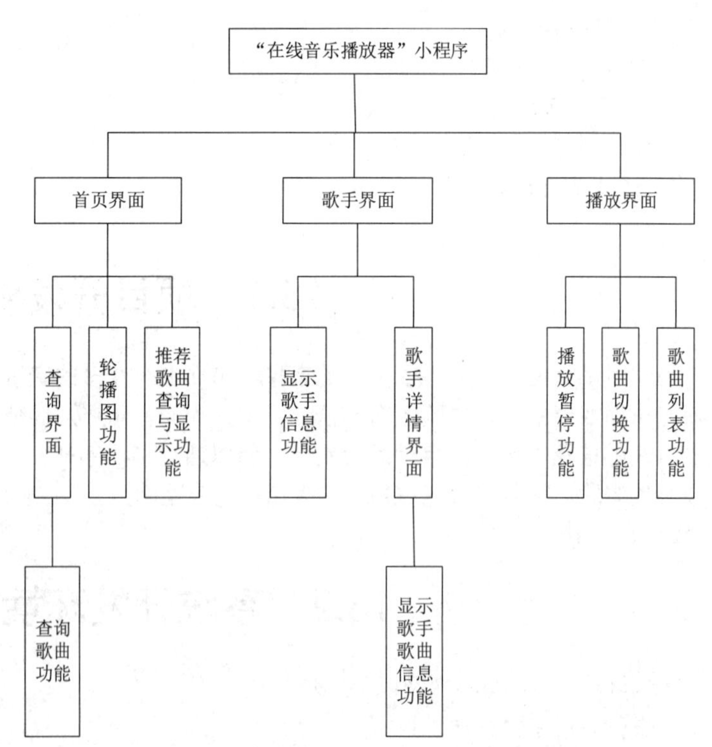

图 13-1 “在线音乐播放器”小程序功能模块

13.3.3 项目结构

“在线音乐播放器”小程序项目中主要有 image（小程序图片资源文件夹）、pages（小程序页面文件夹）、components（自定义组件文件夹）、index（首页界面）、player（播放界面）、search（查询界面）、singer（歌手界面）、singer-detail（歌手详情界面）、utils（小程序工具方法文件）、app.js（小程序通用逻辑方法文件）、app.json（小程序通用配置文件）、app.wxss（小程序通用样式文件）等文件，小程序项目结构如图 13-2 所示。

MUSIC	小程序项目文件夹
.idea	
pages	小程序页面文件夹
components	自定义组件文件夹
index	首页界面
logs	
player	播放界面
search	查询界面
singer	歌手界面
singer-detail	歌手详情界面
static	静态资源文件夹
image	小程序图片资源文件夹
screenshot	
stylesheet.wxss	
utils	小程序工具方法文件
app.js	小程序通用逻辑方法文件
app.json	小程序通用配置文件
app.wxss	小程序通用样式文件
project.config.json	
sitemap.json	

图 13-2　小程序的项目结构

13.4 创建小程序项目

在开发“在线音乐播放器”小程序时，首先要创建一个名为 music 的小程序项目，创建这个小程序项目需要经过以下几个步骤。

1. 注册小程序账号

在浏览器中搜索“微信公众平台”或者输入 https://mp.weixin.qq.com/网址，选择“小程序”选项，创建一个个人主体的小程序账号。然后登录小程序账号后台界面，完善小程序账号的基本信息，并获取小程序的 AppID 和 AppSecret 信息。

2. 创建小程序项目

使用微信开发者工具，输入小程序项目名称、AppID 等信息，完成小程序项目的创建，项目的具体创建操作如图 13-3 所示。

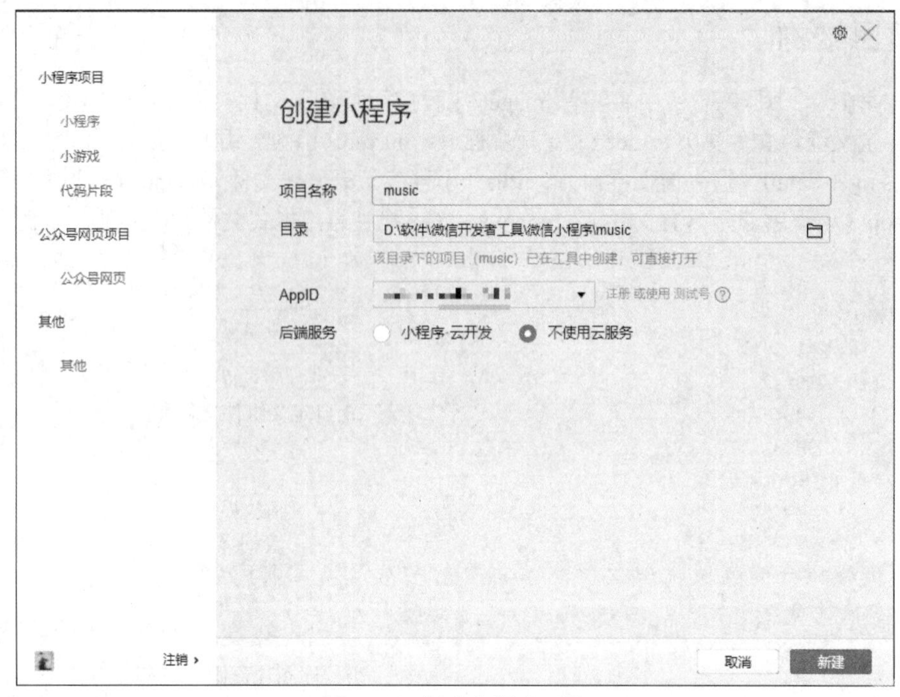

图 13-3　创建小程序项目

13.5　系统功能技术实现

创建完小程序项目后，就需要进行小程序系统功能的开发，在该阶段需要实现首页界面的查询搜索功能、轮播图功能、歌曲推荐功能。歌手界面的功能包括获取歌手信息功能、获取歌手歌曲信息功能。播放界面包括音乐播放暂停功能、音乐切换功能、显示播放列表功能。

13.5.1　首页界面

首页界面主要包括查询搜索、轮播图、歌曲推荐三个功能，当用户进入小程序后会显示首页界面，在该页面 JS 文件的 onload()页面加载生命周期函数中，会自动调用 getlunbo()与 getTopSong()方法获取相应的轮播图与推荐歌曲信息，并显示在首页界面上。当用户点击“搜索输入框”时会跳转到搜索查询界面，在该界面中可以进行歌手或歌曲信息的查询。首页界面的业务流程如图 13-4 所示。

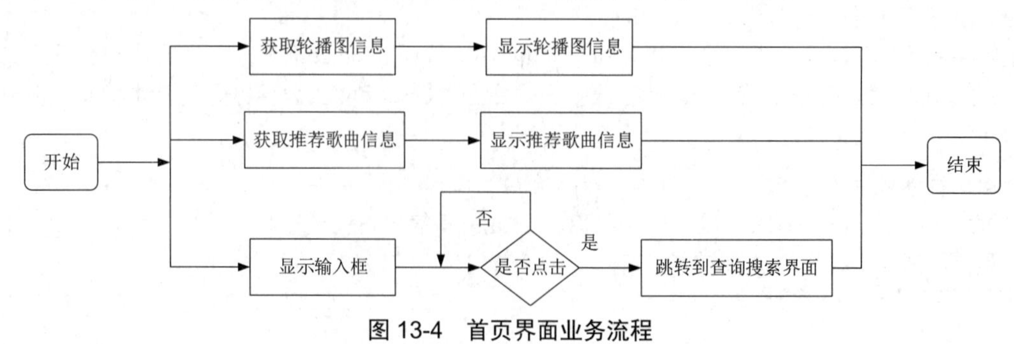

图 13-4　首页界面业务流程

1. tabBar 的创建

首先要在页面的底部创建一个 tabBar 栏，用于三个功能界面的切换跳转，在小程序中实现一个 tabBar 可以通过在 app.json 文件的 tabBar 配置项中进行配置，不仅可以配置 tabBar 选项的个数，而且还可以配置每个选项的文字、图标、选中前样式、选中后样式、跳转页面等内容。具体配置代码如下所示。

```
//music/app.json
"tabBar": {
    "color": "#919191",                                      //文字初始颜色（未选中时）
    "selectedColor": "#ffcd32",                              //文字选中时颜色
    "backgroundColor": "#333",                               //背景颜色
    "position": "bottom",
    "list": [                                                //选项类列表,列表中每一个字典表示一个选项
      {
        "pagePath": "pages/index/index",                     //选项的跳转界面
        "text": "推荐",                                       //选项显示的文字内容
        "iconPath": "static/image/home-1.png",               //选项初始图标（未选中时）
        "selectedIconPath": "static/image/home-2.png"        //选项选中时的图标
      },
      {
        "pagePath": "pages/player/player",
        "text": "正在播放",
        "iconPath": "static/image/rank-1.png",
        "selectedIconPath": "static/image/rank-2.png"
      },
      {
        "pagePath": "pages/singer/singer",
        "text": "歌手",
        "iconPath": "static/image/singer-1.png",
        "selectedIconPath": "static/image/singer-2.png"
      }
    ]
  },
```

tabBar 栏的显示效果如图 13-5 所示。

图 13-5 tabBar 栏显示效果

2. 搜索框

在首页界面中搜索框是通过 input 组件来实现的，当用户点击“搜索框”时，会触发搜索框绑定的 toSearch()事件函数跳转到搜索查询界面，具体的实现代码如下所示。

```
<!--/page/index/index.wxml-->
<!-- 查询输入框,跳转到查询界面 -->
  <view class="search-wrapper" catchtap="toSearch">
    <input class="search" placeholder="输入歌手名、歌曲名搜索" placeholder-style="color: #ffcd32;"
disabled placeholder-class="placeholder"/>
    <i class="icon-search"></i>
  </view>

//page/index/index.js
  //跳转到查询界面功能
  toSearch: function (e) {
    wx.navigateTo({
```

```
      url: '/pages/search/search'
    })
  },
```

输入框的显示效果如图 13-6 所示。

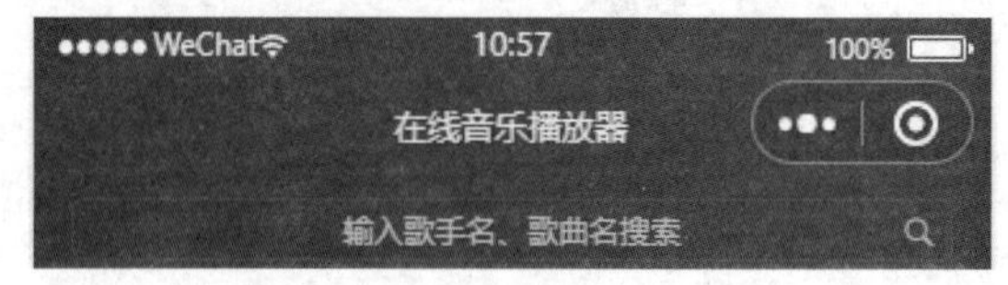

图 13-6　输入框显示效果

3. 轮播图

小程序中可以通过 swiper 组件来实现轮播图的显示效果，轮播图的图片资源是从 qq 音乐中获取的，想要获取图片资源需要在首页 JS 文件的 onload()页面加载函数中调用 getlunbo()方法，通过 wx.request 接口向 qq 音乐的轮播图接口发送请求获取，轮播图数据的具体实现代码如下所示。

```
<!--/page/index/index.wxml-->
<!-- 轮播图 -->
  <view class="lunbotu">
    <swiper indicator-dots="{{indicatorDots}}"
      autoplay="{{autoplay}}" interval="{{interval}}" duration="{{duration}}" indicator-color=
"{{indicatorColor}}" indicator-active-color="{{indicatorActiveColor}}">
      <block wx:for="{{picUrl}}" wx:key="{{item.id}}">
        <swiper-item>
          <image class="swiper-item" src="{{item.picUrl}}" ></image>
        </swiper-item>
      </block>
    </swiper>
  </view>

//page/index/index.js
//获取应用实例
const app = getApp()
const api = require("../../utils/api.js")
Page({
  data: {
    indicatorDots: true,                        //是否显示指示点
    vertical: true,                             //滑动方向是否为纵向
    autoplay: true,                             //自动播放
    interval: 2000,                             //自动切换时间间隔
    duration: 500,                              //滑动动画时长
    indicatorColor:"rgba(255,255,255,.5)",      //指示点的颜色
    indicatorActiveColor:"#ffffff",             //当前选中指示点的颜色
    picUrl:[],                                  //轮播图片列表
    topSongList:[],                             //前十名歌曲信息
  },
  onLoad: function () {
    this.getlunbo()                             //调用获取轮播图方法
    this.getTopSong()                           //调用获取推荐歌曲方法
  },
   //获取专辑的轮播图片
   getlunbo:function(){
    var that=this
    wx.request({
      url: 'https://c.y.qq.com/musichall/fcgi-bin/fcg_yqqhomepagerecommend.fcg?g_tk=701075963&uin=0
&format=json',
      success: function(res){
```

```
        if (res.statusCode === 200) {
            that.setData({
              picUrl:res.data.data.slider
            })
            //console.log(that.data.picUrl)
        }
      }
    })
  },
})
```

轮播图的显示效果如图 13-7 所示。

图 13-7 轮播图显示效果

4. 推荐歌曲

可以通过 https://c.y.qq.com/v8/fcg-bin/fcg_v8_toplist_cp.fcg?g_tk=5381&uin=0&format=json&topid=27 接口从 qq 音乐获取新歌榜前一百名的歌曲信息，获取歌曲信息后通过 wx:for 来遍历歌曲信息，将歌曲信息显示到首页界面中。具体实现代码如下所示。

```
<!--/page/index/index.wxml-->
<!-- 歌曲推荐 -->
<view class="view_title">推荐歌曲</view>
<!-- 加载数据 -->
<view class="loading-container" wx:if="{{!topSongList}}">
  <loading></loading>
</view>
<!-- wx:key 用来提高 for 循环的效率,需要使用数组中唯一的一个属性进行标识,相当于数据库中的
主键,当数组数据或结构发生变换时不会重新创建一个数组对象,而是对原数据对象进行排序 -->
<block wx:if="{{topSongList}}">
  <view  wx:for="{{topSongList}}" data-songs="{{item}}" data-index="{{index}}" wx:key="{{index}}"
 bindtap="toPlayer">
     <!-- 注意 tabbar 与 navigator 共用时,navigator 会失效若要正常使用需要添加 open-type='switchTab'
属性 -->
      <view  class="box_center"  hover-class="view_active">
        <view class="view_img">
          <image src="{{item.image}}"></image>
        </view>
        <view class="view_song">{{item.albumname}}</view>
        <view class="view_name">{{item.singer}}</view>
      </view>
  </view>
</block>

//page/index/index.js
//获取应用实例
//获取推荐歌曲
  getTopSong:function(){
    var that=this
```

```
    wx.request({
      url: 'https://c.y.qq.com/v8/fcg-bin/fcg_v8_toplist_cp.fcg?g_tk=5381&uin=0&format=
json&topid=27',
      success: function(res){
        if (res.statusCode === 200) {
          that.setData({
            //SongList:res.data.songlist,
            topSongList:api.makeTopSong(res.data.songlist)
          })
          console.log(that.data.topSongList)
        }
      }
    })
  },
```

在上述代码中，通过 getTopSong()方法向 qq 音乐接口发送请求，从而获取歌曲信息，但是需要注意的是，接口返回的歌曲信息包含歌曲名、歌曲 id、专辑名、专辑 id、时长等信息，这信息结构比较复杂不方便使用，也无须用到所有的歌曲信息，所以需要对获取的歌曲信息进行处理，生成具有我们需求的信息与结构的歌曲对象。歌曲对象 Song 与处理排行榜歌曲信息方法 makeTopSong()的具体实现代码如下所示。

```
//utils/song.js
function Song(data) {
  this.songid= data.songid,                    //歌曲 id
  this.songmid=data.songmid,                   //歌曲 mid
  this.singer=makeSinger(data.singer),         //歌手名
  this.songname=data.songname,                 //歌曲名
  this.albumname= data.albumname,              //专辑名
  this.duration= data.interval,
  this.albummid=data.albummid,                 //专辑 mid
  this.image=`https://y.gtimg.cn/music/photo_new/T002R300x300M000${data.albummid}.jpg?max_age=
2592000`                                       //专辑图片
  this.musicId= data.songid                    //歌曲 id
}
//歌手对象(其中 mid 是歌手 mid 可以用来获取歌手图片,name 是歌手的名字,avatar 是歌手图片的地址
连接)
function Singer(name, mid) {
  this.mid = mid
  this.name = name
  this.avatar = `https://y.gtimg.cn/music/photo_new/T001R300x300M000${mid}.jpg?max_age=2592000`
}
//处理歌手对象
function makeSinger(singer) {
  var ret = []
  if (!singer) {
    return ''
  }
  singer.forEach((s) => {
    ret.push(s.name)
  })
  return ret.join('/')
}

//暴露对象与方法,方便在其他文件中使用
module.exports = {
  Song: Song,
  Singer: Singer,
  makeSinger:makeSinger
}
```

首页界面的运行效果如图 13-8 所示。

图 13-8 首页界面运行效果

5. 跳转到播放界面

当用户点击首页界面推荐歌曲列表中的歌曲信息时会触发 toPlayer()方法，该方法主要将歌曲列表信息以及用户选择的歌曲下标设置到小程序缓存中，通过 wx.switchTab()接口跳转到播放的 tabBar 界面中，然后从小程序缓存中获取相应的歌曲信息进行播放。具体实现代码如下所示。

```
  //page/index/index.js
  //跳转到歌曲播放界面
    toPlayer: function (event) {
      console.log(event)
      //设置选择的歌手信息
      app.globalData.songlist=this.data.topSongList
      wx.setStorageSync('songlist', app.globalData.songlist)
      app.globalData.currentIndex  =event.currentTarget.dataset.
index
      wx.setStorageSync('currentIndex', app.globalData.currentIndex)
      //本次跳转是从非 tabbar 页面跳转到 tabbar 页面
      wx.switchTab({
        url:'/pages/player/player'
      })
    },
```

13.5.2 查询界面

当用户在首页界面点击输入框，会调用 toSearch()方法跳转到查询界面。在查询界面可以通过_getHotSearch()方法访问相应接口获取最热的查询信息并显示到查询界面；当用户在输入框输入内容或者点击显示的最热查询信息时会触发 searchAction()方法访问相应接口获取歌曲或歌手信息。查询界面的业务流程如图 13-9 所示。

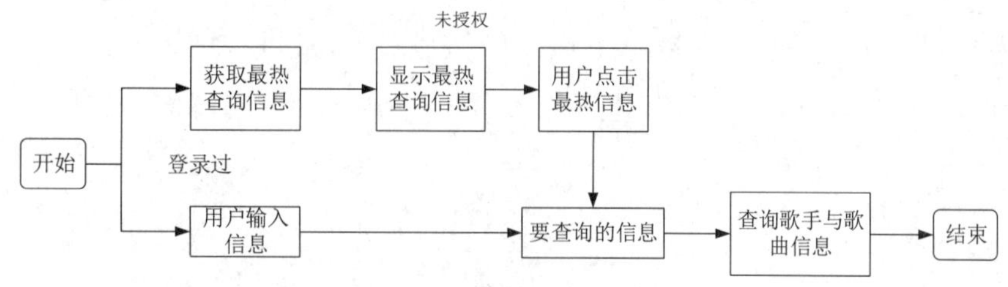

图 13-9 查询界面的业务流程

1. 获取热门查询

在查询页面 JS 文件的 onload 方法中调用_getHotSearch()方法来获取当前热门的歌曲或歌手信息，然后将查询到的信息通过 setData()方法设置到页面数据中，方便在查询页面上进行信息显示，具体实现代码如下所示。

```
  <!--/page/search/search.wxml-->
  <!-- 输入框 -->
    <view class="search-wrapper">
      <input class="search" placeholder="输入歌手名、歌曲名搜索"
            placeholder-style="color: #ffcd32;" auto-focus
            placeholder-class="placeholder"
            confirm-type="search"
```

```
          bindconfirm="searchAction"
          bindinput="searchAction"/>
    <view class="button">搜索</view>
  </view>
  <!-- 热门搜索信息 -->
  <view class="main">
    <view class="hot-wrapper">
      <view class="title">热门搜索: </view>
      <view class="hot-details">
        <view class="item" wx:for="{{hotSearch}}" wx:key="{{index}}"
            bindtap="searchAction" data-txt="{{item.k}}">{{item.k}}</view>
      </view>
    </view>
  </view>

//page/search/search.js
const api = require('../../utils/api.js')
const songs = require('../../utils/song.js')
const app = getApp()
Page({
  data: {
    hotSearch: [],      //热门搜索列表
    input:'',           //用户输入内容
    result: false,      //是否显示查询到信息的方法
  },
  onLoad: function () {
    //获取热门查询
    this._getHotSearch()
  },
  //热门查询方法
  _getHotSearch: function () {
    api.getHotSearch().then((res) => {
      //将获取的字符串部分内容进行替换
      let res1 = res.data.replace('hotSearchKeysmod_top_search(', '')
      //将处理后的字符串转化为 JSON 格式
      let res2 = JSON.parse(res1.substring(0, res1.length - 1))
      if (res2.code === 0) {
        let hotArr = res2.data.hotkey
        this.setData({
          hotSearch: hotArr.length > 10 ? hotArr.slice(0, 10) : hotArr
        })
      }
    }).catch((err) => {
      console.log(err)
    })
  },
})
```

2. 查询歌曲或者歌手信息

在查询界面 JS 文件中创建一个 searchAction()方法来进行歌曲或歌手信息的查询，在该方法中首先要获取要查询的信息，查询的信息可以是用户搜索框中输入的内容，也可以是用户点击的最热信息。然后将这些查询信息传递到查询接口中获取相应信息，最终将获取的歌曲信息或歌手信息显示到查询界面中。具体实现代码如下所示。

```
<!--/page/search/search.wxml-->
<!-- 显示搜索信息 -->
  <scroll-view scroll-y class="search-result-wrapper" wx:if="{{result}}">
    <!-- 歌手显示区域 -->
    <view class="singer-wrapper">
```

```
      <view class="item" wx:for="{{singers}}"
            wx:key="{{index}}"
            data-name="{{item.name}}"
            data-id="{{item.mid}}"
            bindtap="goSinger">
        <image class="image" src="{{item.pic}}"/>
        {{item.name}}
      </view>
    </view>
    <!-- 歌曲显示区域 -->
    <view class="song-wrapper">
      <view class="item" wx:for="{{songs}}" data-mid="{{item.mid}}"
            bindtap="goPlayer">
        {{item.name}} - {{item.singer}}
      </view>
    </view>
  </scroll-view>

//page/search/search.js
  //查询方法
  searchAction: function (event) {
    const keyWrod=event.detail.value || event.currentTarget.dataset.txt
    api.search(keyWrod).then((res) => {
      let res1 = res.data.replace('SmartboxKeysCallbackmod_top_search3847(', '')
      let res2 = JSON.parse(res1.substring(0, res1.length - 1))
      //将获取数据按照歌手与歌曲分别显示
      this.dealData(res2.data)
      //this.dealHistroySearch(keyWrod)
    }).catch((res) => {
      console.log(res)
    })
  },
  //处理数据方法
  dealData: function (data) {
    //判断是否有数据
    if (data) {
      //显示查询到的歌曲或歌手信息
      this.setData({
        result: true
      })
      //设置歌手信息
      data.singer ? this.setData({
        singers: data.singer.itemlist
      }) : this.setData({
        singers: []
      })
      //设置歌曲信息
      data.song ? this.setData({
        songs: data.song.itemlist
      }) : this.setData({
        songs: []
      })
    } else {
      //隐藏歌手或歌曲信息
      this.setData({
        result: false
      })
    }
  },
```

需要注意的是，查询接口中返回的数据既有歌手信息又有歌曲信息，这两者的信息内容与结构都不相同，所以需要通过自定义的 dealData()方法对返回的数据进行处理，使歌曲信息与歌手信息分开存储与显示。查询页面的运行效果如图 13-10 所示。

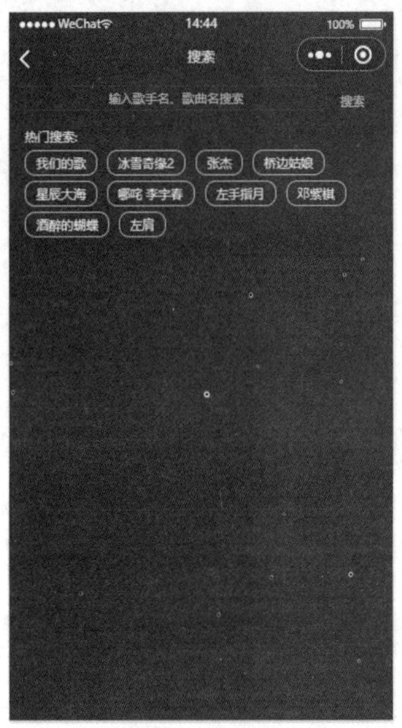

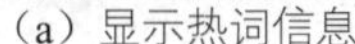
（a）显示热词信息

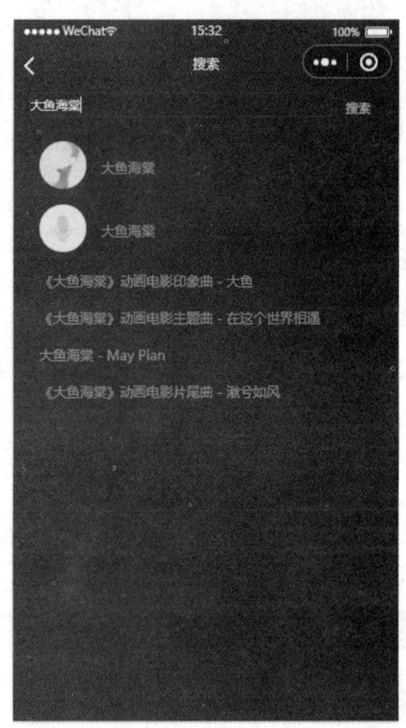

（b）显示查询的歌手与歌曲信息

图 13-10　查询界面运行效果

3. 页面跳转

当用户点击查询出的歌手或歌曲信息时，会进行页面跳转，但是歌手与歌曲的信息结构不同，所以要跳转到不同的界面，点击歌手信息时，触发 goSinger()方法，将歌手信息设置到小程序缓存中并跳转到歌手详情界面。点击歌曲信息时，触发 goPlayer()方法，将歌曲信息设置到小程序缓存中并跳转到播放界面。具体实现代码如下所示。

```
//page/search/search.js
//跳转到歌手界面
  goSinger: function (event) {
    const detail = event.currentTarget.dataset
    app.selectsinger = {}
    app.selectsinger.mid = detail.id
    app.selectsinger.avatar=`https://y.gtimg.cn/music/photo_new/T001R300x300M000${app.selectsinger.mid
}.jpg?max_age=2592000`
    app.selectsinger.name = detail.name
    wx.navigateTo({
      url: '/pages/singer-detail/singer-detail'
    })
  },

  //跳转到播放界面
  goPlayer: function (event) {
    const mid = event.currentTarget.dataset.mid
    api.getSongDetails(mid).then((res) => {
      var res1 = res.data.replace('getOneSongInfoCallback(', '')
      var res2 = JSON.parse(res1.substring(0, res1.length - 1)).data[0]
      console.log(res2)
      let song = {
        songid: res2.id,
```

```
        songmid: mid,
        singer: songs.makeSinger(res2.singer),
        songname: res2.name,
        albumname: res2.album.name,
        albummid: res2.album.mid,
        duration: res2.interval,
        image: `https://y.gtimg.cn/music/photo_new/T002R300x300M000${res2.album.mid}.jpg?max_age=
2592000`,
        musicId: res2.id
      }
      app.globalData.songlist = [song]
      app.globalData.currentIndex = 0
      wx.setStorageSync('songlist', app.globalData.songlist)
      wx.setStorageSync('currentIndex', app.globalData.currentIndex)
      wx.switchTab({
        url: '/pages/player/player'
      })
    }).catch(() => {})
  }
```

13.5.3 歌手界面

歌手界面主要是通过 getSingerList()方法向 QQ 音乐的接口发送请求以获取所有的歌曲信息，然后将歌手信息进行处理显示到歌手界面上。歌手界面可以分为两部分，左侧是歌曲显示区域，右侧是歌曲索引显示区域。当用户滑动屏幕，歌手信息发生变化时，右侧的歌曲索引也会发生改变，当用户点击右侧的歌曲索引时歌手信息列表会跳转到索引对应的歌手信息位置。

1. 歌曲信息的获取与显示

在歌手页面 JS 文件的 onload()生命周期函数中调用 getSingerList()方法来获取歌手信息，此时获取的歌手信息是无序的，要使用自定义 makeSingerList()方法对歌手信息进行处理，使歌手信息按照歌手首字母进行排序。具体实现代码如下所示。

```
<!--pages/singer/singer.wxml-->
<scroll-view class="listview"
  scroll-y style="height: 100%"
  bindscroll="scroll"
  scroll-into-view="view{{toView}}">
  <view>
    <!-- 设置歌手类型 -->
    <view wx:for="{{singerList}}"class="list-group"wx:key="{{index}}"id="view{{index}}">
      <view class="list-group-title">{{item.title}}</view>
      <view>
        <!-- 设置歌手信息 -->
        <view wx:for="{{item.items}}" class="list-group-item"
              wx:key="{{index}}"
              data-singer="{{item}}"
              bindtap="toSingerDetail">
          <image src="{{item.avatar}}" class="avatar"/>
          <text class="name">{{item.name}}</text>
        </view>
      </view>
    </view>
  </view>
  <!-- 数据加载 -->
  <view class="loading-container" wx:if="{{!singerList.length}}">
    <view>
      <view class="loading">
```

```
          <image style="width: 48rpx;height: 48rpx" src="../../static/image/loading.gif"/>
          <view class="desc">数据加载中,请稍后。</view>
        </view>
      </view>
    </view>
  </scroll-view>

//page/player/player.js
/ 热门列表
var HOT_NAME = '热门'                                    //列表类型
var HOT_LENGHT= 10                                       //热门列表长度
var app = getApp()
const songs = require("../../utils/song.js")
Page({
  data:{
    singerList:[],                                       //歌手列表
    toView: 0,                                           //索引列表对应的歌手列表下标
    currentIndex: 0,                                     //索引的下标
    shortcutList:[]                                      //索引列表
  },
  //设置歌手索引列表
  setshortcutList: function(){
    //设置歌手索引
    var that=this
    var singer_list=that.data.singerList
    var shortcutList=[]
    singer_list.forEach((item,index)=>{
      shortcutList.push(item.title.substring(0, 1))
    })
    that.setData({
        shortcutList: shortcutList
      })
    //获取歌手列表在用户设备上所处的屏幕高度
    this.getHeight()
  },
  onLoad: function () {
    this.getSingerList()
  },
  onHide: function () {
    app.globalData.fromSinger = true
  },
  //获取歌手列表
  getSingerList: function () {
    var that = this
    wx.request({
    url:'https://c.y.qq.com/v8/fcg-bin/v8.fcg?channel=singer&page=list&key=all_all_all&pagesize
=100&pagenum=1&g_tk=5381&loginUin=0&hostUin=0&format=json',
      success: function (res) {
        if (res.statusCode === 200) {
          //console.log(res.data.data.list)
          that.setData({
            singerList: that.makeSingerList(res.data.data.list)
          })
          //设置索引列表
          that.setshortcutList()
        }
      }
    })
  },
  /*组装成需要的歌手列表数据*/
```

```
    makeSingerList:function(list) {
      var map = {
        hot: {
          title: HOT_NAME,
          items: []
        }
      }
      //遍历获取的歌手信息
      list.forEach((item,index)=>{
        //设置热门前十歌手信息
        if(index<HOT_LENGHT) {
          //生成歌手对象,其中包含歌手名(Fsinger_name)和歌手图片 id(Fsinger_mid)
          map.hot.items.push(new songs.Singer(item.Fsinger_name, item.Fsinger_mid))
        }
        //获取歌手对应首字母缩写
        var key = item.Findex
        //判断对应首字母的字典是否存在,不存在就创建首字母对应的字典
        if(!map[key]) {
          map[key] = {
            title: key,
            items: []
          }
        }
        //将歌手对象添加到对应首字母字典中
        map[key].items.push(new songs.Singer(item.Fsinger_name, item.Fsinger_mid))
      })
      //对字典进行处理得到一个按照 A~Z 排列的有序列表
      var hot = []              //热门歌手信息数组
      var letter = []           //按照歌手首字母存储的歌手信息数组
      //遍历原有的歌手字典拆分为热门歌手数组,歌手首字母数组
      for (var key in map) {
        var singer_type= map[key]
        if (singer_type.title.match(/[a-zA-Z]/)) {
          letter.push(singer_type)
        } else if(singer_type.title==HOT_NAME) {
          //console.log(map[key])
          hot.push(singer_type)
        }
      }
      //对歌手首字母数组按 a-z 排序进行排序(其中 a-b 是升序排列,b-a 是降序排列)
      letter.sort((a, b)=>{
        //获取首字母对应的数值
        var val_a=a.title.charCodeAt(0)
        var val_b=b.title.charCodeAt(0)
        return val_a-val_b
      })
      return hot.concat(letter)
    },
  })
```

2. 实现歌手列表与索引列表的映射

通过 getHeight()方法获取用户设备的高度，以及歌手界面中歌手列表每个组件在屏幕上的位置，然后使用 scroll()方法获取用户划定屏幕的距离，从而确定屏幕最上方显示歌手列表组件对应的歌手列表中的下标，设置索引列表中相对应的下标。通过 shortcutListTap()方法获取用户点击索引列表的下标，然后将页面内容滚动到相应的位置。具体实现代码如下所示。

```
  //page/player/player.js
    //用户滑动屏幕方法
    scroll: function (event) {
```

```
    var newY = event.detail.scrollTop          //用户滑动屏幕的高度
    var listHeight = this.data.listHeight
    //滚动到顶部
    if (newY < listHeight[0]) {
      this.setData({
        currentIndex: 0
      })
      return
    }
    //滚到中间部分
    for (var i = 0; i < listHeight.length - 1; i++) {
      var top_h = listHeight[i]                //节点的顶部高度
      var bottom_h = listHeight[i + 1]         //节点的底部高度
      if (newY >= top_h && newY < bottom_h) {
        //设置相应的索引序列下标
        this.setData({currentIndex: i})
        return
      }
    }
    //当滚动到底部,设置为最后一个索引对应的下标
    if (newY>= listHeight[listHeight.length-1]) {
      this.setData({
        currentIndex: listHeight.length - 2
      })
    }
  },
  //用户点击索引列表事件方法
  shortcutListTap: function (event) {
    this.setData({
      toView: event.target.dataset.index,
      currentIndex: event.target.dataset.index
    })
  },
  //获取用户设备屏幕的高度
  getHeight: function () {
    var that = this
    var listHeight = []
    var height = 0
    //setTimeout(() => {
      //获取指定组件在屏幕上对应的高度
      wx.createSelectorQuery().in(this).selectAll('.list-group').fields({size: true}, function
(res) {
        res.height
      }).exec(function (e) {
        //添加指定节点的初始高度坐标
        listHeight.push(height)
        e[0].forEach((item, index) => {
          //item.height是每个节点的高度
          height+=item.height
          listHeight.push(height)
        })
        that.setData({
          listHeight: listHeight
        })
      })
  }
```

歌手界面的运行效果如图 13-11 所示。

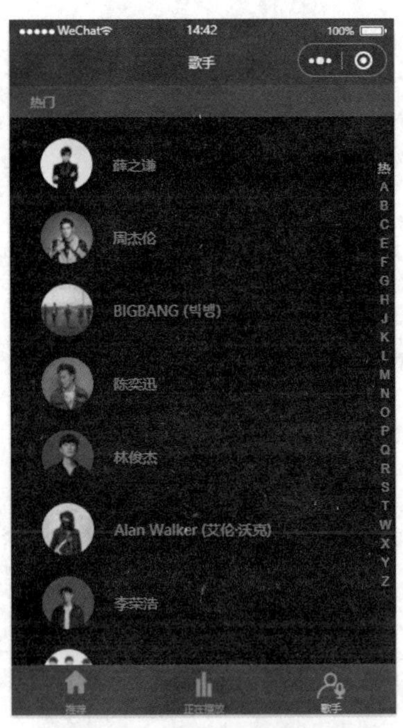

图 13-11 歌手界面运行效果

3. 跳转到歌手详情界面

当用户点击歌手列表中的某个歌手信息时会触发 toSingerDetail()方法，在该方法中会将用户选择的歌手信息设置到小程序缓存中，并且跳转到歌手详情界面。具体实现代码如下所示。

```
//pages/singer/singer.js
//跳转到歌手详情页
  toSingerDetail: function (event) {
    app.globalData.selectsinger = event.currentTarget.dataset.singer
    console.log(app.globalData.selectsinger)
    wx.setStorageSync('selectsinger', app.globalData.selectsinger)
    //本次跳转是从 tabbar 页面跳转到非 tabbar 页面
    wx.navigateTo({
      url:'/pages/singer-detail/singer-detail'
    })
  },
```

13.5.4 歌手详情界面

在歌手详情界面中，通过歌手的信息来访问对应的接口，从而获取该歌手所有的歌曲信息，然后将歌曲信息以列表的形式显示到歌手详情界面中。

1. 歌手歌曲信息的查询与获取

首先要在歌曲查询页面 JS 文件中的 onload()生命周期函数中获取设置到小程序缓存中的歌手信息，然后调用 getSingerDetail()方法，并将歌手信息传入该方法，从而查询获取歌手的歌曲信息，具体实现代码如下所示。

```
<!--pages/singer-detail/singer-detail.wxml-->
<view>
  <view class="music-list">
    <view class="title" v-html="title"></view>
    <view class="bg-image" style="background-image:url({{bgimage}}); transform:{{scale}};z-index:
```

```
{{bgZindex}}" id="bgImage" >
      <view class="play-wrapper" style="z-index: {{zIndex}}">
      </view>
      <view class="filter" ref="filter"></view>
    </view>
    <view class="bg-layer" ref="layer" style="{{translate}}"></view>
    <view class="scroll-wrapper">
      <scroll-view class="list" id="musiclist" bindscroll="scroll"
                 style="top:{{top}}px" scroll-y bindscrolltolower="getMoreSongs">
        <view class="song-list-wrapper">
          <view class="song-list">
            <view>
              <view bindtap="toPlayer" data-songs="{{item}}" data-index="{{index}}" wx:for=
"{{songList}}" wx:key="{{index}}" class="item" >
                <view class="content">
                  <view class="name">{{item.songname}}</view>
                  <view class="desc">{{item.singer}}·{{item.albumname}}</view>
                </view>
              </view>
            </view>
          </view>
        </view>
        <view class="loading-container" wx:if="{{!songList.length}}">
          <loading></loading>
        </view>
      </scroll-view>
    </view>
  </view>
</view>

//pages/singer-detail/singer-detail.js
var app = getApp()
const api = require("../../utils/api.js")
Page({
  data: {
    songList: [], //歌曲列表
    z-index:50,    //背景图片层级
    bgZindex:1,    //背景图片层级
    bgimage:'',    //歌手图片
  },
  onLoad: function () {
    //设置歌手相关信息
    this.setData({
      title: app.globalData.selectsinger.name,
      bgimage: app.globalData.selectsinger.avatar,
    })
    this.getSingerDetail(app.globalData.selectsinger.mid)
    app.globalData.fromSinger = false
  },
// 获取歌手详细信息
  getSingerDetail: function (singermid) {
   var that=this
    wx.request({
      url:`https://c.y.qq.com/v8/fcg-bin/fcg_v8_singer_track_cp.fcg?g_tk=5381&loginUin=0&hostUin=0&
format=json&inCharset=utf8&outCharset=utf-8&notice=0&platform=yqq&needNewCode=0&
singermid=${singermid}&order=listen&begin=0&num=30&songstatus=1`,
      success: function (res) {
        console.log(res)
        if (res.statusCode === 200) {
          that.setData({
```

```
            songList:api.makeSongsList(res.data.data.list),
          })
        }
      },
      })
    },
})
```

歌手歌曲信息页面的运行效果如图 13-12 所示。

图 13-12 歌曲的信息显示界面

2. 跳转到播放界面

当用户点击歌曲列表的某一歌曲信息时，会触发 toPlayer()方法，在该方法中将用户选择歌曲对应的下标以及歌曲列表分别设置到小程序缓存中，然后跳转到播放界面。具体实现代码如下所示。

```
//pages/singer-detail/singer-detail.js
  //跳转到歌曲播放界面
  toPlayer: function (event) {
    //设置选择的歌手信息
    app.globalData.currentIndex = event.currentTarget.dataset.index
    console.log(app.globalData.currentIndex )
    app.globalData.songlist=this.data.songList
    console.log( app.globalData.songlist)
    wx.setStorageSync('songlist', app.globalData.songlist)
    wx.setStorageSync('currentIndex', app.globalData.currentIndex)
    //本次跳转是从非 tabbar 页面跳转到 tabbar 页面
    wx.switchTab({
      url:'/pages/player/player'
    })
  },
```

13.5.5 播放界面

该界面是歌曲的播放界面，主要功能包括歌曲的播放与暂停、歌曲切换、歌曲列表等功能。

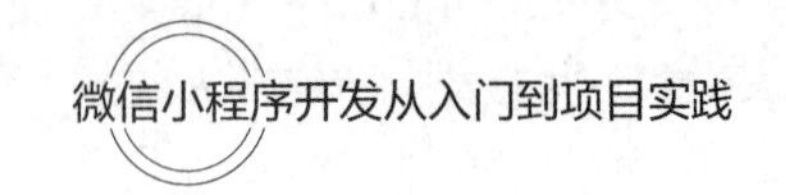

1. 歌曲播放链接的获取

要想进行歌曲的播放，首先要获取歌曲的播放链接，但是我们无法直接获取歌曲的播放链接，经过对多歌曲播放链接的分析，可以发现歌曲播放链接是由歌曲 songmid 和 vkey 等内容拼接形成的，例如 https://dl.stream.qqmusic.qq.com/C400{{songmid}}.m4a?guid=1431740310&vkey={{vkey}}&uin=&fromtag=66， 其中 songmid 可以从歌曲信息中获取，guid 可以是一个自己设置的固定值，vkey 是 qq 音乐服务器接收到请求后返回的校验值，所以只要获取到 vkey 的值，就可以自行拼接出歌曲的播放地址。

vkey 的值获取相对麻烦，在 qq 音乐播放界面，开发浏览器的开发者模式，对请求文件进行查看与分析，最终在 music.fcg 文件中找到了 vkey，具体操作如图 13-13 所示。

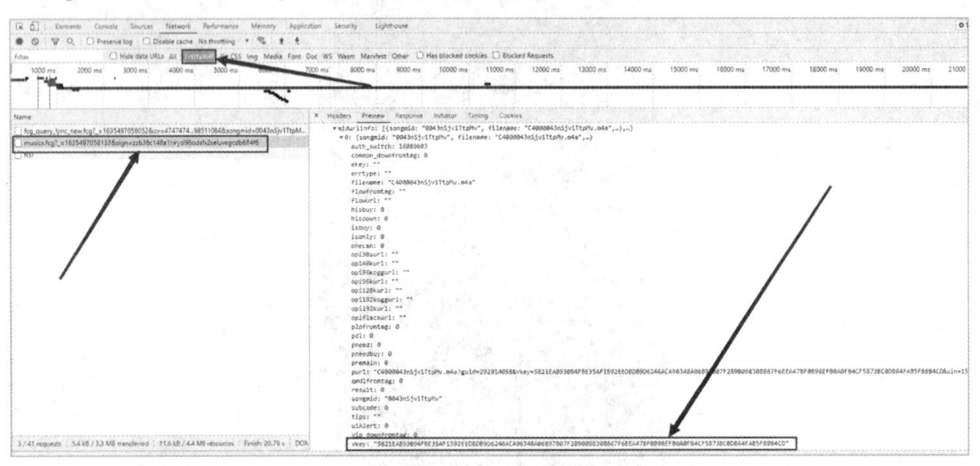

图 13-13 vkey 示意图

然后选择 Headers 选项中获取该文件的请求地址，然后对请求头与请求参数进行分析，发现发送请求时需要传递一个 form_data 参数，然后经过多次测试发现 vkey 的生成还需要使用 cookie 进行校验，所以需要从请求头中把 cookie 复制下来，发送请求时将 cookie 与 form_data 作为参数进行提交。cookie 与 form_data 的获取如图 13-14 所示。

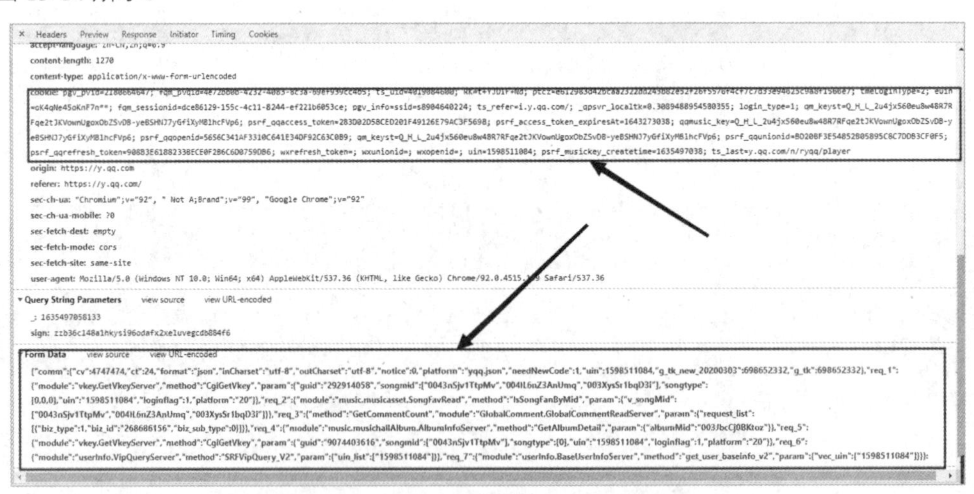

图 13-14 cookie 与 form_data 的获取

复制下来的 form_data 是固定的死参数，要想查询不同歌曲的播放地址，需要对 form_data 中的部分内容进行更改替换，`${}`符号内是替换的内容，替换后的代码如下所示。

```
var from_data={
  "comm":{"cv":4747474,"ct":24,"format":"json","inCharset":"utf-8","outCharset":"utf-8","notice":0,
     "platform":"yqq.json","needNewCode":1,"uin":1508599116,"g_tk_new_20200303":1570582079,
     "g_tk":1570582079},
  "req_1":{"module":"vkey.GetVkeyServer","method":"CgiGetVkey","param":{"guid":"1431740310",
       "songmid":[`${songmid}`],"songtype":[0,],"uin":"1508599116","loginflag":1,"platform":"20"}},
  "req_2":{"module":"music.musicasset.SongFavRead","method":"IsSongFanByMid","param":{
       "v_songMid":[`${songmid}`]}},
  "req_3":{"method":"GetCommentCount","module":"GlobalComment.GlobalCommentReadServer",
       "param":{"request_list":[{"biz_type":1,"biz_id":`${songid}`,"biz_sub_type":0}]}},
  "req_4":{"module":"music.musichallAlbum.AlbumInfoServer","method":"GetAlbumDetail",
       "param":{"albumMid":`${albummid}`}},"req_5":{"module":"vkey.GetVkeyServer","method":
       "CgiGetVkey","param":{"guid":"5354816833","songmid":[`${songmid}`],"songtype":[0],"uin":
       "1508599116","loginflag":1,"platform":"20"}},
  "req_6":{"module":"userInfo.VipQueryServer","method":"SRFVipQuery_V2",
       "param":{"uin_list":["1508599116"]}},
  "req_7":{"module":"userInfo.BaseUserInfoServer","method":"get_user_baseinfo_v2",
       "param":{"vec_uin":["1508599116"]}}}},
```

2. 歌曲的获取与播放

当用户进入播放界面后，首先会在 onload()函数中调用_init()方法进行初始化设置，在初始化方法中获取内存中设置的歌曲列表，以及当前播放歌曲的下标，然后调用_getPlayUrl()方法并传入 songid、songmid、albummid 参数来获取歌曲播放地址链接。具体实现代码如下所示。

```
<!--/page/player/player.wxml-->
<!--歌曲信息显示区域-->
  <view class="player" v-show="playlist.length>0">
    <view class="normal-player" wx:if="fullScreen">
      <view class="background">
        <image src="{{currentSong.image}}" style="width: 100%"/>
      </view>
      <view class="top">
        <view class="title">{{currentSong.songname || '暂无正在播放歌曲'}}</view>
        <view class="subtitle">{{currentSong.singer}}</view>
      </view>
      <swiper class="middle" style="height: 700rpx" bindchange="changeDot">
        <swiper-item class="middle-l" style="overflow: visible">
          <view class="cd-wrapper" ref="cdWrapper">
            <view class="cd {{cdCls}}">
              <image src="{{currentSong.image}}" alt="" class="image"/>
            </view>
          </view>
          <view class="currentLyricWrapper">{{currentText}}</view>
        </swiper-item>
        <swiper-item class="middle-r">
          <scroll-view class="lyric-wrapper" scroll-y scroll-into-view="line{{toLineNum}}"
               scroll-with-animation>
            <view v-if="currentLyric">
              <view ref="lyricLine"
                    id="line{{index}}"
                    class="text {{currentLineNum == index ? 'current': '' }}"
                    wx:for="{{currentLyric.lines}}">{{item.txt}}
              </view>
            </view>
            <view wx:if="{{!currentLyric}}">
              <view class="text current">暂无歌词</view>
            </view>
          </scroll-view>
        </swiper-item>
      </swiper>
```

```
      <view class="dots-wrapper">
        <view class="dots {{currentDot==index?'current':''}}" wx:for="{{dotsArray}}"></view>
      </view>

//page/player/player.js
const app = getApp().globalData
const song = require('../../utils/song.js')//歌曲
Page({
  data: {
    playurl: '',
    playIcon: 'icon-play',
    cdCls: 'pause',
    currentLineNum: 0,
    toLineNum: -1,
    currentSong: null,
    dotsArray: new Array(2),
    currentDot: 0,
  },

  onShow: function () {
    this._init()
  },

  //初始化方法
  _init: function () {
    var songlist = wx.getStorageSync('songlist')           //歌曲列表
    var currentIndex=wx.getStorageSync('currentIndex')     //当前歌曲下标
    let currentSong = songlist[currentIndex]               //当前歌曲
    let duration =currentSong.duration                     //歌曲时长
    //设置信息
    this.setData({
      currentSong: currentSong,
      duration: this._formatTime(duration),
      songlist: songlist,
      currentIndex:currentIndex
    })
    //获取歌曲播放地址
    this._getPlayUrl(currentSong.songid,currentSong.songmid,currentSong.albummid)
  },

  //获取播放地址
  _getPlayUrl: function (songid,songmid,albummid) {
    var that=this
    //获取歌曲播放链接所需的参数
      var from_data={
      from_data=JSON.stringify(from_data)
      wx.request({
        url: 'https://u.y.qq.com/cgi-bin/musics.fcg?_=1635315601728&sign=zzb2d100550o3akniv6wyha
xwaericacdb5727c',
        header: {
          'content-type': 'application/x-www-form-urlencoded',
          'cookie':cookie,
        },
        method: "POST",
        data: from_data,
        success: function (res) {
          if (res.statusCode === 200) {
            console.log(res)
            if(res.data.code===0){
              console.log(1)
```

```
            var songurl='https://dl.stream.qqmusic.qq.com/'+res.data.req_1.data.midurlinfo[0].purl
            //创建音乐播放器
            that._createAudio(songurl)
          }
          else{
            that.setData({
              currentText:'当前歌曲暂不支持播放',
            })
          }
        }
      }
    })
  },

//创建播放器
  _createAudio: function (playUrl) {
    wx.playBackgroundAudio({
      dataUrl: playUrl,
      title: this.data.currentSong.name,
      coverImgUrl: this.data.currentSong.image
    })
    //监听音乐播放。
    wx.onBackgroundAudioPlay(() => {
      this.setData({
        playIcon: 'icon-pause',
        cdCls: 'play'
      })
    })
    //监听音乐暂停。
    wx.onBackgroundAudioPause(() => {
      this.setData({
        playIcon: 'icon-play',
        cdCls: 'pause'
      })
    })
    //监听音乐停止。
    wx.onBackgroundAudioStop(() => {
      if (this.data.playMod === SINGLE_CYCLE_MOD) {
        this._init()
        return
      }
      this.next()
    })
    //监听播放进度
    const manage = wx.getBackgroundAudioManager()
    manage.onTimeUpdate(() => {
      const currentTime = manage.currentTime
      this.setData({
        currentTime: this._formatTime(currentTime),
        percent: currentTime / this.data.currentSong.duration
      })
      if (this.data.currentLyric) {
        this.handleLyric(currentTime * 1000)
      }
    })
  },
})
```

3. 按钮功能的实现

在播放界面共有四个按钮，分别是“上一曲”按钮、“下一曲”按钮、“播放暂停”按钮和“歌曲列表”按钮，用来实现上一曲、下一曲、播放暂停、歌曲列表显示功能。具体实现代码如下所示。

```
<!--/page/player/player.wxml-->
<!—按钮显示区域-->
  <view class="bottom">
      <view class="progress-wrapper">
        <text class="time time-l">{{currentTime}}</text>
        <view class="progress-bar-wrapper">
          <progress-bar percent="{{percent}}"></progress-bar>
        </view>
        <text class="time time-r">{{duration}}</text>
      </view>
      <view class="operators">
        <view class="icon i-left">
          <i class="icon-prev" bindtap="prev"></i>
        </view>
        <view class="icon i-center">
          <i class="{{playIcon}}" bindtap="togglePlaying"></i>
        </view>
        <view class="icon i-right">
          <i class="icon-next" bindtap="next"></i>
        </view>
        <view class="icon i-right" bindtap="openList">
          <i class="icon-playlist"></i>
        </view>
      </view>
    </view>
  </view>
  <!—歌曲列表显示区域-->
  <view class="content-wrapper {{translateCls}}">
    <view class="close-list"  bindtap="close"></view>
    <view class="play-content">
      <view class="plyer-list-title">播放队列({{songlist.length}}首)</view>
      <scroll-view class="playlist-wrapper" scroll-y scroll-into-view="list{{currentIndex}}">
        <view class="item {{index==currentIndex ? 'playing':''}}" wx:for="{{songlist}}"
id="list{{index}}"
              data-index="{{index}}" bindtap="playthis" wx:key="{{index}}">
          <view class="name">{{item.songname}}</view>
          <view class="play_list__line"></view>
          <view class="singer">{{item.singer}}</view>
          <image class="playing-img" wx:if="{{index==currentIndex}}" src="./playing.gif"/>
        </view>
      </scroll-view>
      <view class="close-playlist" bindtap="close">关闭</view>
    </view>
  </view>
 </view>

//page/player/player.js
  //上一首歌
  prev: function () {
    wx.setStorageSync('currentIndex', this.getNextIndex(false))
    this._init()
  },

  //下一首歌
  next: function () {
    wx.setStorageSync('currentIndex', this.getNextIndex(true))
    this._init()
  },
  //获取所要播放歌曲的下标
```

```
getNextIndex: function (nextFlag) {
    let ret,
    //当前播放歌曲的下标
    currentIndex =this.data.currentIndex,
    //歌曲列表的长度
    len = this.data.songlist.length
    //根据按钮标志获取"上一曲"或"下一曲"的下标
    if (nextFlag) {
      ret = currentIndex + 1 == len ? 0 : currentIndex + 1
    } else {
      ret = currentIndex - 1 < 0 ? len - 1 : currentIndex - 1
    }
  return ret
},

//播放按钮
togglePlaying: function () {
  //获取后台音乐播放状态,0表示暂停,1表示播放,2表示没有音乐
  wx.getBackgroundAudioPlayerState({
    success: function (res) {
      var status = res.status
      if (status == 1) {
        wx.pauseBackgroundAudio()  //暂停播放接口
      } else {
        wx.playBackgroundAudio()   //播放音频接口
      }
    }
  })
},

//打开歌曲列表
openList: function () {
  if (!this.data.songlist.length) {
    return
  }
  this.setData({
    translateCls: 'uptranslate'
  })
},

//关闭歌曲列表
close: function () {
  this.setData({
    translateCls: 'downtranslate'
  })
},

//播放点击的歌曲
playthis: function (e) {
  const index = e.currentTarget.dataset.index
  wx.setStorageSync('currentIndex', index)
  this._init()
  this.close()
},
```

上述代码中，prev()方法用来实现歌曲切换上一曲功能，next()方法用来实现歌曲切换下一曲功能，openList()方法用来打开歌曲列表，close()方法用来关闭歌曲列表，playthis()方法用来实现歌曲的播放与暂停。歌曲播放界面的运行效果如图 13-15 所示。

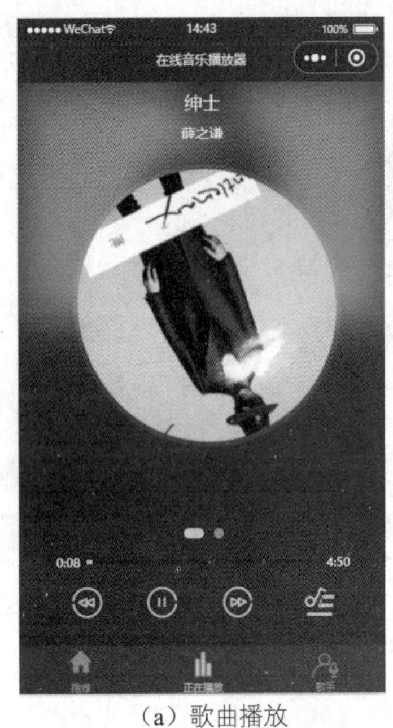

（a）歌曲播放

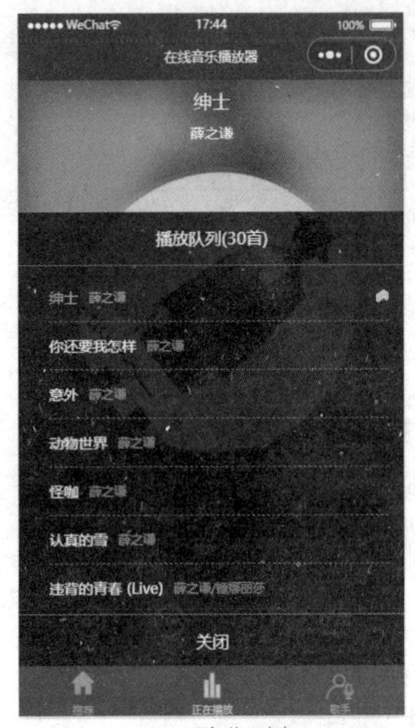

（b）歌曲列表

图 13-15　歌曲播放界面

13.6　开发常见问题及功能扩展

在开发过程中，本项目中的页面分为普通页面与 tabBar 页面，因此进行页面跳转时需要注意两种页面跳转方式的区别。目前项目的数据来源是 QQ 音乐，当 QQ 音乐的请求接口发生变更后，会导致无法请求到数据，项目不能正常运行，因此可以使用爬虫将歌手或者歌曲的数据爬取下来存储到数据库中方便后续的使用。在后续的版本中可以添加一些歌单功能，方便用户对歌曲进行分类存储与分享。